Walter Greiner/Herbert Diehl: Theoretische Physik
Ein Lehr- und Übungsbuch für Anfangssemester
Band 2: Mechanik II

T 1 Klausuren
Mi, 2. Febr., 15⁰⁰ h 122 A–P
Mo, 28. 2. , 14⁰⁰ h
Vorl. Fr. 8.10 – 9.10 E 52
11.1., 18.2., 28.2.

Band 1: Mechanik I. ISBN 3 87144 183 X
Band 2: Mechanik II. ISBN 3 87144 184 8
Band 3: Elektrodynamik. ISBN 3 87144 185 6 (erscheint im Herbst 1974)
Band 4: Quantenmechanik. ISBN 3 87144 186 4 (erscheint im Herbst 1974)

Walter Greiner/Herbert Diehl

THEORETISCHE PHYSIK

Ein Lehr- und Übungsbuch für Anfangssemester

Band 2: Mechanik II

Mit zahlreichen Abbildungen sowie 48 Beispielen und Aufgaben
mit ausführlichen Lösungen

1974

Verlag Harri Deutsch · Zürich und Frankfurt am Main

Professor Dr. rer. nat. Walter Greiner ist Direktor des Instituts für Theoretische Physik der Universität Frankfurt am Main.

Dr. phil. nat. Herbert Diehl ist wissenschaftlicher Mitarbeiter am Institut für Theoretische Physik der Universität Frankfurt am Main.

ISBN 3 87144 184 8

Herstellung: Grenzland-Druckerei Rock & Co., Wolfenbüttel
Printed in Germany

Vorwort

Mit dem Beginn der Ausbildung in theoretischer Physik im ersten Semester hat sich einiges gegenüber den traditionellen Kursvorlesungen in dieser Disziplin geändert. Vor allem ist eine viel größere Verflechtung der zu behandelnden Physik mit der notwendigen Mathematik geboten. Deshalb behandeln wir im ersten Semester die Vektorrechnung und -analysis, die Lösungen gewöhnlicher, linearer Differentialgleichungen, die Newtonsche Punktmechanik und die mathematische einfache spezielle Relativitätsmechanik. Viele sehr explizite Beispiele sollen die Begriffe und Methoden verdeutlichen und die Verbindung Physik-Mathematik vertiefen. Natürlich ist das erste Semester eigentlich eine Vorstufe zur theoretischen Physik. Dies wird schon merklich anders in dem hier vorliegenden Stoff des zweiten Studiensemesters, welches die theoretische Mechanik weiterführt und Systeme von Massenpunkten, schwingende Saiten und Membranen, starre Körper, Kreiseltheorie und schließlich die formalen (analytischen) Aspekte der Mechanik (Lagrange-Hamiltonsche- und Jacobi-Hamiltonsche Formulierung) behandelt. Von der mathematischen Seite her liegt das Neue insbesondere im Auftreten von partiellen Differentialgleichungen, der Fourierentwicklung und von Eigenwertproblemen. Dieses neue Handwerkszeug wird erläutert und an vielen physikalischen Beispielen erprobt. In der Vorlesungspraxis findet diese Vertiefung des durchgenommenen Stoffes in den wöchentlich drei-stündigen Theoretika statt, in denen Gruppen von zehn bis fünfzehn Studenten unter der Anleitung eines Tutors die gestellten Aufgaben lösen.

Wie auch der vorhergehende Band Mechanik I beruht dieses Buch auf einem Manuskript über Vorlesungen zur theoretischen Physik, wie sie an der Universität Frankfurt seit 1965 gehalten werden. Dieses Manuskript wurde erstmals von Dr. B. Fricke mit den

Studenten C. v. Charzewski, H. Betz, H.J. Scheefer, W. Grosch, H. Müller, P. Bergmann, J. Rafelski, v. Charnecki, H.J. Lustig, H. Angermüller, W. Caspar, B. Müller, J. Briechle, H. Peitz und H. Severin 1968/69 zusammengestellt. An der nach drei Jahren erfolgten Überarbeitung waren die Studenten W. Betz, H.R. Fiedler, P. Kurowski, H. Leber, A. Mahn, J. Reinhardt, D. Schebesta, M. Soffel, K.-E. Stiebing und J. Wagner beteiligt.
Ihnen allen, sowie den Damen M. Knolle, R. Lasarzig, B. Utschig und Herrn G. Terlecki, die bei der Anfertigung des Manuskriptes halfen, gilt hier unser besonderer Dank.

Frankfurt/Main, im Mai 1974 Walter Greiner

Herbert Diehl

INHALTSVERZEICHNIS

MECHANIK II

Kapitel | Seite

Kapitel Seite

AUFGABEN UND BEISPIELE

I. NEWTONSCHE MECHANIK IN BEWEGTEN KOORDINENSYSTEMEN

1. Die Newtonschen Gleichungen in einem rotierenden Koordinatensystem

In allen gleichmäßig gegeneinander bewegten Systemen gelten in der klassischen Mechanik die Newtonschen Gesetze. Dies trifft aber nicht mehr zu, wenn ein System Beschleunigungen unterworfen wird. Die neuen Beziehungen erhält man, indem man die Bewegungsgleichungen in einem festen System aufstellt und in das beschleunigte System transformiert.

Zunächst betrachten wir die Rotation eines (x', y', z')-Koordinatensystems um den Ursprung des Inertialsystems (x,y,z), wobei die beiden Koordinatenursprünge zusammenfallen. Dabei sei das Inertialsystem mit L und das rotierende System mit B bezeichnet.

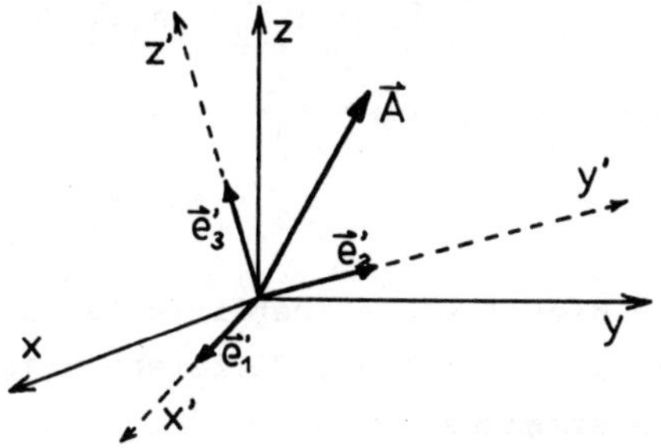

Der Vektor $\vec{A}(t) = A_1\vec{e}_1{}' + A_2\vec{e}_2{}' + A_3\vec{e}_3{}'$ soll sich im gestrichenen System zeitlich ändern; für einen in diesem System ruhenden Beobachter läßt sich das folgendermaßen darstellen:

$$\left.\frac{dA}{dt}\right|_B = \frac{dA_1}{dt} \cdot \vec{e}_1{}' + \frac{dA_2}{dt}\vec{e}_2{}' + \frac{dA_3}{dt} \cdot \vec{e}_3{}' \quad .$$

Dabei bedeutet der Index B, daß die Ableitung vom bewegten System aus berechnet wird. Im Inertialsystem (x,y,z) ist $\vec{A}$ ebenfalls zeitabhängig; aufgrund der Rotation des gestrichenen Systems ändern sich hier auch noch die Einheitsvektoren $\vec{e}_1{}'$, $\vec{e}_2{}'$, $\vec{e}_3{}'$ mit der Zeit, d.h. bei der Ableitung des Vektors

$\vec{A}$ vom Inertialsystem aus müssen auch noch die Einheitsvektoren differenziert werden.

$$\left.\frac{d\vec{A}}{dt}\right|_L = \frac{dA_1}{dt}\vec{e}_1{}' + \frac{dA_2}{dt}\vec{e}_2{}' + \frac{dA_3}{dt}\vec{e}_3{}' + A_1\dot{\vec{e}}_1{}' + A_2\dot{\vec{e}}_2{}' + A_3\dot{\vec{e}}_3{}' \quad ,$$

$$= \left.\frac{d\vec{A}}{dt}\right|_B + A_1\dot{\vec{e}}_1{}' + A_2\dot{\vec{e}}_2{}' + A_3\dot{\vec{e}}_3{}' .$$

Es gilt allgemein: $\frac{d}{dt}(\vec{e}_\gamma \cdot \vec{e}_\gamma) = \dot{\vec{e}}_\gamma \cdot \vec{e}_\gamma + \vec{e}_\gamma \cdot \dot{\vec{e}}_\gamma = \frac{d}{dt}(1) = 0.$
Also ist $\vec{e}_\gamma \cdot \dot{\vec{e}}_\gamma = 0$ die Ableitung eines Einheitsvektors und steht immer senkrecht auf dem Vektor selbst. Deshalb läßt sich die Ableitung eines Einheitsvektors als Linearkombination der beiden anderen schreiben:

$$\dot{\vec{e}}_1 = a_1\vec{e}_2 + a_2\vec{e}_3 \quad ,$$

$$\dot{\vec{e}}_2 = a_3\vec{e}_1 + a_4\vec{e}_3 \quad ,$$

$$\dot{\vec{e}}_3 = a_5\vec{e}_1 + a_6\vec{e}_2 \quad .$$

Von diesen sechs Koeffizienten sind nur drei unabhängig. Um dies zu zeigen, differenzieren wir zunächst $\vec{e}_1 \cdot \vec{e}_2 = 0$ und erhalten:

$$\dot{\vec{e}}_1 \cdot \vec{e}_2 = -\dot{\vec{e}}_2 \cdot \vec{e}_1 \quad .$$

Multipliziert man $\dot{\vec{e}}_1 = a_1\vec{e}_2 + a_2\vec{e}_3$ mit $\vec{e}_2$ und entsprechend $\dot{\vec{e}}_2 = a_3\vec{e}_1 + a_4\vec{e}_3$ mit $\vec{e}_1$, so erhält man:

$$\vec{e}_2 \cdot \dot{\vec{e}}_1 = a_1 \qquad \text{und} \qquad \vec{e}_1 \cdot \dot{\vec{e}}_2 = a_3 \quad ,$$

damit folgt $a_3 = -a_1$.

Analog ergibt sich auch $a_6 = -a_4$ und $a_5 = -a_2$.

Die Ableitung des Vektors $\vec{A}$ im Inertialsystem läßt sich nun folgendermaßen schreiben:

$$\left.\frac{d\vec{A}}{dt}\right|_L = \left.\frac{d\vec{A}}{dt}\right|_B + A_1(a_1\vec{e}_2{}' + a_2\vec{e}_3{}') + A_2(-a_1\vec{e}_1{}' + a_4\vec{e}_3{}') + A_3(-a_2\vec{e}_1{}' - a_4\vec{e}_2{}') ,$$

$$= \left.\frac{d\vec{A}}{dt}\right|_B + \vec{e}_1{}'(-a_1A_2 - a_2A_3) + \vec{e}_2{}'(a_1A_1 - a_4A_3) + \vec{e}_3{}'(a_2A_1 + a_4A_2)$$

Aus der Rechenregel für das Kreuzprodukt:

$$\vec{c}\times\vec{A} = \begin{vmatrix} \vec{e}_1 & \vec{e}_2 & \vec{e}_3 \\ c_1 & c_2 & c_3 \\ A_1 & A_2 & A_3 \end{vmatrix} = \vec{e}_1(c_2A_3 - c_3A_2) - \vec{e}_2(c_1A_3 - c_3A_1) + \vec{e}_3(c_1A_2 - c_2A_1)$$

folgt, wenn man $\vec{c} = (a_4, -a_2, a_1)$ setzt:

$$\left.\frac{d\vec{A}}{dt}\right|_L = \left.\frac{d\vec{A}}{dt}\right|_B + \vec{c}\times\vec{A} .$$

Es bleibt nun noch zu zeigen, welche physikalische Bedeutung dieser Vektor $\vec{c}$ hat, dazu betrachten wir den speziellen Fall $\left.\frac{d\vec{A}}{dt}\right|_B = 0$, d.h. die Ableitung des Vektors $\vec{A}$ im bewegten System verschwindet, $\vec{A}$ rotiert mit dem bewegten System mit. φ ist der Winkel zwischen der Rotationsachse und $\vec{A}$. Die Komponente parallel zur Winkelgeschwindigkeit $\vec{\omega}$ wird durch die Rotation nicht beinflußt.

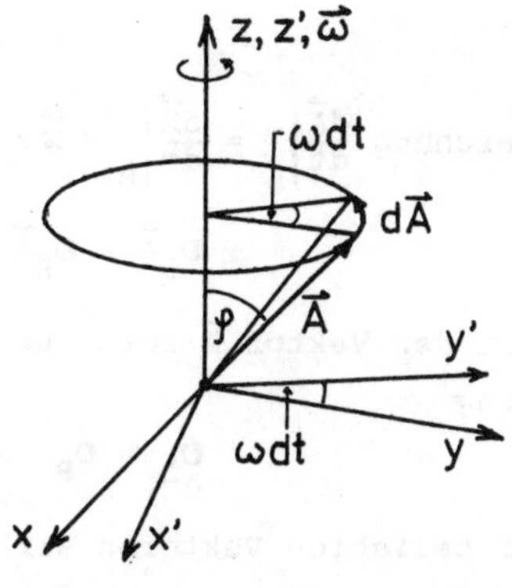

Die Änderungen von $\vec{A}$ im Laborsystem ist dann gegeben durch

$$dA = \omega \cdot dt . A \cdot \sin\varphi$$

bzw.

$$\left.\frac{dA}{dt}\right|_L = \omega \cdot A \cdot \sin\varphi \quad .$$

Dies kann man auch so schreiben:

$$\left.\frac{d\vec{A}}{dt}\right|_L = \vec{\omega} \times \vec{A} \quad .$$

Das bedeutet, daß der Vektor $\vec{c}$ die Winkelgeschwindigkeit $\vec{\omega}$ ist, mit der das System B rotiert. Durch Einsetzen erhalten wir:

$$\left.\frac{d\vec{A}}{dt}\right|_L = \left.\frac{d\vec{A}}{dt}\right|_B + \vec{\omega} \times \vec{A} \quad . \tag{1}$$

<u>Einführung des Operators D</u>

Als Abkürzung für den Ausdruck $\frac{\partial}{\partial t} F(x,\ldots,t) = \frac{\partial F}{\partial t}$ führen wir den Operator $\mathbb{D} = \frac{\partial}{\partial t}$ ein. Die Unterscheidung zwischen Inertialsystem und beschleunigtem System geschieht durch die Indices L und B, also: $\mathbb{D}_L = \left.\frac{\partial}{\partial t}\right|_L$ und $\mathbb{D}_B = \left.\frac{\partial}{\partial t}\right|_B$.

Die Gleichung $\left.\frac{d\vec{A}}{dt}\right|_L = \left.\frac{d\vec{A}}{dt}\right|_B + \vec{\omega} \times \vec{A}$ vereinfacht sich zu

$$\mathbb{D}_L \vec{A} = \mathbb{D}_B \vec{A} + \vec{\omega} \times \vec{A} \quad .$$

Läßt man den Vektor $\vec{A}$ fort, so spricht man von einer Operatorgleichung

$$\mathbb{D}_L = \mathbb{D}_B + \vec{\omega} \times \quad ,$$

die auf beliebige Vektoren wirken kann.

Beispiele:

1.1 Winkelgeschwindigkeitsvektor $\vec{\omega}$

$$\left.\frac{d\vec{\omega}}{dt}\right|_L = \left.\frac{d\vec{\omega}}{dt}\right|_B + \vec{\omega}\times\vec{\omega}$$

Da $\vec{\omega} \times \vec{\omega} = 0$, folgt

$$\left.\frac{d\vec{\omega}}{dt}\right|_L = \left.\frac{d\vec{\omega}}{dt}\right|_B .$$

Diese beiden Ableitungen sind für alle Vektoren gleich, die senkrecht zur Rotationsebene stehen, da dann das Kreuzprodukt verschwindet.

1.2 Ortsvektor $\vec{r}$

$$\left.\frac{d\vec{r}}{dt}\right|_L = \left.\frac{d\vec{r}}{dt}\right|_B + \vec{\omega}\times\vec{r} ,$$

in Operatorschreibweise:

$$D_L\vec{r} = D_B\vec{r} + \vec{\omega}\times\vec{r}$$

wobei $\left.\frac{d\vec{r}}{dt}\right|_B$ als scheinbare Geschwindigkeit und $\left.\frac{d\vec{r}}{dt}\right|_B + \vec{\omega} \times \vec{r}$ als wahre Geschwindigkeit bezeichnet werden.

Formulierung der Newtonschen Gleichungen im rotierenden Koordinatensystem

Das Newtonsche Gesetz $m\ddot{\vec{r}}=\vec{F}$ gilt nur im Inertialsystem. Bei beschleunigten Systemen treten zusätzliche Terme auf. Zuerst betrachten wir wieder eine reine Rotation.

Für die Beschleunigung gilt:

$$\ddot{\vec{r}}_L = (\dot{\vec{r}})'_L = D_L(D_L\vec{r}) = (D_B + \vec{\omega}\times)(D_B\vec{r} + \vec{\omega}\times\vec{r}) =$$

$$= D_B^2\vec{r} + D_B(\vec{\omega}\times\vec{r}) + \vec{\omega}\times D_B\vec{r} + \vec{\omega}\times(\vec{\omega}\times\vec{r}) =$$

$$= D_B^2\vec{r} + (D_B\vec{\omega})\times\vec{r} + 2\vec{\omega}\times D_B\vec{r} + \vec{\omega}\times(\vec{\omega}\times\vec{r}).$$

Ersetzen wir den Operator durch den Differentialquotienten:

$$\left.\frac{d^2\vec{r}}{dt^2}\right|_L = \left.\frac{d^2\vec{r}}{dt^2}\right|_B + \left.\frac{d\vec{\omega}}{dt}\right|_B \times \vec{r} + 2\,\vec{\omega} \times \left.\frac{d\vec{r}}{dt}\right|_B + \vec{\omega} \times (\vec{\omega} \times \vec{r}). \qquad (2)$$

Dabei bezeichnet man die Ausdrücke $\left.\frac{d\vec{\omega}}{dt}\right|_B \times \vec{r}$ als lineare Beschleunigung, $2\vec{\omega} \times \left.\frac{d\vec{r}}{dt}\right|_B$ als Coriolisbeschleunigung und $\vec{\omega} \times (\vec{\omega} \times \vec{r})$ als Zentripetalbeschleunigung.

Durch Multiplikation mit der Masse m folgt die Kraft $\vec{F}$:

$$m\left.\frac{d^2\vec{r}}{dt^2}\right|_B + m\left.\frac{d\vec{\omega}}{dt}\right|_B \times \vec{r} + 2m\vec{\omega} \times \left.\frac{d\vec{r}}{dt}\right|_B + m\,\vec{\omega} \times (\vec{\omega} \times \vec{r}) = \vec{F}.$$

Die Grundgleichung der Mechanik im rotierenden Koordinatensystem lautet also:

$$m\frac{d^2\vec{r}}{dt^2} = \vec{F} - m\frac{d\vec{\omega}}{dt} \times \vec{r} - 2m\,\vec{\omega} \times \vec{v} - m\,\vec{\omega} \times (\vec{\omega} \times \vec{r}). \qquad (3)$$

Für Experimente auf der Erde kann man die Zusatzterme oft vernachlässigen, da die Winkelgeschwindigkeit der Erde $\omega = 2\pi/T$ (T = 24h) nur $7{,}27 \cdot 10^{-5}\ \mathrm{sec}^{-1}$ beträgt.

Die Newtonsche Gleichungen in beliebig gegeneinander bewegten Systemen

Jetzt geben wir die Bedingung auf, daß die Ursprünge der beiden Koordinatensysteme zusammenfallen.

Die allgemeine Bewegung eines Koordinatensystems setzt sich zusammen aus einer Rotation des Systems und einer Translation des Ursprungs. Gibt $\vec{R}$ den Ursprung des gestrichenen Systems an, so gilt für den Ortsvektor im ungestrichenen System $\vec{r} = \vec{R} + \vec{r}'$.

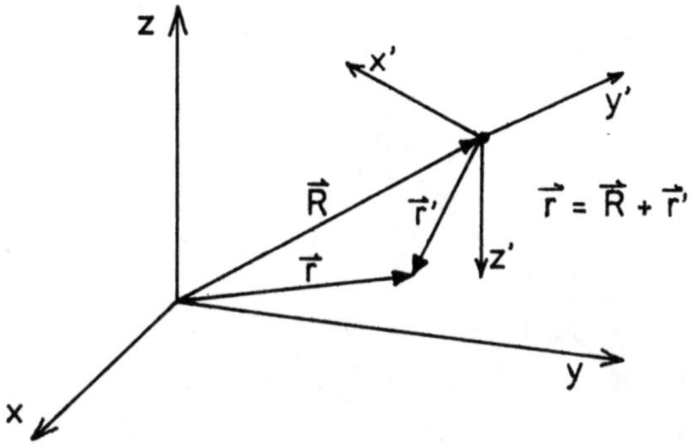

Hierbei gilt für die Geschwindigkeit: $\dot{\vec{r}} = \dot{\vec{R}} + \dot{\vec{r}}'$, und im Inertialsystem nach wie vor:

$$m\frac{d^2\vec{r}}{dt^2}\bigg|_L = \vec{F}\bigg|_L \quad .$$

Durch Einsetzen von $\vec{r}$ und anschließendes Differenzieren ergibt sich:

$$m\left.\frac{d^2\vec{r}'}{dt^2}\right|_L + \left.\frac{d^2\vec{R}}{dt^2}\right|_L = \vec{F} \quad .$$

Der Übergang zum beschleunigten System erfolgt wie oben, nur tritt hier noch das Zusatzglied $m\ddot{\vec{R}}$ auf:

$$m\left.\frac{d^2\vec{r}'}{dt^2}\right|_B = \vec{F} - m\left.\frac{d^2\vec{R}}{dt^2}\right|_L - m\left.\frac{d\vec{\omega}}{dt}\right|_B \times \vec{r}' - 2m\,\vec{\omega}\times v_B - m\vec{\omega}\times(\vec{\omega}\times\vec{r}'). \qquad (4)$$

2. Der freie Fall auf der Erde

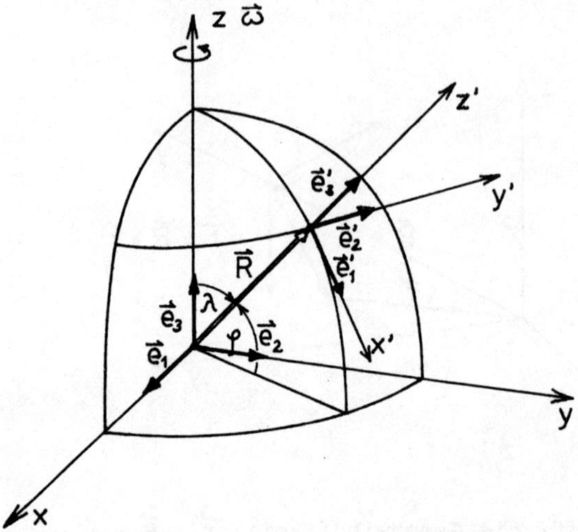

Auf der Erde gilt die bereits abgeleitete Form der Grundgleichung der Mechanik, wenn wir die Rotation um die Sonne vernachlässigen und deshalb ein Koordinatensystem im Erdzentrum als Inertialsystem betrachten.

$$m\ddot{\vec{r}}'|_B = \vec{F} - \ddot{\vec{R}}|_L - m\dot{\vec{\omega}}\times\vec{r}'|_B - 2m\vec{\omega}\times\dot{\vec{r}}'|_B - m\vec{\omega}\times(\vec{\omega}\times\vec{r}'). \qquad (5)$$

Die Rotationsgeschwindigkeit $\vec{\omega}$ der Erde um ihre Achse kann als zeitlich konstant angesehen werden, deshalb ist $m\dot{\vec{\omega}}\times\vec{r}' = 0$.

Die Bewegung des Aufpunktes von $\vec{R}$, also die Bewegung des Koordinatenursprungs des (x', y', z')-Systems muß noch auf das bewegte System umgerechnet werden; nach (5) gilt:

$$\ddot{\vec{R}}\big|_L = \ddot{\vec{R}}\big|_B + \dot{\vec{\omega}}\big|_B \times \vec{R} + 2\vec{\omega} \times \dot{\vec{R}}\big|_B + \vec{\omega} \times (\vec{\omega} \times \vec{R}).$$

Da $\vec{R}$ vom bewegten System aus eine zeitunabhängige Größe ist und da $\vec{\omega}$ konstant ist, lautet die Gleichung schließlich

$$\ddot{\vec{R}}\big|_L = \vec{\omega} \times (\vec{\omega} \times \vec{R}).$$

Für die Kraftgleichung (5) ergibt sich:

$$m\ddot{\vec{r}}' = \vec{F} - m\vec{\omega} \times (\vec{\omega} \times \vec{R}) - 2m\vec{\omega} \times \dot{\vec{r}}' - m\vec{\omega} \times (\vec{\omega} \times \vec{r}').$$

Beim freien Fall auf der Erde treten demnach im Gegensatz zum Inertialsystem Scheinkräfte auf, die den Körper in x'- und y'-Richtung ablenken.

Die Kraft $\vec{F}$ im Inertialsystem ist, wenn nur die Schwerkraft wirkt, $\vec{F} = -\gamma \frac{Mm}{r^3} \vec{r}$. Eingesetzt ergibt sich:

$$m\ddot{\vec{r}}' = -\gamma \frac{Mm}{r^3} \vec{r} - m\vec{\omega} \times (\vec{\omega} \times \vec{R}) - 2m\vec{\omega} \times \dot{\vec{r}}' - m\vec{\omega} \times (\vec{\omega} \times \vec{r}').$$

Schreiben wir - analog zum experimentell bestimmten Wert - für die Gravitationsbeschleunigung $\vec{g}$:

$$\vec{g} = -\gamma \frac{M}{r^3} \vec{r} - \vec{\omega} \times (\vec{\omega} \times \vec{R}).$$

Der zweite Term ist die von der Erdrotation herrührende Zentrifugalkraft, die zu einer Verringerung der Schwerkraft (als Funktion der geographischen Breite) führt. Damit erhalten wir

$$m\ddot{\vec{r}}' = m\vec{g} - 2m\vec{\omega} \times \dot{\vec{r}}' - m\vec{\omega} \times (\vec{\omega} \times \vec{r}').$$

In der Nähe der Erdoberfläche (r' klein) kann der letzte Term vernachlässigt werden, weil ω^2 auftritt und $|\omega|$ klein gegen 1 ist. Damit vereinfacht sich die Gleichung zu:

$$\ddot{\vec{r}}' = \vec{g} - 2\,(\vec{\omega} \times \dot{\vec{r}}') \quad ,$$

bzw. $$\ddot{\vec{r}}' = -g\vec{e}_3' - 2\,(\vec{\omega} \times \dot{\vec{r}}') \quad . \tag{6}$$

Zur Lösung der Vektorgleichung zerlegt man sie in ihre Komponenten, zunächst rechnet man zweckmäßigerweise das Kreuzprodukt aus. Aus der Figur erhält man, wenn $\vec{e}_1$, $\vec{e}_2$, $\vec{e}_3$ die Einheitsvektoren des Intertialsystems und $\vec{e}'_1$, $\vec{e}'_2$, $\vec{e}'_3$ die Einheitsvektoren des bewegten Systems sind, die folgende Beziehung:

$$\vec{e}_3 = (\vec{e}_3\,\vec{e}_1')\vec{e}_1' + (\vec{e}_3 \cdot \vec{e}_2')\vec{e}_2' + (\vec{e}_3 \cdot \vec{e}_3')\vec{e}_3' \;,$$

$$= (-\sin\lambda)\vec{e}_1' + 0\vec{e}_2' + (\cos\lambda)\vec{e}_3' .$$

Wegen $\vec{\omega} = \omega\vec{e}_3$ hat man daraus die Komponentendarstellung von $\vec{\omega}$ im bewegten System:

$$\vec{\omega} = -\omega\sin\lambda\ \vec{e}_1' + \omega\cos\lambda\,\vec{e}_3' \quad .$$

Für das Kreuzprodukt ergibt sich damit:

$$\vec{\omega} \times \dot{\vec{r}}' = (-\omega\dot{y}'\cos\lambda)\vec{e}_1' + (\dot{z}'\omega\sin\lambda + \dot{x}'\omega\cos\lambda)\vec{e}_2' - (\omega\dot{y}'\sin\lambda)\vec{e}_3' .$$

Man kann nun die Vektorgleichung (6) in die folgenden drei Komponentengleichungen zerlegen:

$$\begin{aligned} \ddot{x}' &= 2\dot{y}'\omega\cos\lambda, \\ \ddot{y}' &= -2\omega(\dot{z}'\sin\lambda + \dot{x}'\cos\lambda), \\ \ddot{z}' &= -g + 2\omega\dot{y}'\sin\lambda . \end{aligned} \tag{7}$$

Dies ist ein System von drei gekoppelten Differentialgleichungen mit $\vec{\omega}$ als Kopplungsparameter. Für $\omega = 0$ ergibt sich der freie Fall in einem Inertialsystem. Die Lösung eines solchen Systems ist auf analytischem Wege nicht möglich. Zur Näherungslösung bieten sich in diesem Fall die Störungsrechnung und die Methode der sukzessiven Approximation an. Beide Methoden wollen wir hier zeigen. Die Striche an den Koordinaten werden im folgenden weggelassen.

Methode der Störungsrechnung

Hierbei geht man von einem mathematisch einfacher zu behandelnden System aus und berücksichtigt bei der Rechnung infolge der Störung auftretende Kräfte, die klein gegen die übrigen Kräfte des Systems sind.

Zunächst integrieren wir die Gleichungen (7):

$$\begin{aligned} \dot{x} &= 2\omega y \cos\lambda + c_1, \\ \dot{y} &= -2\omega(x\cos\lambda + z\sin\lambda) + c_2, \\ \dot{z} &= -gt + 2\omega y \sin\lambda + c_3. \end{aligned} \tag{8}$$

Beim freien Fall auf der Erde wird der Körper aus der Höhe h zur Zeit $t = 0$ losgelassen, d.h. für unser Problem ergeben sich folgende Anfangsbedingungen:

$$\begin{aligned} z(0) &= h, & \dot{z}(0) &= 0, \\ y(0) &= 0, & \dot{y}(0) &= 0, \\ x(0) &= 0, & \dot{x}(0) &= 0. \end{aligned}$$

Damit bestimmen wir die Integrationskonstanten:

$c_1 = 0$, $c_2 = 2\omega h \sin\lambda$, $c_3 = 0$ und erhalten:

$$\dot{x} = 2\omega y\cos\lambda\ ,$$

$$\dot{y} = -2\omega(x\cos\lambda + (z-h)\sin\lambda), \qquad (9)$$

$$\dot{z} = -gt + 2\omega y\sin\lambda .$$

Die Abweichung y vom Ursprung des bewegten Systems ist eine Funktion von $\vec{\omega}$ und t , d.h. es tritt in erster Näherung das Glied $y_1\ (\vec{\omega},\ t) \cong \omega$ auf. Setzen wir dies in die erste Differentialgleichung ein, so erscheint dort ein Ausdruck mit ω^2. Wegen der Konsistenz in ω können wir deshalb alle Glieder mit ω^2 vernachlässigen, d.h. wir erhalten:

$$\dot{x}(t) = 0,$$

$$\dot{z}(t) = -g\ t\ ,$$

bzw. integriert mit den Anfangsbedingungen folgt:

$$z(t) = -\frac{g}{2}\ t^2 + h,$$

$$x(t) = 0.$$

Wegen x = O fällt aus der zweiten Differentialgleichung (9) das Glied $2\omega x\cos\lambda$ heraus, es bleibt:

$$\dot{y} = -2\omega(z-h)\sin\lambda \quad .$$

Einsetzen von z liefert

$$\dot{y} = -2\omega(h - \frac{1}{2}gt^2 - h)\ \sin\lambda\ ,$$

$$= \omega g t^2\ \sin\lambda,$$

mit der Anfangsbedingung integriert folgt

$$y = \frac{\omega g\sin\lambda}{3}\ t^3 \quad .$$

Die Lösungen des Differentialgleichungssystems in der Näherung $\omega^n = 0$ mit $n \geq 2$ lauten also

$$x(t) = 0 \quad ,$$

$$y(t) = \frac{\omega g \sin\lambda}{3} \quad t^3 \quad ,$$

$$z(t) = h - \frac{g}{2} \; t^2 \quad .$$

Die Fallzeit T erhält man aus $z(t=T) = 0$,

$$T^2 = \frac{2\,h}{g} \quad .$$

Damit hat man die Ostablenkung ($\vec{e_2}$ zeigt nach Osten) als Funktion der Fallhöhe :

$$y(t=T) = y(h) = \frac{\omega \sin\lambda}{3}\frac{2\,h}{g}\sqrt{2h/g}\cdot g \; ,$$

$$= \frac{2\omega h \sin\lambda}{3}\sqrt{2h/g} \quad .$$

Die Methode der sukzessiven Approximation

Geht man von dem bereits bekannten System (9) gekoppelter Differentialgleichungen aus, so lassen sich diese Gleichungen von Integralgleichungen überführen:

$$x(t) = 2\omega\cos\lambda \int_0^t y(u)\,du + C_1 \; ,$$

$$y(t) = 2\omega h\, t \sin\lambda - 2\omega\cos\lambda \cdot \int_0^t x(u)\,du - 2\omega\sin\lambda \cdot$$
$$\cdot \int_0^t z(u)\,du \; + C_2 \; ,$$

$$z(t) = -\frac{1}{2} g t^2 + 2\omega\sin\lambda \cdot \int_0^t y(u)\,du \; + C_3 \quad .$$

Berücksichtigt man, daß die Anfangsbedingungen

$$x(0) = 0 \quad , \qquad \dot{x}(0) = 0 \; ,$$
$$y(0) = 0 \quad , \qquad \dot{y}(0) = 0 \; ,$$
$$z(0) = h \quad , \qquad \dot{z}(0) = 0$$

erfüllt sein müssen, so erhält man für die Integrationskonstanten:

$$c_1 = 0 \; ; \quad c_2 = 0 \; ; \quad c_3 = h \quad .$$

Die Methode der Iteration besteht darin, daß für die unter dem Integralzeichen stehenden Funktionen x(u), y(u), z(u) willkürlich geeignete Funktionen eingesetzt werden. Damit werden in erster Näherung x(t), y(t), z(t) bestimmt und zur Ermittlung der zweiten Näherung als x(u), y(u), z(u) eingesetzt usw. Im allgemeinen ergibt sich dann eine sukzessive Approximation an die exakte Lösung, wenn $\omega \cdot t$ klein genug ist.

Setzt man im Beispiel x(u), y(u), z(u) in der nullten Näherung gleich Null, so ergibt sich in der ersten Näherung:

$$x^{(1)}(t) = 0 \quad ,$$
$$y^{(1)}(t) = 2\omega h \, t \sin\lambda \quad ,$$
$$z^{(1)}(t) = h - \frac{g}{2} t^2 \quad .$$

Zur Überprügung der Konsistenz dieser Lösungen bis zu Termen linear in ω genügt die Überprüfung der zweiten Näherung. Bei Konsistenz dürfen in ihr keine Verbesserungen auftreten, die ω linear enthalten:

$$x^{(2)}(t) = 2\omega\cos\lambda \int_0^t 2\omega h (\sin\lambda) u \, du \; ,$$
$$= 4\omega^2 h \cos\lambda \sin\lambda \frac{t^2}{2} = f(\omega^2) \approx 0 \, .$$

Ebenso wie $x^{(1)}$ (t) ist auch $z^{(1)}$ (t) in ω konsistent:

$$z^{(2)}(t) = h - \frac{g}{2}t^2 + 2\omega\sin\lambda\cdot\int_0^t 2\omega h(\sin\lambda)u\,du\,,$$

$$= h - \frac{g}{2}t^2 + i(\omega^2)\,.$$

Dagegen ist $y^{(1)}$ (t) nicht konsistent in ω , denn:

$$y^{(2)}(t) = 2\omega h\sin\lambda\cdot t - 2\omega h\sin\lambda\cdot t + g\,\omega\sin\lambda\,\frac{t^3}{3}$$

$$= k(\omega)\,.$$

Eine Überprüfung von $y^{(3)}$ (t) zeigt, daß $y^{(2)}$ (t) konsistent ist.

Genau wie bei der vorher besprochenen Methode der Störungsrechnung ergibt sich bis zur ersten Ordnung in ω die Lösung

$$x(t) = 0\quad,$$

$$y(t) = \frac{g\omega\sin\lambda}{3}\quad t^3\quad,$$

$$z(t) = h - \frac{g}{2}\,t^2\quad.$$

Aufgaben und Beispiele

2.1 Als Beispiel berechnen wir die Ostablenkung eines Körpers, der am Äquator aus einer Höhe von 400 m herunterfällt.
Die Ostablenkung eines aus der Höhe h fallenden Körpers ist gegeben durch:

$$y(h) = \frac{2\omega \ \sin\lambda \ h}{3} \sqrt{2h/g} \ .$$

Die Höhe h = 400 m und die Winkelgeschwindigkeit der Erde $\omega = 7{,}27 \ 10^{-5}$ rad sec^{-1} sind bekannt, ebenso die Erdbeschleunigung.

Die Werte werden in y(h) eingesetzt:

$$y(h) = \frac{2 \cdot 7{,}27 \cdot 400 \text{ rad m}}{3 \cdot 10^5 \text{ sec}} \sqrt{\frac{2 \cdot 400 \text{ sec}^2}{9{,}81}}$$

wobei rad eine dimensionslose Grösse ist. Als Ergebnis erhält man

$$y(h) = 17{,}6 \text{ cm} \quad .$$

Der Körper wird also um 17,6 cm nach Osten abgelenkt.

2.2 Ein Gegenstand wird mit der Anfangsgeschwindigkeit v_o aus der Höhe h nach unten geworfen. Gesucht ist die Ostablenkung.

Legen wir das Koordinatensystem in den Ausgangspunkt der Bewegung, so lauten die Anfangsbedingungen:

$$z(t=0) = 0 , \qquad \dot{z}(t=0) = v_0 ,$$

$$y(t=0) = 0 , \qquad \dot{y}(t=0) = 0 ,$$

$$x(t=0) = 0 , \qquad \dot{x}(t=0) = 0 .$$

Die Auslenkung nach Osten wird durch y, die nach Norden durch x angegeben und z = 0 bedeutet die Höhe h über der Erdoberfläche.

Für die Bewegung in y-Richtung wurde gezeigt:

$$\frac{dy}{dt} = -2\omega(x\cos\lambda + z\sin\lambda) + C_1 .$$

Wegen ihrer Kleinheit kann die Bewegung des Körpers in x-Richtung vernachlässigt werden, $x \approx 0$. Vernachlässigt man weiter die Wirkung der Ostablenkung auf z, so kommt man zur Gleichung:

$$z = -\frac{g}{2}t^2 - v_o t \qquad ,$$

die bereits von der Behandlung des freien Falles ohne Berücksichtigung der Erdrotation bekannt ist. Einsetzen in obige Differentialgleichung ergibt:

$$\frac{dy}{dt} = 2\omega\left(\frac{g}{2}t^2 + v_0 t\right)\sin\lambda .$$

Integration liefert: $y = 2\omega \sin\lambda \left(\frac{g}{6} t^3 + \frac{v_o}{2} t^2\right)$,

$$y = \frac{1}{3}\omega g \sin\lambda \; t^3 + \omega v_o \sin\lambda \; t^2. \qquad (1)$$

Um die Ostablenkung als Funktion der Fallhöhe zu erhalten, müssen wir die Zeit durch die Fallhöhe ausdrücken. Nach der Zeit T hat der Körper die Höhe h durchfallen:

$$\frac{g}{2} T^2 + v_o T = h \quad ,$$

$$T^2 + \frac{v_o T \cdot 2}{g} - \frac{2h}{g} = 0 \; .$$

Die Zeit, die zum Durchfallen der gegebenen Höhe benötigt wird, beträgt

$$T = -\frac{v_o}{g} \pm \sqrt{\frac{v_o^2}{g^2} + \frac{2gh}{g^2}} \; .$$

Da nur eine positive Zeit interessiert, berücksichtigen wir nun das positive Wurzelzeichen:

$$T = \frac{-v_o + \sqrt{v_o^2 + 2gh}}{g} \; .$$

Einsetzen der oben berechneten Fallzeit T in Gleichung (1) ergibt:

$$y(T) = \frac{\omega \sin\lambda}{3 g^2} \left(\sqrt{v_o^2 + 2gh} - v_o\right)^2 \left(\sqrt{v_o^2 + 2gh} + 2 v_o\right).$$

2.3 Ein Fluß der Breite D fließt auf der Nordhalbkugel bei der geographischen Breite φ nach Norden mit einer Strömungsgeschwindigkeit v_o. Wieviel liegt das linke Flußufer höher als das rechte?
Rechnen Sie das Zahlenbeispiel $D = 2$ km, $v_o = 5$ km/h und $\varphi = 45^o$ durch.

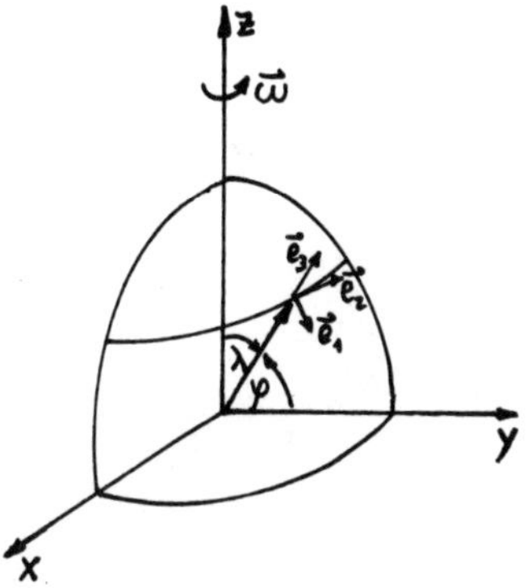

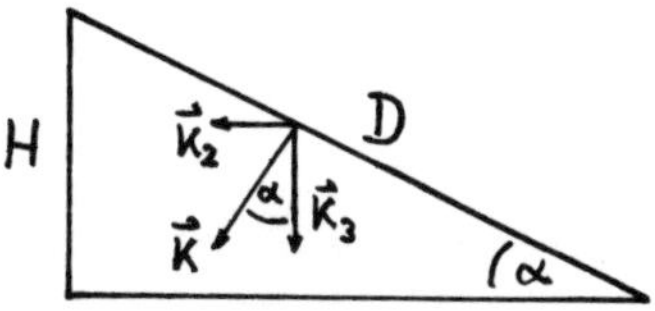

Für die Erde gilt: $m \frac{d^2\vec{r}}{dt^2} = - m g \vec{e}_3 - 2 m\vec{\omega} x \vec{v}$

mit $\vec{\omega} = -\omega \sin\lambda \, \vec{e}_1 + \omega \cos\lambda \, \vec{e}_3$.

Die Strömungsgeschwindigkeit ist $\vec{v} = - v_o\vec{e}_1$, und somit $\vec{\omega} x \vec{v} = -\omega v_o \sin\varphi \, \vec{e}_2$.

Für die Kraft ergibt sich dann $m\ddot{\vec{r}} = \vec{K} = - mg \vec{e}_3 + 2 m\omega v_o \sin\varphi \, \vec{e}_2 = K_3 \vec{e}_3 + K_2 \vec{e}_2$.

Der Betrag der Kraft ist:

$$K = \sqrt{4m^2\omega^2 v_o^2 \sin^2\varphi + m^2 g^2}$$

Nach der Skizze ist $H = D \sin\alpha$ und $\sin\alpha = K_2/K$. Es ist somit für die gesuchte Höhe H :

$$H = D \frac{2\omega v_0 \sin\varphi}{\sqrt{4^2 v_0^2 \sin^2\varphi + g^2}} ,$$

$$H \approx \frac{2D\omega v_0 \sin\varphi}{g}$$

Für das Zahlenbeispiel ergibt sich $H \approx 2{,}9$ cm .

3. Das Foucaultsche Pendel

Foucault gelang 1851 ein einfacher und überzeugender Beweis der Erdrotation: Ein Pendel sucht seine Schwingungsebene beizubehalten, unabhängig von jeder Drehung des Aufhängepunktes. Wird in einem Laboratorium dennoch eine solche Drehung beobachtet, so kann daraus nur die Rotation des Laboratoriums - also die Erdrotation - gefolgert werden.
Die Skizze zeigt die Anordung des Pendels und legt zugleich die Achsen des Koordinatensystems fest.

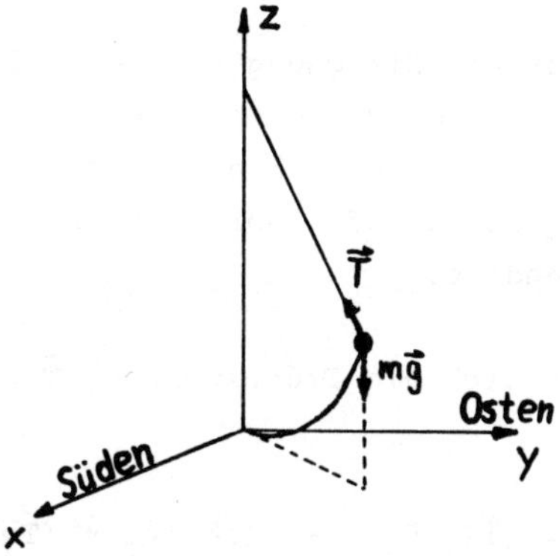

Zuerst leiten wir die Bewegungsgleichung des Foucaultschen Pendels her. Für den Massenpunkt gilt

$$\vec{F} = \vec{T} + m\vec{g} \quad , \tag{1}$$

wobei $\vec{T}$ eine zunächst unbekannte Zugkraft im Pendelfaden ist. In der für bewegte Bezugssysteme gültigen Grundgleichung

$$m\ddot{\vec{r}} = \vec{F} - m\frac{d\vec{\omega}}{dt}\times\vec{r} - 2m\,\vec{\omega}\times\vec{v} - m\,\vec{\omega}\times(\vec{\omega}\times\vec{r}) \tag{2}$$

können die linearen Kräfte und die Zentripetalkräfte vernachlässigt werden, da für die Erde $\frac{d\omega}{dt} = 0$ ist und $|\vec{\omega}| \ll 1$, $\omega^2 \approx 0$ ist. Setzt man Gl. (1) in die vereinfachte Gl. (2) ein, so erhält man

$$m\ddot{\vec{r}} = \vec{T} + m\vec{g} - 2m\vec{\omega}\times\vec{v}. \tag{3}$$

Wie man an dieser Gleichung noch einmal deutlich sieht, macht sich die Erdrotation für den mitbewegten Beobachter im Auftreten einer Scheinkraft, der Corioliskraft, bemerkbar. Die Corioliskraft führt zur Drehung der Schwingungsebene des Pendels.

Aus (3) läßt sich die Fadenspannung $\vec{T}$ bestimmen, wenn man beachtet

$$\vec{T} = (\vec{T}\vec{e}_1)\vec{e}_1 + (\vec{T}\vec{e}_2)\vec{e}_2 + (\vec{T}\vec{e}_3)\vec{e}_3 . \tag{4}$$

Die Ausführung der Skalarprodukte liefert:

$$T = T\left(-\frac{x}{l}\,\vec{e}_1 - \frac{y}{l}\,\vec{e}_2 + \frac{l-z}{l}\,\vec{e}_3\right). \tag{5}$$

Bevor man (5) in (3) einsetzt, empfiehlt es sich, (3) in drei Beziehungen für die einzelnen Komponenten zu zerlegen. Dazu muß das Kreuzprodukt $\vec{\omega}\times\vec{v}$ ausgerechnet werden:

$$\vec{\omega}\times\vec{v} = \begin{vmatrix} \vec{e}_1 & \vec{e}_2 & \vec{e}_3 \\ -\omega\sin\lambda & 0 & \omega\cos\lambda \\ \dot{x} & \dot{y} & \dot{z} \end{vmatrix} = \tag{6}$$

$$= -\omega\cos\lambda\,\dot{y}\,\vec{e}_1 + \omega(\cos\lambda\,\dot{x} + \sin\lambda\,\dot{z})\vec{e}_2 - \omega\sin\lambda\,\dot{y}\,\vec{e}_3 .$$

Setzt man (5) und (6) in die Gl. (3) ein, so folgt ein gekoppeltes System von Differentialgleichungen:

$$m\ddot{x} = -\frac{x}{l}T + 2m\omega\cos\lambda\,\dot{y} ,$$

$$m\ddot{y} = -\frac{y}{l}T - 2m\,\omega(\cos\lambda\,\dot{x} + \sin\lambda\,\dot{z}) ,$$

$$m\ddot{z} = \frac{l-z}{l}T - mg + 2m\,\omega\sin\lambda\,\dot{y} \qquad (7)$$

(wegen $m\vec{g} = -\,mg\vec{e}_3$) .

Um aus dem System (7) die unbekannte Fadenspannung T eliminieren zu können, macht man die folgenden Näherungen:

Der Pendelfaden soll sehr lang sein, das Pendel aber nur bei kleinen Amplituden schwingen.

Daraus folgt, daß $x/l \ll 1$, $y/l \ll 1$ und erst recht $z/l \ll 1$, da sich der Massenpunkt nahezu in der x, y - Ebene bewegt. Daher setzt man zur Berechnung der Fadenspannung in guter Näherung

$$x/l = 0 , \qquad m\ddot{z} = 0 ,$$
$$y/l = 0 , \qquad\qquad (8)$$
$$(l-z)/l = 1 , \qquad \dot{z}\sin\lambda = 0$$

und man erhält aus der dritten Gleichung von (7)

$$T = mg - 2m\omega\sin\lambda\,\dot{y} . \qquad (9)$$

Einsetzen von (9) und (7) ergibt, nach Division durch die Masse m:

$$\ddot{x} = -\frac{g}{l}x + \frac{2\omega\sin\lambda}{l}x\dot{y} + 2\omega\cos\lambda\,\dot{y} ,$$
$$\qquad (10)$$
$$\ddot{y} = -\frac{g}{l}y + \frac{2\omega\sin\lambda}{l}y\dot{y} - 2\omega\cos\lambda\,\dot{x} .$$

Die Näherungen $\frac{x}{l}=0$, $\frac{y}{l}=0$, die zur Berechnung von T nützlich waren, dürfen in Gl. (10) nicht angewendet werden, weil gerade $\ddot{x} = g/l \cdot x$ und $\ddot{y} = g/l \cdot y$ die Schwingung des Pendels beschreiben.

(10) stellt ein System nichtlinearer Differentialgleichungen dar; nichtlinear deshalb, weil die gemischten Glieder $x\dot{y}$ und $y\dot{y}$ auftauchen. Da das Produkt der kleinen Zahlen ω, x und $\dot{y}$ (bzw. ω, y und $\dot{y}$) gegenüber den anderen Zahlen verschwindend klein ist, kann (11) als gleichwertig angesehen werden:

$$\ddot{x} = -\frac{g}{l}x + 2\omega\cos\lambda\,\dot{y}\,,$$
$$\ddot{y} = -\frac{g}{l}y - 2\omega\cos\lambda\,\dot{x}\,. \tag{11}$$

Diese beiden linearen (aber gekoppelten) Differentialgleichungen beschreiben die Schwingungen eines Pendels unter dem Einfluß der Corioliskraft in guter Näherung.

Im folgenden wird ein Lösungsverfahren für (11) beschrieben.

Lösung der Differentialgleichung

Um (11) lösen zu können, führt man die Abkürzungen $\frac{g}{l} = k^2$ und $\omega\cos\lambda = \alpha$ ein, multipliziert $\ddot{y}$ mit der imaginären Einheit $i = \sqrt{-1}$ und erhält:

$$\begin{aligned} \ddot{x} &= -k^2x - 2\alpha i^2\dot{y} \\ i\ddot{y} &= -k^2iy - 2\alpha i\dot{x} \\ \hline \ddot{x} + i\ddot{y} &= -k^2(x+iy) - 2\alpha i(\dot{x}+i\dot{y}) \end{aligned} \tag{12}$$

Die Abkürzung u = x + iy ist naheliegend:

$$\ddot{u} = -k^2u - 2\alpha i\dot{u} \quad \text{oder} \tag{13}$$

$$0 = \ddot{u} + 2\alpha i\dot{u} + k^2u.$$

Die Gleichung (13) wird durch den sich bei allen Schwingungsvorgängen bewährenden Ansatz

$$u = C \cdot e^{\gamma t} \tag{14}$$

gelöst, wobei γ durch Einsetzen der Ableitungen in (13) zu bestimmen ist:

$$C\gamma^2 e^{\gamma t} + 2\alpha i C\gamma e^{\gamma t} + k^2 C e^{\gamma t} = 0 \qquad \text{oder}$$

$$\gamma^2 + 2i\alpha\gamma + k^2 = 0. \tag{15}$$

Die beiden Lösungen (15) sind

$$\gamma_{1/2} = -i\alpha \pm ik\sqrt{1 + \alpha^2/k^2}\,. \tag{16}$$

Da $\alpha^2 = \omega^2\cos^2\lambda$ wegen ω^2 klein gegen 1 ist, folgt weiter

$$\gamma_{1,2} = -\, i\alpha \pm \, i\, k\,. \tag{17}$$

Die allgemeinste Lösung der Differentialgleichung (13) ist die Linearkombination der speziellen Lösungen:

$$u = A \cdot e^{\gamma_1 t} + B \cdot e^{\gamma_2 t}\,,$$

wobei A und B durch die Anfangsbedingungen festgelegt werden müssen und selbstverständlich komplex sind, d.h. in einen reellen und in einen imaginären Anteil zerlegt werden können.

$$u = (A_1 + iA_2)\,e^{-i(\alpha - k)t} + \\ + (B_1 + iB_2)\,e^{-i(\alpha + k)t}\,. \tag{19}$$

Die Eulersche Relation $e^{-i\varphi} = \cos\varphi - i\sin\varphi$ erlaubt die Aufspaltung von (19) in $u = x + iy$:

$$x + iy = (A_1 + iA_2)(\cos[\alpha - k]t - i\sin[\alpha - k]t) +$$
$$+ (B_1 + iB_2)(\cos[\alpha + k]t - i\sin[\alpha + k]t) \qquad (20)$$

woraus nach Trennung von Real- und Imaginärteil folgt:

$$x = A_1 \cos(\alpha - k)t + A_2 \sin(\alpha - k)t +$$
$$+ B_1 \cos(\alpha + k)t + B_2 \sin(\alpha + k)t \quad , \qquad (21)$$
$$y = - A_1 \sin(\alpha - k)t + A_2 \cos(\alpha - k)t -$$
$$- B_1 \sin(\alpha + k)t + B_2 \cos(\alpha + k)t \quad .$$

Die Anfangsbedingungen sind:

$$x_o = 0 \quad , \qquad \dot{x}_o = 0 \quad ,$$
$$y_o = L \quad , \qquad \dot{y}_o = 0 \quad ,$$

d.h. das Pendel wird um die Strecke L nach Osten ausgelenkt und bei $t = 0$ losgelassen. Setzt man $x_o = 0$ in (21) ein, folgt

$$B_1 = - A_1 \quad .$$

Differenziert man (21) und setzt $\dot{x}_o = 0$ ein, so folgt daraus:

$$B_2 = A_2 \frac{k - \alpha}{k + \alpha} \quad .$$

Wie bereits in (16) vermerkt, ist $\alpha \ll k$ und somit $B_2 = A_2$. Aus (21) erhält man jetzt (22):

$$x = A_1 \cos(\alpha-k)\,t + A_2 \sin(\alpha-k)\,t \; -$$

$$-A_1 \cos(\alpha+k)\,t + A_2 \sin(\alpha+k)\,t \; ,$$

$$y = -A_1 \sin(\alpha-k)\,t + A_2 \cos(\alpha-k)\,t \; + \qquad (22)$$

$$A_1 \sin(\alpha+k)\,t + A_2 \cos(\alpha+k)\,t \; .$$

Es sind noch die Anfangsbedingungen für y_o und $\dot{y}_o$ einzuarbeiten. Aus $\dot{y}_o = 0$ und (22) folgt :

$$-A_1(\alpha-k) + A_1(\alpha+k) = 0 \Rightarrow A_1 = 0 \, .$$

Aus $y_o = L$ und der Gleichung (22) folgt :

$$2\,A_2 = L \Longrightarrow A_2 = \frac{L}{2} \, .$$

Durch Einsetzen dieser Werte erhält man:

$$x = \frac{L}{2} \sin(\alpha-k) \cdot t + \frac{L}{2} \sin(\alpha+k) \cdot t \; ,$$

$$y = \frac{L}{2} \cos(\alpha-k) \cdot t + \frac{L}{2} \cos(\alpha+k) \cdot t \; .$$

Unter Beachtung trigonometrischer Formeln folgt:

$$x = L \sin \alpha t \; \cos kt \; ,$$

$$y = L \cos \alpha t \; \cos kt \; .$$

Die beiden Gleichungen lassen sich in einer Vektorgleichung zusammenfassen:

$$\vec{r} = L \cos kt \,(\sin \alpha t \, \vec{e}_1 + \cos \alpha t \, \vec{e}_2) \qquad (23)$$

Diskussion der gefundenen Lösung

Der erste Faktor in (23) beschreibt die Bewegung eines Pendels, das mit der Amplitude L und Frequenz $k = \sqrt{g/l}$ schwingt. Der zweite Term ist ein Einheitsvektor $\vec{n}$, der mit der Frequenz $\alpha = \omega \cos\lambda$ rotiert und die Drehung der Schwingungsebene beschreibt.

$\vec{r} = L \cos kt\, \vec{n}(t)$.

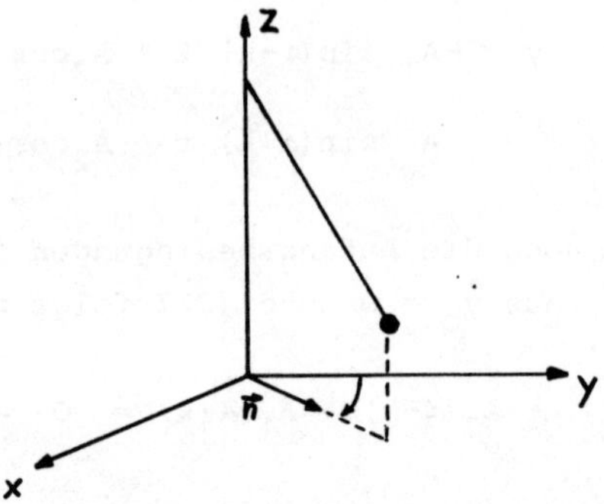

(23) sagt zudem aus, in welcher Richtung sich die Schwingungsebene dreht. Für die nördliche Halbkugel ist $\cos\lambda > 0$ und nach kurzer Zeit $\sin\alpha > 0$ und $\cos\alpha > 0$, d.h. die Schwingungsebene dreht sich im Uhrzeigersinn. Ein Beobachter auf der Südhalbkugel wird für sein Pendel wegen $\cos\lambda < 0$ eine Drehung gegen den Uhrzeiger feststellen.
Am Äquator versagt der Versuch wegen $\cos\lambda = 0$; die Komponente $\omega_x = -\omega \sin\lambda$ ist dort zwar am größten, aber mit dem Foucaultpendel nicht nachweisbar.

Verfolgt man den Weg des Massenpunktes eines Foucaultpendels, so ergeben sich Rosettenbahnen. Hierbei ist interessant, daß der Verlauf der Bahnen wesentlich von den Anfangsbedingungen abhängt. Links eine Rosettenbahn für ein Pendel, das beim Maximalausschlag losgelassen wurde, rechts wurde das Pendel aus der Ruhelage herausgestoßen.

Wegen der Annahme $\alpha \ll k$ in (16) beschreibt (23) keine der beiden Rosetten genau. In (23) schwingt das Pendel immer durch die Ruhelage, obwohl die gleichen Anfangsbedingungen wie in der linken Figur gewählt wurden.

Aufgaben

3.1 Ein vertikaler Stab AB rotiert mit konstanter Winkelgeschwindigkeit ω. Eine leichte, nicht dehnbare Kette der Länge l ist mit einem Ende am Punkt O des Stabes befestigt, während an ihrem anderen Ende die Masse m befestigt ist. Finden Sie die Spannung in der Kette und den Winkel zwischen Kette und Stab im Gleichgewichtszustand.

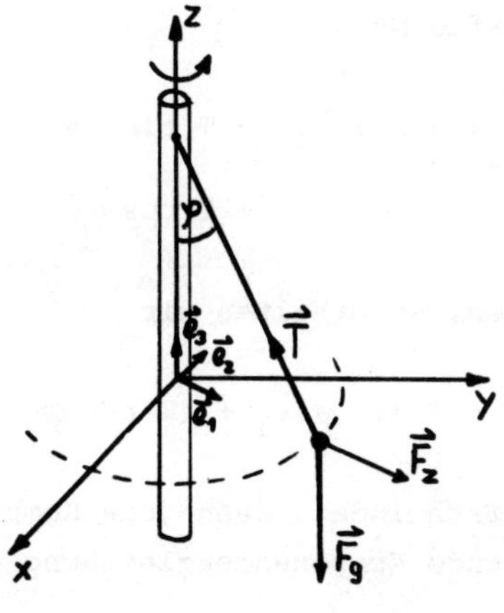

$\vec{e}_1, \vec{e}_2, \vec{e}_3$: Einheitsvektoren eines mit dem Stab drehenden rechtwinkligen Koordinatensystems

$\vec{T}$: Spannkraft der Kette

$\vec{F}_g$: Gewicht der Masse m

$\vec{F}_z$: Zentrifugalkraft

Auf den Körper wirken drei Kräfte ein:

1. die Schwerkraft (Gewicht) : $\vec{F}_g = - m\, g\, \vec{e}_3$,
2. die Zentrifugalkraft : $\vec{F}_z = - m\, \vec{\omega} \times (\vec{\omega} \times \vec{r})$,
3. die Spannkraft der Kette : $\vec{T} = -T \sin\varphi\, \vec{e}_1 + T \cos\varphi\, \vec{e}_3$.

Da die Winkelgeschwindigkeit nur eine Komponente in $\vec{e}_3$-Richtung besitzt, $\vec{\omega} = \omega \vec{e}_3$ und mit

$$\vec{r} = l\, (\sin\varphi\, \vec{e}_1 + (1-\cos\varphi)\, e_3)$$

folgt für die Zentrifugalkraft

$$\vec{F}_z = - m\, (\vec{\omega} \times (\vec{\omega} \times \vec{r}))$$

der Ausdruck

$$\vec{F}_z = + m \omega^2 l \sin\varphi\, \vec{e}_1 \ .$$

Wenn sich der Körper im Gleichgewicht befindet, ist die Resultierende der drei Kräfte Null:

$$0 = - mg\vec{e}_3 + m\omega^2 l \sin\varphi\, \vec{e}_1 - T \sin\varphi\, \vec{e}_1 + T \cos\varphi\, \vec{e}_3 = 0.$$

Ordnen wir nach Komponenten, so erhalten wir

$$0 = (m\omega^2 l \sin\varphi - T \sin\varphi)\vec{e}_1 + (T \cos\varphi - mg)\vec{e}_3 \ .$$

Da ein Vektor nur dann verschwindet, wenn jede Komponente Null ist, können wir folgende Komponentengleichung aufstellen:

$$m\omega^2 l \sin\varphi - T \sin\varphi = 0 \quad , \qquad (1)$$

$$T \cos\varphi - m g = 0 \quad . \qquad (2)$$

Eine Lösung von Gl. (1) ist $\sin\varphi = 0$. Sie stellt einen Zustand labilen Gleichgewichtes dar, der vorliegt, wenn der Körper auf der Achse AB rotiert. In diesem Fall verschwindet die zentrifugale Kraftkomponente. Zu einer zweiten Lösung des Systems gelangen wir, wenn wir $\sin\varphi \neq 0$ annehmen. Wir können dann die Gl. (1) durch $\sin\varphi$ dividieren und erhalten T:

$$T = m\omega^2 l \qquad (3)$$

und nach Elimination von T aus (2) den Winkel φ zwischen Kette und Stab:

$$\cos\varphi = g/\omega^2 l \quad .$$

Da die Kette OP mit der Masse m in P den Mantel eines Kegels beschreibt, heißt diese Anordnung Kegelpendel.

.2 Die Periode eines Pendels der Länge l sei mit T gegeben. Wie wird diese Periode abgeändert, wenn das Pendel an der Decke eines Zuges aufgehängt wird, der mit der Geschwindigkeit v um eine Kurve mit dem Radius r fährt?

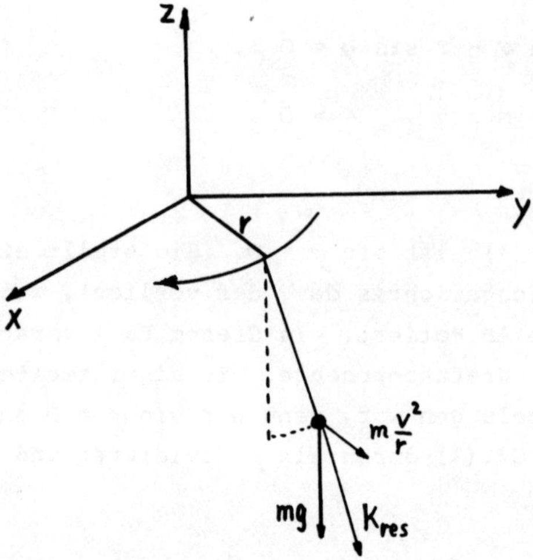

Die Periode eines Pendels in einem unbewegten System ist gegeben durch $T = \sqrt{l/g}$; g ist nun zu ersetzen durch die resultierende Beschleunigung g', die wir aus $\vec{K}_{res} = m\vec{g}'$ mit

$$K_{res} = \sqrt{m^2 g^2 + \frac{m^2 v^4}{r^2}}$$

berechnen. Sei T' die Periode der Pendelbewegung im Zug, dann ist $T' = \sqrt{l/g'}$. Durch Einsetzen von g' erhält man:

$$T' = \frac{\sqrt{l\ r}}{\sqrt[4]{r^2\ g^2 + v^4}} ,$$

$$T' = \frac{\sqrt{gr}}{\sqrt[4]{r^2\ g^2 + v^4}}\ T .$$

Durch die effektive Zunahme der Schwerkraft schwingt das Pendel schneller.

3.3 Erklären Sie, nach welchen Himmelsrichtungen auf der nördlichen Halbkugel Winde aus Norden, Osten, Süden und Westen abgelenkt werden. Erklären Sie die Entstehung von Zyklonen.

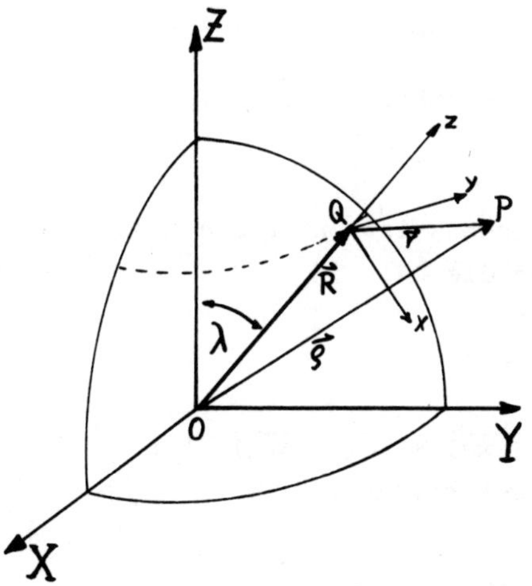

O : Ursprung des Inertialsystems X, Y, Z .

Q : Ursprung des bewegten Systems x, y, z.

P : Ein Punkt mit der Masse m.

$\vec{\varrho}$: Ortsvektor im X,Y,Z -System .

$\vec{r}$: Ortsvektor im x,y,z -System .

Wir leiten die Bewegungsgleichung für ein Luftquantum P ab, das sich nahe der Erdoberfläche bewegt, wobei wir das X,Y,Z -System als Inertialsystem ansehen - also die Drehung der Erde um die Sonne nicht berücksichtigen. Außerdem nehmen wir an, daß die Luftmasse sich in einer gleichbleibenden Höhe bewegt, daß also keine Geschwindigkeitskomponente in z - Richtung auftritt ($\dot{z}$ = O) . Die Zentrifugalbeschleunigung wird ebenfalls vernachlässigt.

Wir betrachten zuerst den Einheitsvektor $\vec{E}_3$. Er setzt sich aus den Komponenten

$$\vec{E}_3 = (\vec{E}_3 \cdot \vec{e}_1)\vec{e}_1 + (\vec{E}_3 \cdot \vec{e}_2)\vec{e}_2 + (\vec{E}_3 \cdot \vec{e}_3)\vec{e}_3$$

zusammen. Da $\vec{E}_3 \cdot \vec{e}_1 = -\sin\lambda$, $\vec{E}_3 \cdot \vec{e}_2 = 0$ und $\vec{E}_3 \vec{e}_3 = \cos\lambda$ gilt, sind die Komponenten von $\vec{\omega}$ im x,y,z-System

$$\vec{\omega} = \omega \vec{E}_3 = -\omega \sin\lambda \; \vec{e}_1 + \omega \cos\lambda \; \vec{e}_3 \quad .$$

Die Bewegungsgleichung des Teilchens ist unter den oben genannten Voraussetzungen durch die DGl

$$\ddot{\vec{r}} = \vec{g} - 2\,(\vec{\omega} \times \dot{\vec{r}})$$

definiert, in der $\vec{\omega} \times \dot{\vec{r}} = \vec{\omega} \times (\dot{x}\vec{e}_1 + \dot{y}\vec{e}_2 + \dot{z}\vec{e}_3)$ ist. Dem Kreuzpunkt entspricht die Determinate:

$$\vec{\omega} \times \dot{\vec{r}} = \begin{vmatrix} \vec{e}_1 & \vec{e}_2 & \vec{e}_3 \\ -\omega\sin\lambda & 0 & \omega\cos\lambda \\ \dot{x} & \dot{y} & 0 \end{vmatrix}$$

$$= (-\omega\dot{y}\cos\lambda)\vec{e}_1 + (\omega\dot{x}\cos\lambda)\vec{e}_2 - (\omega\dot{y}\sin\lambda)\vec{e}_3 .$$

Da wir die $\vec{e}_3$-Komponenten vernachlässigen, gilt für die Beschleunigungen:

$$\ddot{\vec{r}} = (2\omega\dot{y}\cos\lambda)\vec{e}_1 - (2\omega\dot{x}\cos\lambda)\vec{e}_2 \quad ,$$

bzw. $$\ddot{x} = 2\omega\dot{y}\cos\lambda \quad ,$$

$$\ddot{y} = -2\omega\dot{x}\cos\lambda \quad .$$

Eine Luftmenge, die sich in x-Richtung (Süden) bewegt, wird in Richtung der negativen y-Achse beschleunigt und eine Bewegung in y-Richtung hat eine Bewegung in x-Richtung zur Folge. Die Ablenkung erfolgt aus der Bewegungsrichtung nach rechts. Ein Wind aus Westen wird demnach nach Süden abgelenkt, Nordwind nach Westen, Ostwind nach Norden und Südwind nach Osten.

Wenn wir ein Luftquantum betrachten, das auf der Südhalbkugel bewegt wird, so ist $\lambda > \frac{\pi}{2}$ und $\cos\lambda$ negativ. Westwind wird hier also nach Norden, Nordwind nach Osten und Südwind nach Westen abgelenkt.

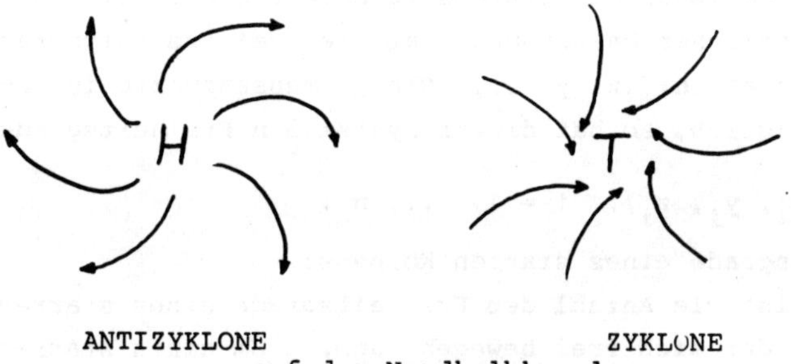

auf der Nordhalbkugel

Strömt auf der Nordhalbkugel Luft aus einem Gebiet hohen Drucks in ein Tiefdruckgebiet, so bildet sich eine linksdrehende Zyklone im Tiefdruckgebiet, eine rechtsdrehende Antizyklone im Hochdruckgebiet.

II. MECHANIK DER TEILCHENSYSTEME

Bisher haben wir nur die Mechanik eines Massenpunktes betrachtet. Wir gehen jetzt dazu über, Systeme von Massenpunkten zu beschreiben. Ein Teilchensystem nennen wir Kontinuum, wenn es aus einer so großen Anzahl von Massenpunkten besteht, daß eine Beschreibung der individuellen Massenpunkte praktisch nicht durchführbar ist. Im Gegensatz dazu heißt ein Teilchensystem diskret, wenn es aus einer überschaubaren Anzahl von Massenpunkten besteht.

Eine Idealisierung eines Körpers (Kontinuum) ist der starre Körper. Der Begriff des starren Körpers beinhaltet, daß die Abstände zwischen den einzelnen Punkten des Körpers fest sind, so daß diese Punkte keine Bewegungen gegeneinander ausführen können.

Betrachtet man die Bewegung der Punkte eines Körpers gegeneinander, so spricht man von einem deformierbaren Medium.

4. Freiheitsgrade:

Die Anzahl der Freiheitsgrade f eines Systems gibt die Zahl der Koordinaten an, die notwendig sind, um die Bewegung der Teilchen des Systems zu beschreiben. Ein im Raum frei beweglicher Massenpunkt hat die drei Freiheitsgrade der Translation: (x, y, z). Sind n Massenpunkte im Raum frei beweglich, so hat dieses System 3 n Freiheitsgrade:

$$(x_i, y_i, z_i); \quad i = 1, \ldots, n .$$

Freiheitsgrade eines starren Körpers:
Gesucht ist die Anzahl der Freiheitsgrade eines starren Körpers, der sich frei bewegen kann. Um einen starren Körper im Raum beschreiben zu können, muß man von ihm drei nicht kollinare Punkte kennen.
Man erhält so neun Koordinaten:

$$\vec{r}_1=(x_1,y_1,z_1) \ , \quad \vec{r}_2=(x_2,y_2,z_2) \ , \quad \vec{r}_3=(x_3,y_3,z_3) \quad ,$$

die jedoch voneinander abhängig sind. Da es sich nach Voraussetzung um einen starren Körper handelt, sind die Abstände je zweier Punkte konstant.

Man erhält:

$$(x_1 - x_2)^2 + (y_1 - y_2)^2 + (z_1 - z_2)^2 = c_1^2 = \text{const.}$$

$$(x_1 - x_3)^2 + (y_1 - y_3)^2 + (z_1 - z_3)^2 = c_2^2 = \text{const.}$$

$$(x_2 - x_3)^2 + (y_2 - y_3)^2 + (z_2 - z_3)^2 = c_3^2 = \text{const.}$$

Mit Hilfe dieser drei Gleichungen lassen sich drei Koordinaten eliminieren, so daß die verbleibenden sechs Koordinaten die sechs Freiheitsgrade ergeben. Es handelt sich hierbei um die drei Freiheitsgrade der Translation und die drei Freiheitsgrade der Rotation; da man die Bewegung eines starren Körpers stets als Translation eines seiner Punkte relativ zu einem Inertialsystem und Rotation des Körpers um diesen Punkt auffassen kann.

Wir betrachten jetzt den starren Körper, wenn ein Punkt im Raum festgehalten ist. Die Bewegung ist vollständig beschrieben, wenn wir die Koordinaten zweier Punkte

$$\vec{r}_1 = (x_1, y_1, z_1) \qquad \text{und} \qquad \vec{r}_2 = (x_2, y_2, z_2)$$

kennen und den Befestigungspunkt in den Ursprung des Koordinatensystems legen. Da es sich um einen starren Körper handelt, gilt:

$$x_1^2 + y_1^2 + z_1^2 = \text{const.}$$

$$x_2^2 + y_2^2 + z_2^2 = \text{const.}$$

$$(x_1-x_2)^2 + (y_1-y_2)^2 + (z_1-z_2)^2 = \text{const.}$$

Aus diesen drei Gleichungen lassen sich drei Koordinaten eliminieren, so daß die verbleibenden drei Koordinaten die drei Freiheitsgrade der Rotation bezeichnen.

Bewegt sich ein Teilchen auf einer vorgegebenen Raumkurve, so ist die Anzahl der Freiheitsgrade f=1. Die Kurve kann in der Parameterform

$$x = x(s), \quad y = y(s), \quad z = z(s)$$

geschrieben werden, d.h. durch Angabe des einen Parameterwertes s ist die Lage des Teilchens völlig bestimmt.

Ein deformierbares Medium oder eine Flüssigkeit hat eine unendliche Anzahl von Freiheitsgraden.

5. Der Schwerpunkt

Def: Ein System bestehe aus n Teilchen mit den Ortsvektoren $\vec{r}_\nu$ und den Massen m_ν für $\nu = (1,\dots,n)$. Der Schwerpunkt dieses Systems ist definiert als Punkt S mit dem Ortsvektor $\vec{r}_s$:

$$\vec{r}_s = \frac{m_1 \vec{r}_1 + m_2 \vec{r}_2 + \dots + m_n \vec{r}_n}{m_1 + m_2 + \dots + m_n} = \frac{\sum\limits_{\nu=1}^{n} m_\nu \vec{r}_\nu}{\sum\limits_{\nu=1}^{n} m_\nu},$$

$$\vec{r}_s = \frac{1}{M} \sum_{\nu=1}^{n} m_\nu \vec{r}_\nu ,$$

wobei $M = \sum\limits_{\nu=1}^{n} m_\nu$ die Gesamtmasse des Systems und

$M \vec{r}_s = \sum\limits_{\nu=1}^{n} m_\nu \vec{r}_\nu$ das Massenmoment ist.

Für Systeme mit gleichmäßiger Massenverteilung über ein Volumen V mit der Volumendichte ϱ, geht die Summe $\sum_i m_i \vec{r}_i$ in ein Integral über und man erhält:

$$\vec{r}_s = \frac{\int\limits_V \vec{r}\varrho dV}{\int\limits_V \varrho dV}.$$

Die einzelnen Komponenten ergeben sich zu:

$$x_s = \frac{\sum m_\nu x_\nu}{M} \quad ; \quad y_s = \frac{\sum m_\nu y_\nu}{M} \quad ; \quad z_s = \frac{\sum m_\nu z_\nu}{M}$$

und bei kontinuierlicher Massenverteilung:

$$x_s = \frac{\int_V \varrho\, x\, dV}{M} \quad ; \quad y_s = \frac{\int_V \varrho\, y\, dV}{M} \quad ; \quad z_s = \frac{\int_V \varrho\, z\, dV}{M}.$$

Wobei die Gesamtsumme mit

$M = \sum m_\nu$ bzw. $M = \int\limits_V \varrho\, dV$ gegeben ist.

Wir betrachten drei Massensysteme mit den Schwerpunkten $\vec{r}_1$, $\vec{r}_2$, $\vec{r}_3$ und ihren Gesamtmassen M_1, M_2, M_3.

Das System 1 besteht aus der Masse $M_1 = (m_{11} + m_{12} + m_{13} + ..)$ mit den Ortsvektoren $\vec{r}_{11}$, $\vec{r}_{12}$, $\vec{r}_{13}$, ...; analog die Systeme 2 und 3. Dann ist nach Definition der Schwerpunkt

des ersten Systems $\quad \vec{r}_{s1} = \dfrac{\sum_i m_{1i} \vec{r}_{1i}}{\sum_i m_{1i}}$, des zweiten Systems $\quad \vec{r}_{s2} = \dfrac{\sum\limits_{i} m_{2i}\, \vec{r}_{2i}}{\sum\limits_{i} m_{2i}}$,

des dritten Systems $\quad \vec{r}_{s3} = \dfrac{\sum\limits_{i} m_{3i}\, \vec{r}_{3i}}{\sum\limits_{i} m_{3i}}$.

Für den Schwerpunkt des Gesamtsystems gilt aber das gleiche Gesetz:

$$\vec{r}_s = \frac{\sum\limits_{i} m_{1i}\vec{r}_{1i} + \sum\limits_{i} m_{2i}\vec{r}_{2i} + \sum\limits_{i} m_{3i}\vec{r}_{3i}}{\sum\limits_{i} m_{1i} + \sum\limits_{i} m_{2i} + \sum\limits_{i} m_{3i}}$$

$$= \frac{M_1 \vec{r}_{s1} + M_2 \vec{r}_{s2} + M_3 \vec{r}_{s3}}{M_1 + M_2 + M_3} .$$

Für zusammengesetzte Systeme können wir also die Schwerpunkte und Massen der Teilsysteme bestimmen und daraus den Schwerpunkt des gesamten Systems berechnen. Die Rechnung kann dadurch wesentlich erleichtert werden.

Der lineare Impuls eines Teilchensystems ist die Summe der Impulse der einzelnen Teilchen:

$$\vec{P} = \sum_{\gamma=1}^{n} \vec{p}_\gamma = \sum_{\gamma=1}^{n} m_\gamma \dot{\vec{r}}_\gamma .$$

Führen wir den Schwerpunkt ein mit $M\vec{r}_s = \sum m_i \vec{r}_i$, so zeigt sich, daß $\vec{P} = M\dot{\vec{r}}_s$, d.h. der Gesamtimpuls eines Teilchensystems ist gleich dem Produkt aus der im Schwerpunkt vereinigten Gesamtmasse M mit ihrer Geschwindigkeit $\dot{\vec{r}}_s$. Dies bedeutet, daß wir die Translation eines Körpers durch die Bewegung des Schwerpunktes beschreiben können.

Aufgaben

5.1 Man finde die Koordinaten des Schwerpunktes für ein System von drei Massenpunkten.

$m_1 = 1g,$

$m_2 = 3g, \qquad \vec{r}_1 = (1,5,7)\,cm, \quad \vec{r}_2 = (-1,2,3)\,cm, \; \vec{r}_3 = (0,4,5)\,cm.$

$m_3 = 10g,$

Für den Schwerpunkt ergibt sich:

$\vec{r}_s = \frac{1}{14}\,(1-3,\ 5+3\cdot 2+10\cdot 4,\ 7+3\cdot 3+10\cdot 5)\ cm,$ oder ausgerechnet:

$$\vec{r}_s = \frac{1}{14}\ (-2,51,66)\ cm.$$

5.2 Man finde den Schwerpunkt einer Pyramide mit homogener Massenverteilung.

Wegen der homogenen Massenverteilung ist die Massendichte $\rho(\vec{r}) = \rho_o = const.$ Die Grundfläche der Pyramide werde durch die Gleichung

$$x + y + z = a$$

dargestellt. Die Koordinatenachsen seien die Kanten und der Ursprung die Spitze.

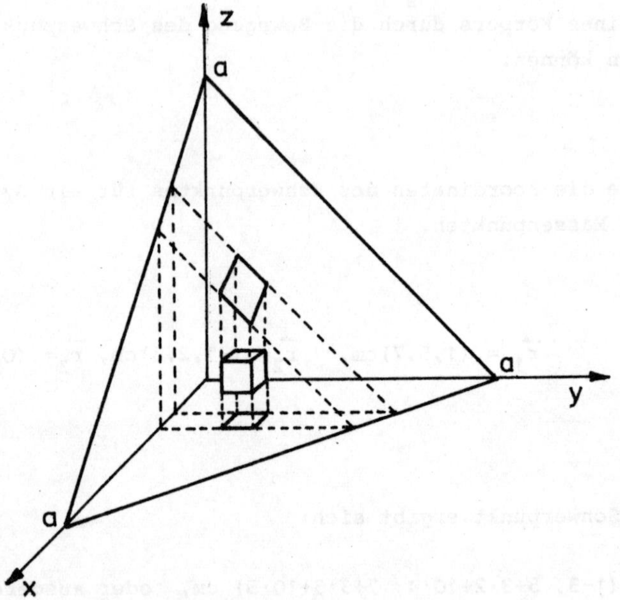

Dann gilt:

$$\vec{r}_s = \frac{\int_V \rho_0 \vec{r}\, dV}{\int_V \rho_0\, dV} = \frac{\int_V \vec{r}\, dV}{\int_V dV}, \quad dV = dxdydz\ .$$

Die Integrationsgrenzen sind aus der Zeichnung ersichtlich:

über z längs der Säule von z=0 bis z=a-x-y,
über y längs des Prismas von y=0 bis y=a-x,
über x längs der Pyramide von x=0 bis x=a .

$$\vec{r}_s = \frac{\int_V \vec{r}\, dV}{\int_V dV} = \frac{\int_{x=0}^{a} \int_{y=0}^{a-x} \int_{z=0}^{a-x-y} \vec{r}\, d\,z\, d\,y\, d\,x}{\int_{x=0}^{a} \int_{y=0}^{a-x} \int_{z=0}^{a-x-y} d\,z\, d\,x\, d\,y} ,$$

mit

$$\vec{r} = (x,y,z) \Rightarrow \int_V \vec{r}\, dV = \int_{x=0}^{a} \int_{y=0}^{(a-x)} (xz, yz, \tfrac{1}{2}z^2) \Big|_{z=0}^{z=a-x-y} dydx.$$

$$\int_V \vec{r}\, dV = \int_0^a \int_0^{a-x} (\, x(a-x-y), y(a-x-y), 1/2\, (a-x-y)^2\,) dydx.$$

Entsprechende Integration über y und x führt zu:

$$\int_V \vec{r}\, dV = \frac{a^4}{24}(1,1,1) \; ; \qquad \int_V dV = V = \frac{a^3}{6} .$$

Der Schwerpunkt liegt somit bei

$$\vec{r}_s = \frac{\int_V \vec{r}\, dV}{\int_V dV} = \frac{a}{4}(1,1,1).$$

5.3 Bestimmen Sie den Schwerpunkt eines Halbkreises vom Radius a.

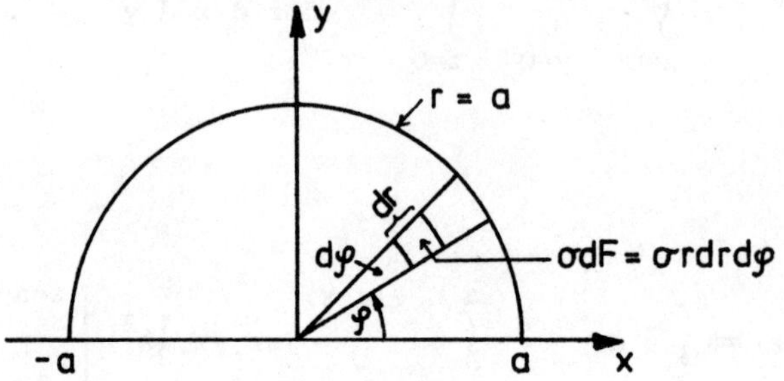

Sei die Flächendichte σ = const., seien x_s und y_s die Koordinaten des Schwerpunktes. Wir benutzen zur Berechnung des Schwerpunktes Polarkoordinaten. Die Gleichung des Halbkreises lautet dann:

$$r = a, \quad 0 \leq \varphi \leq \pi .$$

Aus Symmetriegründen ist $x_s = 0$ und für y_s gilt:

$$y_s = \frac{\int_F \sigma \, y dF}{\int_F \sigma \, dF} = \frac{\int_{\varphi=0}^{\pi} \int_{r=0}^{a} (r \sin\varphi) \; r \, dr \, d\varphi}{F} .$$

Die Berechnung des Integrals ergibt:

$$y_s = \frac{\frac{2a^3}{3}}{\frac{\pi a^2}{2}} = \frac{4a}{3\pi} ,$$ d.h. der Schwerpunkt liegt bei

$$\vec{r}_s = (0, \frac{4}{3} \frac{a}{\pi}) .$$

5.4 Bestimmen Sie den Schwerpunkt

a) eines Kreiskegels mit Basisradius a und Höhe h ;

b) eines Kreiskegels wie in a), auf dessen Basis eine Halbkugel des Radius a aufgesetzt ist.

a) Aus Symmetrie folgt, daß der Schwerpunkt auf der z-Achse liegt, d.h. $x_s = y_s = 0$.

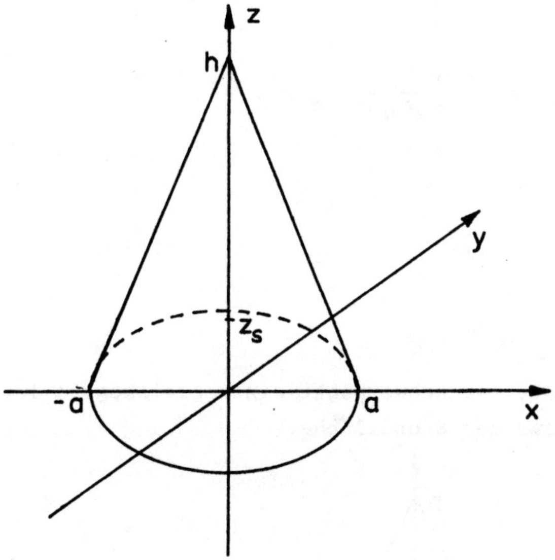

Für die z-Komponente gilt: $$z_s = \frac{\int_k z dV}{\int_k dV} = \frac{\int_k z dV}{\frac{1}{3}\pi a^2 h} .$$

Zur Berechnung des Integrals benutzen wir Zylinderkoordinaten:

$$\int_K z\,dV = \int_{\varphi=0}^{\pi}\int_{\varrho=0}^{a}\int_{z=0}^{h(1-\frac{\varrho}{a})} z\,\varrho\,d\varrho\,d\varphi\,dz,$$

$$= 2\pi \int_{\varrho=0}^{a} \frac{1}{2} h^2 (1-\frac{\varrho}{a})^2 \varrho\,d\varrho,$$

$$= \pi h^2 \left[\frac{1}{2}\varrho^2 - \frac{2\varrho^3}{3a} + \frac{\varrho^4}{4a^2}\right]_0^a = \pi \frac{a^2 h^2}{12},$$

$$z_s = \frac{\pi h^2 a^2\, 3}{12\pi a^2 h} = \frac{1}{4} h .$$

Das heißt, der Schwerpunkt eines Kreiskegels ist unabhängig vom Radius der Grundfläche.

b)

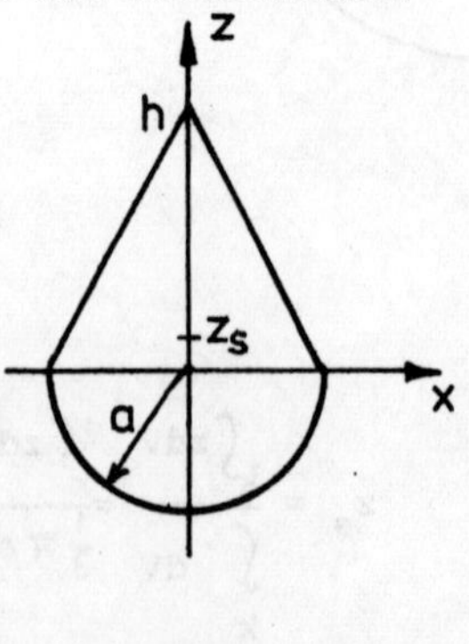

Der Schwerpunkt liegt wiederum aus Symmetriegründen auf der z-Achse.

Man hat dann:

$$z_s = \frac{\int\limits_{Kegel} zdv + \int\limits_{Halbkugel} zdv}{V_{Kegel} + V_{Halbkugel}} = \frac{\frac{1}{12}\pi h^2 a^2 + \int\limits_{Halbkugel} zdv}{\frac{\pi}{3}(h - 2a)\, a^2},$$

$$\int\limits_{Halbkugel} zdv = \int\limits_{\varphi=0}^{2\pi}\int\limits_{\varrho=0}^{a}\int\limits_{z=-\sqrt{a^2-\varrho^2}}^{0} \varrho z \, d\varphi\, d\varrho\, dz$$

$$= \pi \int\limits_{\varrho=0}^{a} (\varrho^2 - a^2)\varrho\, d\varrho = \pi \left[\frac{\varrho^4}{4} - \frac{a^2\varrho^2}{2} \right]_0^a = -\frac{\pi a^4}{4}.$$

Der Schwerpunkt ist somit gegeben durch:

$$z_s = \frac{\frac{1}{12}\pi a^2 h^2 - \frac{1}{4}\pi a^4}{\frac{a^2\pi}{3}(h + 2a)} = \frac{1}{4}\,\frac{h^2 - 3a^2}{h + 2a} \;;$$

$y_s = 0$; $x_s = 0$.

5.5 Reduzierte Masse

Zeigen Sie, daß die kinetische Energie zweier Teilchen mit den Massen m_1, m_2 in die Energie des Schwerpunktes und die kinetische Energie der Relativbewegung aufspaltet.

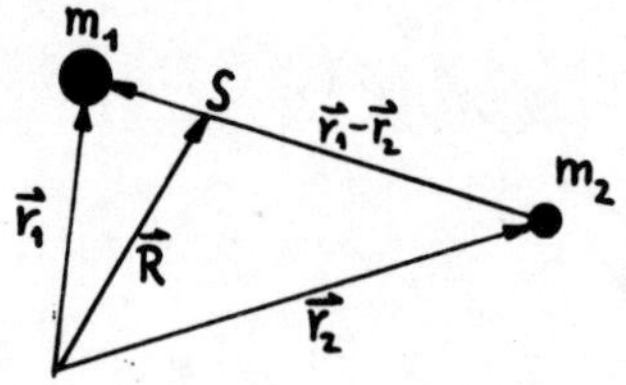

Die gesamte kinetische Energie ist

$$T= \frac{1}{2}m_1 \vec{v}_1^{\,2}+\frac{1}{2}m_2 \vec{v}_2^{\,2} \quad . \qquad (1)$$

Der Schwerpunkt ist definiert durch

$$\vec{R} = \frac{m_1\vec{r}_1 + m_2\vec{r}_2}{m_1 + m_2} \quad ,$$

die Schwerpunktsgeschwindigkeit ist

$$\dot{\vec{R}} = \frac{1}{m_1 + m_2} (m_1\vec{v}_1 + m_2\vec{v}_2) \quad . \qquad (2)$$

Die Geschwindigkeit der Relativbewegung bezeichnen wir mit $\vec{v}$, es gilt:

$$\vec{v} = \vec{v}_1 - \vec{v}_2 \quad . \qquad (3)$$

Wir drücken jetzt die Teilchengeschwindigkeiten durch Schwerpunkts- und Relativgeschwindigkeit aus.

Setzen wir v_2 aus (3) in Gleichung (2):

$$(m_1 + m_2)\,\dot{\vec{R}} = m_1\,\vec{v}_1 + m_2\,\vec{v}_1 - m_2\,\vec{v} \quad .$$

Daraus folgt:

$$\vec{v}_1 = \dot{\vec{R}} + \frac{m_2}{m_1 + m_2} \cdot \vec{v} \quad .$$

Analog erhalten wir:

$$\vec{v}_2 = \dot{\vec{R}} - \frac{m_1}{m_1 + m_2} \vec{v} .$$

Setzen wir die beiden Teilchengeschwindigkeiten in Gleichung (1) ein, so gilt

$$T = \frac{1}{2} m_1 \left(\dot{\vec{R}} + \frac{m_2}{m_1 + m_2} \vec{v}\right)^2 + \frac{1}{2} m_2 \left(\dot{\vec{R}} - \frac{m_1}{m_1+m_2} \vec{v}\right)^2$$

oder

$$T = \frac{1}{2} M \dot{\vec{R}}^2 + \frac{1}{2} \frac{m_1 m_2^2 \vec{v}^2}{(m_1+m_2)^2} + \frac{m_2 m_1^2 \vec{v}^2}{(m_1+m_2)^2} ,$$

$$T = \frac{1}{2} M R^2 + \frac{1}{2} \mu v^2 .$$

Die gemischten Terme heben sich heraus. Die mit der Schwerpunktsbewegung verbundene Masse ist die Gesamtmasse $M = m_1 + m_2$, die mit der Relativbewegung verbundene Masse ist die reduzierte Masse

$$\mu = \frac{m_1 m_2}{m_1 + m_2} .$$

Die reduzierte Masse wird oft auch in der Form

$$\frac{1}{\mu} = \frac{1}{m_1} + \frac{1}{m_2}$$ geschrieben.

6. Mechanische Grundgrößen von Massenpunktsystemen

Der lineare Impuls

Betrachten wir ein System von Massenpunkten, so gilt für die Gesamtkraft auf das ν-te Teilchen:

$$\vec{F}_\nu + \sum_\lambda \vec{f}_{\nu\lambda} = \dot{\vec{p}}_\nu . \tag{1}$$

Die Kraft $\vec{f}_{\nu\lambda}$ ist die Kraft des Teilchens λ auf das Teilchen ν ; $\vec{F}_\nu$ ist die von außerhalb des Systems auf das Teilchen ν wirkende Kraft; und $\sum_\lambda \vec{f}_{\nu\lambda}$ ist die resultierende innere Kraft aller anderen Teilchen auf das Teilchen ν .
Die resultierende Kraft auf das System erhält man durch Summation der Einzelkräfte:

$$\sum_\nu \dot{\vec{p}}_\nu = \sum_\nu \vec{F}_\nu + \sum_\nu \sum_\lambda \vec{f}_{\nu\lambda} = \dot{\vec{P}}.$$

Da Kraft gleich Gegenkraft ist, folgt $\vec{f}_{\nu\lambda} + \vec{f}_{\lambda\nu} = 0$, so daß sich die Summanden der obigen Doppelsumme paarweise herausheben. Man erhält somit für die Gesamtkraft, die auf das System wirkt:

$$\dot{\vec{P}} = \vec{F} = \sum_\nu \vec{F}_\nu .$$

Wirkt keine Kraft auf das System ein, so ist

$$\vec{F} = \dot{\vec{P}} = 0, \quad \text{d.h. } \vec{P} = \text{const.}$$

Der Gesamtimpuls des Teilchensystems bleibt also erhalten.

Drehimpuls

Beim Drehimpuls liegen ähnliche Verhältnisse vor, wenn man für die inneren Kräfte Zentralkräfte voraussetzt.

Der Drehimpuls des ν-ten Teilchens ist

$$\vec{l}_\nu = \vec{r}_\nu \times \vec{p}_\nu .$$

Der Gesamtdrehimpuls des Systems ist dann die Summe aller Einzeldrehimpulse

$$\vec{L} = \sum_\nu \vec{l}_\nu \quad .$$

Analog erhält man für das Drehmoment, das auf das ν -te Teilchen wirkt

$$\vec{d}_\nu = \vec{r}_\nu \times \vec{F}_\nu$$

und für das Gesamtdrehmoment

$$\vec{D} = \sum_\nu \vec{d}_\nu \quad .$$

Die inneren Kräfte $\vec{f}_{\nu\lambda}$ üben kein Drehmoment aus, da wir für sie Zentralkräfte vorausgesetzt haben.

Für die Kraft auf das ν-te Teilchen gilt analog (1)

$$\vec{F}_\nu + \sum_\lambda \vec{f}_{\nu\lambda} = \frac{d}{dt} \vec{p}_\nu \quad .$$

Multiplizieren wir die Gleichung von links vektoriell mit $\vec{r}_\nu$:

$$\vec{r}_\nu \times \vec{F}_\nu + \sum_\lambda \vec{r}_\nu \times \vec{f}_{\nu\lambda} = \vec{r}_\nu \times \frac{d}{dt} \vec{p}_\nu =$$

$$\frac{d}{dt} (\vec{r}_\nu \times \vec{p}_\nu) = \dot{\vec{l}}_\nu \quad .$$

Die Differentiation kann vorgezogen werden, da $\dot{\vec{r}}_\nu \times \vec{p}_\nu = 0.$

Summation über ν ergibt:

$$\underbrace{\sum_{\nu} \vec{r}_\nu \times \vec{F}_\nu}_{\vec{D}} + \underbrace{\sum_{\lambda} \sum_{\nu} \vec{r}_\nu \times \vec{f}_{\nu\lambda}}_{0} = \dot{\vec{L}}_\nu ,$$

$$\vec{D} = \dot{\vec{L}} = \sum \dot{\vec{L}}_\nu .$$

$\sum_{\nu} \sum_{\lambda} \vec{r}_\nu \times \vec{f}_{\nu\lambda} = 0$, da sich die Summanden der Doppelsumme paarweise herausheben. Es gilt

$$\vec{r}_\nu \times \vec{f}_{\nu\lambda} + \vec{r}_\lambda \times \vec{f}_{\lambda\nu} = (\vec{r}_\nu - \vec{r}_\lambda) \times \vec{f}_{\nu\lambda} \quad ;$$

da bei Zentralkräften $(\vec{r}_\nu - \vec{r}_\lambda)$ parallel zu $\vec{f}_{\nu\lambda}$ ist, ist das Kreuzprodukt gleich Null.

Man erhält als Gesamtdrehmoment auf ein System die Summe der äußeren Drehmomente

$$\vec{D} = \dot{\vec{L}} \quad .$$

Für $\vec{D} = 0$ folgt $\vec{L} = \text{const.}$

Wirken keine äußeren Drehmomente auf ein System, so bleibt der Drehimpuls erhalten.

Der Energiesatz des Vielkörperproblems

Sei $\vec{f}_{\nu\lambda}$ die Kraft des λ-ten Teilchens auf das ν-te Teilchen, dann gilt nach Gleichung (1):

$$\vec{F}_\nu + \sum_{\lambda} \vec{f}_{\nu\lambda} = \frac{d}{dt} (m_\nu \dot{\vec{r}}_\nu) \quad .$$

Multipliziert man die Gleichung skalar mit $\dot{\vec{r}}_\nu$ unter Beachtung von

$$\dot{\vec{r}}_\nu \frac{d}{dt} (m_\nu \dot{\vec{r}}_\nu) = \frac{d}{dt} \left(\frac{1}{2} m_\nu \dot{\vec{r}}_\nu^{\,2}\right)$$

ergibt sich:

$$\vec{F}_\nu \cdot \dot{\vec{r}}_\nu + \sum_\lambda \vec{f}_{\nu\lambda} \cdot \dot{\vec{r}}_\nu = \frac{d}{dt}\left(\frac{1}{2} m_\nu \dot{\vec{r}}_\nu^{\,2}\right) \quad .$$

$\frac{1}{2} m_\nu \dot{\vec{r}}_\nu^{\,2}$ ist jedoch gerade die kinetische Energie T_ν des ν-ten Teilchens. Durch Summation über ν folgt

$$\sum_\nu \vec{F}_\nu \dot{\vec{r}}_\nu + \sum_\lambda \sum_\nu \vec{f}_{\nu\lambda} \dot{\vec{r}}_\nu = \sum_\nu \frac{d}{dt}\left(\frac{1}{2} m_\nu \dot{\vec{r}}_\nu^{\,2}\right) = \sum_\nu \dot{T}_\nu \, .$$

$\sum_\nu \dot{T}_\nu$ ist nichts anderes als die zeitliche Ableitung der gesamten kinetischen Energie des Systems. Integriert man von t_1 bis t_2 unter Beachtung von

$$\dot{\vec{r}}_\nu \, dt = d\,\vec{r}_\nu \quad ,$$

so folgt:

$$T(t_1) - T(t_2) = \underbrace{\sum_\nu \int_{t_1}^{t_2} \vec{F}_\nu \, d\,\vec{r}_\nu}_{A_a} + \underbrace{\sum_{\nu\lambda} \int_{t_1}^{t_2} \vec{f}_{\nu\lambda} \, d\,\vec{r}_\nu}_{A_i} \qquad (2)$$

Hierbei ist T die gesamte kinetische Energie, A_a die gegen äußere Kräfte und A_i die gegen innere Kräfte in dem Zeitintervall $t_2 - t_1$ geleistete Arbeit.

Wenn wir annehmen, daß die Kräfte aus einem Potential ableitbar sind, können wir die geleistete innere und äußere Arbeit durch Potentialdifferenzen ausdrücken.

Für die äußere Arbeit gilt:

$$A_a = \sum_\nu \int \vec{F}_\nu \, d\vec{r}_\nu = -\sum_\nu \int \nabla_\nu V^a \, d\vec{r}_\nu = -\sum \int_{t_1}^{t_2} d\,V_\nu^a = -\sum_\nu \left(V_\nu^a(t_2) - V_\nu^a(t_1)\right),$$

$$A_a = V^a(t_1) - V^a(t_2) \; .$$

V_ν^a ist das Potential des Teilchens ν in einem äußeren Feld; bei Summation über alle Teilchen ergibt sich das totale äußere Potential V^a.

Die zwischen zwei Teilchen λ und ν wirkende Kraft soll eine Zentralkraft sein, für das "innere" Potential setzen wir

$$V^i_{\lambda\nu}(\vec{r}_{\lambda\nu}) = V^i_{\lambda\nu}(r_{\lambda\nu}) = V^i_{\nu\lambda}(r_{\nu\lambda}).$$

Das gegenseitige Potential hängt nur vom Betrag des Abstandes ab, mit

$$r_{\lambda\nu} = |\vec{r}_\lambda - \vec{r}_\nu| = \sqrt{(x_\lambda - x_\nu)^2 + (y_\lambda - y_\nu)^2 + (z_\lambda - z_\nu)^2}\,.$$

Damit ist das Prinzip von Aktion und Reaktion erfüllt, denn daraus folgt automatisch, daß die Kraft $\vec{f}_{\lambda\nu}$ entgegengesetzt gleich groß der Gegenkraft $\vec{f}_{\nu\lambda}$ ist:

$$\vec{f}_{\nu\lambda} = -\nabla_\nu V^i_{\nu\lambda} = +\nabla_\lambda V^i_{\nu\lambda} = -\vec{f}_{\lambda\nu}.$$

Der Index ν am Gradienten gibt an, daß die Gradientenbildung nach den Komponenten des Teilchens ν vorgenommen wird. Für die innere Arbeit können wir damit schreiben:

$$A_i = \sum_{\nu,\lambda} \int \vec{f}_{\nu\lambda}\, d\vec{r}_\nu = \sum_{\substack{\lambda \\ \nu<\lambda}} \int \vec{f}_{\nu\lambda}\,(d\vec{r}_\nu - d\vec{r}_\lambda) = \frac{1}{2}\sum_{\nu,\lambda} \int \vec{f}_{\nu\lambda}\,(d\vec{r}_\nu - d\vec{r}_\lambda).$$

Wir ersetzen jetzt die Differenz der Ortsvektoren durch den Vektor $\vec{r}_{\nu\lambda}$ und führen den Operator $\nabla_{\nu\lambda}$ ein, der den Gradienten bezüglich dieser Differenz bildet. Es ergibt sich

$$A_i = -\frac{1}{2}\sum_{\nu,\lambda} \int \nabla_{\nu\lambda} V^i_{\nu\lambda}\, d\vec{r}_{\nu\lambda} = -\frac{1}{2}\sum_{\nu,\lambda} \int dV^i_{\nu\lambda} = -\frac{1}{2}\sum_{\nu,\lambda} \left(V^i_{\nu\lambda}(t_2) - V^i_{\nu\lambda}(t_1)\right).$$

Die innere Arbeit ist also die Differenz der inneren potentiellen Energien. Sie ist von Bedeutung bei deformierbaren Medien (Deformationsenergie).

Bei starren Körpern, bei denen der Differenzbetrag der Abstände $|\vec{r}_\nu - \vec{r}_\lambda|$ unveränderlich ist, ist die innere Arbeit Null. Änderungen d $\vec{r}_{\nu\lambda}$ können nur senkrecht zu $\vec{r}_\nu - \vec{r}_\lambda$ und damit senkrecht zur Kraftrichtung erfolgen, d.h. das Skalarprodukt $\vec{f}_{\nu\lambda} \cdot d\vec{r}_{\nu\lambda}$ verschwindet.

Setzen wir für die gesamte potentielle Energie

$$V = \sum_\nu V_\nu^a + \frac{1}{2} \cdot \sum_{\nu,\lambda} V_{\nu\lambda}^i$$

so ergibt sich für Gleichung (2):

$$T(t_2) - T(t_1) = V(t_1) - V(t_2) \qquad \text{oder}$$

$$V(t_1) + T(t_1) = V(t_2) + T(t_2) \qquad \text{die Summe}$$

von potentieller und kinetischer Energie bleibt für das System erhalten. Da durch Wechselwirkung der Teilchen Energie übertragen werden kann (z.B. Stöße zwischen Gasmolekülen), muß die Energieerhaltung nicht für das einzelne Teilchen gelten.

Transformation in Schwerpunktskoordinaten

Bei der Untersuchung der Bewegung von Teilchensystemen sieht man oft vor der gemeinsamen Translation des Systems im Raume ab, da nur die Bewegung der Teilchen relativ zum Schwerpunkt des Systems von Interesse sind. Man transformiert daher die teilchenbeschreibenden Größen in ein System, dessen Ursprung der Schwerpunkt ist:

Gemäß der Zeichnung ist der Ursprung des gestrichenen Koordinatensystems der Schwerpunkt, mit Großbuchstaben werden Ort, Geschwindigkeit und Masse, $\vec{R}$, $\vec{V}$ und M des Schwerpunkts angegeben. Es gilt $\vec{r}_\nu = \vec{R} + \vec{r}'_\nu$.

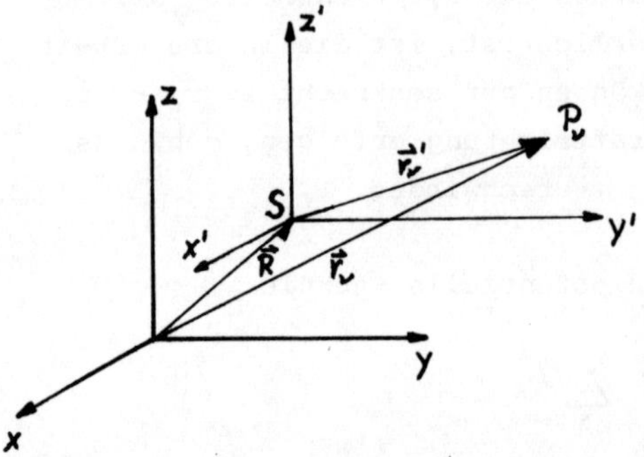

Nach der Definition des Schwerpunktes ist

$$M \cdot \vec{R} = \sum_\nu m_\nu \vec{r}_\nu = \sum_\nu m_\nu (\vec{R} + \vec{r}'_\nu) ,$$

$$M \cdot \vec{R} = M \cdot \vec{R} + \sum_\nu m_\nu \vec{r}'_\nu ,$$

wobei M die gesamte Masse des Systems $M = \sum_\nu m_\nu$ ist.

Aus der letzten Gleichung folgt:

$$\sum_\nu m_\nu \vec{r}'_\nu = 0 .$$

Differenzieren nach der Zeit ergibt:

$$\sum_\nu m_\nu \vec{v}'_\nu = 0 ,$$

d.h. im Schwerpunktsystem verschwindet die Summe der Impulse.

Die äquivalente Transformation des Drehimpulses ergibt:

$$\vec{L} = \sum_\nu m_\nu (\vec{r}_\nu \times \vec{v}_\nu) = \sum_\nu m_\nu (\vec{R} + \vec{r}'_\nu) \times (\vec{V} + \vec{v}'_\nu) ,$$

$$\vec{L} = \sum_\nu m_\nu (\vec{R} \times \vec{V}) + \sum_\nu m_\nu (\vec{R} \times \vec{v}'_\nu) + \sum_\nu m_\nu (\vec{r}'_\nu \times V) + \sum_\nu m_\nu (\vec{r}'_\nu \times \vec{v}'_\nu) .$$

Durch geschicktes Klammern erhält man

$$\vec{L} = M\,(\vec{R} x \vec{V}) + \vec{R} x (\sum_\nu m_\nu\, \vec{v}'_\nu) + (\sum_\nu m_\nu\, \vec{r}'_\nu)\, x \vec{V} + \sum_\nu m_\nu (\vec{r}'_\nu\, x \vec{v}'_\nu)$$

und sieht, daß die beiden mittleren Terme wegen der Definition der Schwerpunktskoordinaten verschwinden. Somit ist

$$\vec{L} = M\,(\vec{R} x \vec{V}) + \sum_\nu m_\nu\, (\vec{r}'_\nu\ x\ \vec{v}'_\nu) = \vec{L}_s + \sum_\nu \vec{L}'_\nu \quad .$$

Der Drehimpuls $\vec{L}$ ist zerlegbar in den Drehimpuls des Schwerpunktes mit der Schwerpunktsmasse M und die Summe der Drehimpulse der einzelnen Teilchen um den Schwerpunkt.

Für das Drehmoment gilt als Ableitung des Drehimpulses das gleiche:

$$\vec{D} = \vec{D}_s + \sum_\nu \vec{D}_\nu \quad .$$

<u>Transformation der kinetischen Energie</u>

$$T = \frac{1}{2} \sum_\nu m_\nu\, \vec{v}_\nu^{\,2} = \frac{1}{2} \sum_\nu m_\nu \vec{V}^2 + \vec{V} \sum_\nu m_\nu\, \vec{v}'_\nu + \frac{1}{2} \sum_\nu m_\nu\, \vec{v}'^{\,2}_\nu \quad ;$$

wegen $\sum m_\nu\, \vec{v}'_\nu = 0$ verschwindet der mittlere Term wieder und es folgt

$$T = \frac{1}{2} M\, \vec{V}^2 + \frac{1}{2} \sum_\nu m_\nu\, \vec{v}'^{\,2}_\nu = T_s + T' .$$

Die totale kinetische Energie T setzt sich zusammen aus der kinetischen Energie eines gedachten Teilchens der Masse M mit dem Ortsvektor R (t) (des Schwerpunktes) und der kinetischen Energie der einzelnen Teilchen relativ zum Schwerpunkt.

III. SCHWINGENDE SYSTEME

7. Schwingungen gekoppelter Massenpunkte

Als erstes und einfachstes System schwingender Massenpunkte betrachten wir die freie Schwingung zweier Massenpunkte, die, wie in der Skizze gezeigt, mit Federn gleicher Federkonstante an zwei Wänden befestigt sind.

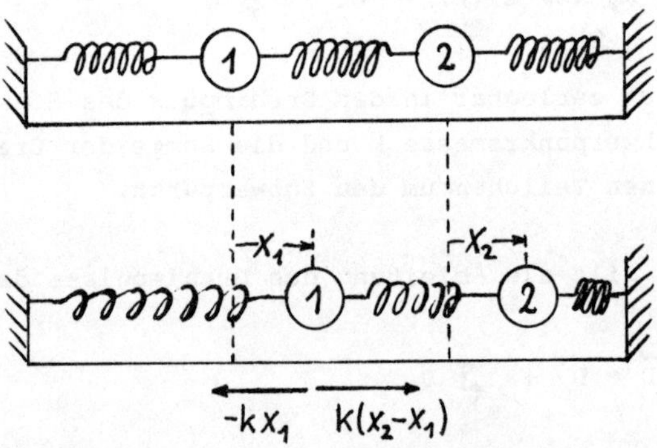

Die beiden Massenpunkte sollen gleiche Masse haben, die Auslenkungen aus ihrer Ruhelage bezeichnen wir mit x_1 bzw. x_2. Wir betrachten nur Schwingungen entlang der Verbindungslinie der Massenpunkte.

Bei Auslenkung aus der Ruhelage wirkt auf die Masse 1 die Kraft $-kx_1$ von der an der Wand befestigten Feder und die Kraft $+ k(x_2-x_1)$ durch die die beiden Massenpunkte verbindende Feder. Für den Massenpunkt 1 gilt somit die Bewegungsgleichung:

$$m \ddot{x}_1 = - kx_1 + k (x_2 - x_1). \qquad (1)$$

Analog gilt für den Massenpunkt 2:

$$m \ddot{x}_2 = - k x_2 - k (x_2 - x_1). \qquad (2)$$

Zuerst wollen wir die möglichen Frequenzen bestimmen, mit denen die beiden Teilchen schwingen können. Wir machen dazu den Ansatz

$$x_1 = A_1 \cos \omega t \quad ,$$

$$x_2 = A_2 \cos \omega t \quad ,$$

d.h., beide Teilchen sollen mit der gleichen Frequenz schwingen. Die spezielle Art des Ansatzes, ob Sinus-, Cosinusfunktion oder eine Überlagerung von beiden, ist dabei unwesentlich, wir würden immer die gleiche Bedingungsgleichung für die Frequenz erhalten, wie man sich aus dem Gang der Rechnung leicht klar machen kann.

Das Einsetzen des Ansatzes in die Bewegungsgleichung liefert zwei lineare homogene Gleichungen für die Amplituden:

$$\begin{aligned} A_1 \, (- m \omega^2 + 2 k) - A_2 k &= 0 , \\ - A_1 k + A_2 (-m \omega^2 + 2 k) &= 0 . \end{aligned} \qquad (3)$$

Das Gleichungssystem hat nur nichttriviale Lösungen für die Amplituden, wenn die Koeffizentendeterminate D verschwindet:

$$D = \begin{vmatrix} -m\omega^2+2k & -k \\ -k & -m\omega^2+2k \end{vmatrix} = (-m\omega^2+2k)^2 - k^2 = 0.$$

Wir erhalten so eine Bestimmungsgleichung für die Frequenzen

$$\omega^4 - 4 \frac{k}{m} \omega^2 + 3 \frac{k^2}{m^2} = 0.$$

Die positiven Lösungen der Gleichung sind die Frequenzen:

$$\omega_1 = \sqrt{\frac{3k}{m}} \quad \text{und} \quad \omega_2 = \sqrt{\frac{k}{m}} .$$

Diese Frequenzen nennt man Eigenfrequenzen des Systems, die dazugehörigen Schwingungen heißen Eigenschwingungen oder Normalschwingungen.

Um eine Vorstellung von der Art der Normalschwingungen zu bekommen, setzen wir die Eigenfrequenzen in das System (3) ein.

Es ergibt sich für die Amplituden

$$A_1 = - A_2 \quad \text{für} \quad \omega_1 = \sqrt{\frac{3k}{m}}$$

und

$$A_1 = A_2 \quad \text{für} \quad \omega_2 = \sqrt{\frac{k}{m}} .$$

Die beiden Massenpunkte schwingen mit der geringeren Frequenz ω_2 miteinander und mit der höheren Frequenz ω_1 gegeneinander. Die beiden Schwingungsmoden sind noch einmal in der Skizze veranschaulicht.

ω_1 : gegenphasige Schwingung $\qquad$ ω_2: gleichphasige Schwingung

$$\omega_1 > \omega_2$$

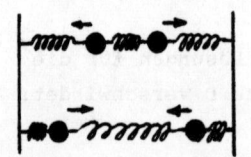

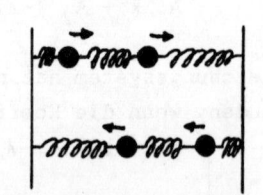

Die Zahl der Normalschwingungen ist gleich der Anzahl der zur vollständigen Beschreibung des Systems notwendigen Koordinaten (Freiheitsgrade). Da wir uns in dem Beispiel auf die Schwingungen entlang der x-Achse beschränkt haben, genügen die beiden Koordinaten x_1 und x_2 zur Beschreibung, und wir erhalten die beiden Eigenschwingungen ω_1, ω_2.
Die Normalschwingungen bedeuten gleichphasige oder gegenphasige (= gleichphasig mit unterschiedlichen Amplitudenvorzeichen) Schwingungen der Massenpunkte. Die hier auftretenden gleichgroßen Amplituden sind auf die Gleichheit der Massen zurückzuführen. Die allgemeine Bewegung der Massenpunkte besteht in einer Überlagerung der Normalschwingungen mit verschiedener Phase und Amplitude.

Die allgemeine Form der Schwingung ist die Superposition der Normalschwingungen. Sie lautet:

$$\begin{aligned} x_1(t) &= C_1 \cos(\omega_1 t + \varphi_1) + C_2 \cos(\omega_2 t + \varphi_2) \ , \\ x_2(t) &= -C_1 \cos(\omega_1 t + \varphi_1) + C_2 \cos(\omega_2 t + \varphi_2) \ . \end{aligned} \tag{4}$$

Hierbei wurde schon das Ergebnis verwendet, das bei der ω_1-Schwingung x_1 und x_2 entgegensetzt-gleiche und für die ω_2-Schwingung gleiche Amplituden haben.

Die Anfangsbedingungen sind:

$$x_1(0) = 0, \quad x_2(0) = a, \quad \dot{x}_1(0) = \dot{x}_2(0) = 0 \ .$$

Zur Bestimmung der vier freien Konstanten C_1, C_2, φ_1, φ_2, werden die Gleichungen (4) und ihre Ableitungen eingesetzt:

$$x_1(0) = C_1 \cos\varphi_1 + C_2 \cos\varphi_2 = 0 \ , \tag{5}$$

$$x_2(0) = -C_1 \cos\varphi_1 + C_2 \cos\varphi_2 = a \ , \tag{6}$$

$$\dot{x}_1(0) = - C_1\omega_1 \sin\varphi_1 - C_2\omega_2 \sin\varphi_2 = 0 \quad , \qquad (7)$$

$$\dot{x}_2(0) = C_1\omega_1 \sin\varphi_1 - C_2\omega_2 \sin\varphi_2 = 0 \quad . \qquad (8)$$

Addition von (7) und (8) liefert:

$$C_2 \sin\varphi_2 = 0 \, ,$$

Subtraktion von (7) und (8) :

$$C_1 \sin\varphi_1 = 0 \, .$$

Aus Addition und Subtraktion von (5) und (6) folgt:

$$2\,C_2 \cos\varphi_2 = a \qquad \text{und} \qquad 2\,C_1 \cos\varphi_1 = -a$$

Damit ergibt sich:

$$\varphi_1 = \varphi_2 = 0 \, , \quad C_1 = -\frac{a}{2} \, , \; C_2 = \frac{a}{2} \quad .$$

Die Gesamtlösung lautet somit:

$$x_1\,(t) = \frac{a}{2}\,(\,-\cos\omega_1\,t + \cos\omega_2 t) \quad ,$$

$$x_2\,(t) = \frac{a}{2}\,(\cos\omega_1\,t \; + \cos\omega_2\,t) \quad .$$

Aufgabe

7.1 Zwei gleiche Massen bewegen sich reibungsfrei auf einer Platte. Wie in der Skizze angedeutet, sind sie mit zwei Federn untereinander und mit der Wand verbunden. Die beiden Federkonstanten sind gleich, die Bewegung soll auf eine Gerade (eindimensional) beschränkt sein.

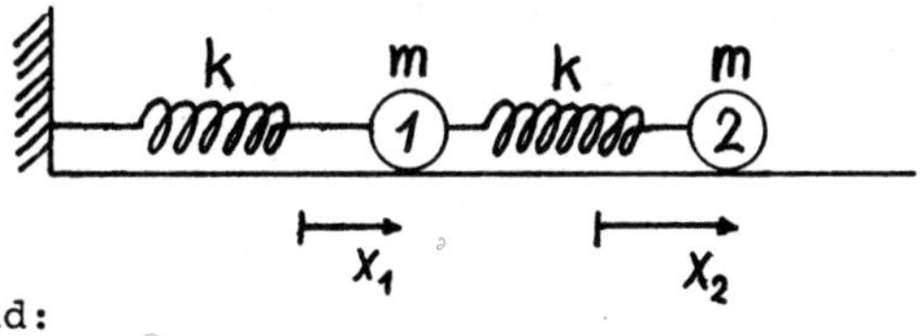

Gesucht sind:

a) die Bewegungsgleichungen

b) die Normalfrequenzen

c) die Amplitudenverhältnisse der Normalschwingungen und die allgemeine Lösung

Zu a) Sind x_1 und x_2 die Auslenkungen aus den Ruhelagen, so lauten die Bewegungsgleichungen:

$$m\ddot{x}_1 = -k\,x_1 + k\,(x_2 - x_1) \quad , \qquad (1)$$

$$m\ddot{x}_2 = -k\,(x_2 - x_1) \quad . \qquad (2)$$

Zu b) Zur Bestimmung der Normalfrequenzen machen wir den Ansatz:

$$x_1 = A_1 \cos \omega t \quad ,$$

$$x_2 = A_2 \cos \omega t$$

und erhalten damit aus (1) und (2) die Gleichungen

$$\begin{aligned} (2k - m\omega^2)\,A_1 - k\,A_2 &= 0 \quad , \\ -k\,A_1 + (k - m\omega^2)\,A_2 &= 0 \quad . \end{aligned} \qquad (3)$$

Aus der Forderung nach Lösbarkeit des Gleichungssystems folgt das Verschwinden der Koeffizientendeterminante

$$D = \begin{vmatrix} 2k - m\omega^2 & -k \\ -k & k - m\omega^2 \end{vmatrix} = 0 .$$

Damit folgt die Bestimmungsgleichung für die Eigenfrequenzen:

$$\omega^4 - 3\frac{k}{m}\omega^2 + \frac{k^2}{m^2} = 0$$

mit den positiven Lösungen:

$$\omega_1 = \frac{\sqrt{5}+1}{2}\sqrt{\frac{k}{m}} \qquad \text{und}$$

$$\omega_2 = \frac{\sqrt{5}-1}{2}\sqrt{\frac{k}{m}} \quad , \quad \omega_1 > \omega_2 .$$

Einsetzen der Eigenfrequenzen in (3) zeigt, daß zur höheren Frequenz ω_1 die gegenphasige und zur geringeren Frequenz ω_2 die gleichphasige Normalschwingung gehört:

mit $\omega_1^2 = \frac{1}{2}(3 + \sqrt{5})\frac{k}{m}$ folgt aus (3) : $A_2 = -\frac{\sqrt{5}-1}{2} A_1$,

mit $\omega_2^2 = \frac{1}{2}(3 - \sqrt{5})\frac{k}{m}$ folgt : $A_2 = \frac{\sqrt{5}+1}{2} A_1$.

Da die beiden Massenpunkte unterschiedlich befestigt sind, ergeben sich Amplituden verschiedener Größe.

Die allgemeine Lösung ergibt sich als Überlagerung der Normalschwingungen unter Berücksichtigung der berechneten Amplitudenverhältnisse:

$$x_1(t) = C_1 \cos(\omega_1 t + \varphi_1) + C_2 \cos(\omega_2 t + \varphi_2) \quad ,$$

$$x_2(t) = -\frac{\sqrt{5}-1}{2} C_1 \cos(\omega_1 t + \varphi_1) + \frac{\sqrt{5}+1}{2} C_2 \cos(\omega_2 t + \varphi_2) .$$

Die vier freien Konstanten werden im konkreten Fall aus den Anfangsbedingungen bestimmt.

Beispiel

7.2 Gekoppelte Pendel

Zwei Pendel von gleicher Masse und Länge sind über eine Spiralfeder miteinander gekoppelt. Sie sollen in einer Ebene schwingen. Die Kopplung soll schwach sein (d.h. die beiden Eigenschwingungen sind nicht sehr verschieden). Gesucht ist die Bewegung für kleine Schwingungen.

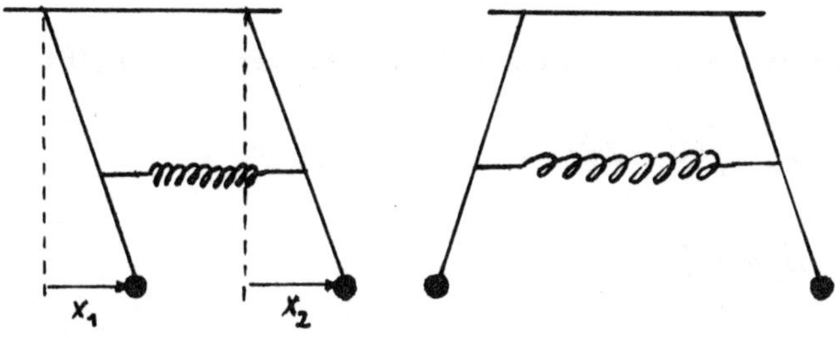

Die Anfangsbedingungen sind:

$$x_1(0) = 0, \quad x_2(0) = A, \quad \dot{x}_1(0) = \dot{x}_2(0) = 0 \quad .$$

Wir gehen von der Schwingungsgleichung des einfachen Pendels aus:

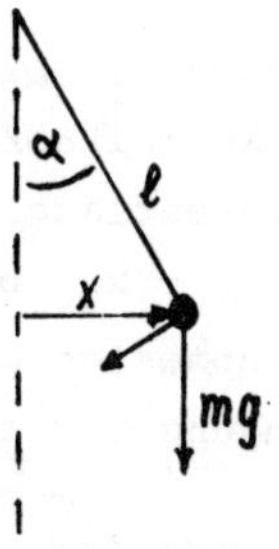

$$m l \ddot{\alpha} = -mg \sin\alpha .$$

Für kleine Schwingungen setzen wir

$$\sin\alpha = \alpha = \frac{x}{l}$$

und erhalten

$$m\ddot{x} = -m\frac{g}{l}\,x .$$

Bei den gekoppelten Pendeln kommt noch die von der Feder ausgeübte Kraft $\mp k(x_1 - x_2)$ hinzu, das ergibt die Gleichungen:

$$\ddot{x}_1 = -\frac{g}{l}\, x_1 - \frac{k}{m}\,(x_1 - x_2) \quad ,$$
$$\ddot{x}_2 = -\frac{g}{l}\, x_2 + \frac{k}{m}\,(x_1 - x_2) \quad . \qquad (1)$$

Dieses gekoppelte System von Differentialgleichungen können wir einfach entkoppeln durch die Einführung der Koordinaten

$$u_1 = x_1 - x_2 \quad \text{und} \quad u_2 = x_1 - x_2 \quad .$$

Subtraktion bzw. Addition der Gleichungen (1) ergibt:

$$\ddot{u}_1 = -\frac{g}{l}\, u_1 - 2\frac{k}{m}\, u_1 = -\left(\frac{g}{l} + 2\frac{k}{m}\right) u_1 \quad ,$$
$$\ddot{u}_2 = -\frac{g}{l}\, u_2 \quad .$$

Diese beiden Gleichungen sind sofort zu lösen:

$$u_1 = A_1 \cos \omega_1 t + B_1 \sin \omega_1 t \quad ,$$
$$u_2 = A_2 \cos \omega_2 t + B_2 \sin \omega_2 t \quad ; \qquad (2)$$

wobei $\omega_1 = \sqrt{\frac{g}{l} + 2\frac{k}{m}}$, $\omega_2 = \sqrt{\frac{g}{l}}$ die Eigenfrequenzen der beiden Schwingungen sind. Die Koordinaten u_1, u_2 nennt man Normalkoordinaten. Die Einführung von Normalkoordinaten wird oft verwendet, um ein gekoppeltes Differentialgleichungssystem zu entkoppeln. Die Koordinate $u_1 = x_1 - x_2$ beschreibt die gegenphasige und $u_2 = x_1 + x_2$ die gleichphasige Normalschwingung. Die gleichphasige Normalschwingung verläuft so, als ob keine Kopplung vorhanden wäre.

Der Einfachheit halber arbeiten wir die Anfangsbedingungen in das System (2) ein. Für die Normalkoordinaten gilt dann

$$u_1\ (0) = -A,\ u_2\ (0) = A\ ,\ \dot{u}_1\ (0) = \dot{u}_2\ (0) = 0\ .$$

Einsetzen in (2) ergibt:

$$A_1 = -A\ ,\qquad A_2 = A,\qquad B_1 = B_2 = 0\ ,$$

und somit

$$u_1 = -A\cos\omega_1 t\ ,$$
$$u_2 = A\cos\omega_2 t\ .$$

Gehen wir zurück auf die Koordinaten x_1 und x_2:

$$x_1 = \frac{1}{2}(u_1 + u_2) = \frac{A}{2}(-\cos\omega_1 t + \cos\omega_2 t)\ ,$$

$$x_2 = \frac{1}{2}(u_2 - u_1) = \frac{A}{2}(\cos\omega_1 t + \cos\omega_2 t)\ .$$

Mit einer Umformung der Winkelfunktionen folgt:

$$x_1 = A\ \sin\frac{\omega_1 - \omega_2}{2}t\ \sin\frac{\omega_1 + \omega_2}{2}t\ ,$$

$$x_2 = A\ \cos\frac{\omega_1 - \omega_2}{2}t\ \cos\frac{\omega_1 + \omega_2}{2}t\ .$$

Wir haben vorausgesetzt, daß die Kopplung der beiden Pendel gering ist, d.h.

$$\omega_2 = \sqrt{\frac{g}{l}} \approx \omega_1 = \sqrt{\frac{g}{l} + 2\frac{k}{m}}\ ,$$

die Frequenz $\omega_1 - \omega_2$ ist klein. Die Schwingungen $x_1(t)$ und $x_2(t)$ können dann so aufgefaßt werden, daß der Amplitudenfaktor des (mit der Frequenz $\omega_1 + \omega_2$ schwingenden) Pendels mit der Frequenz $\omega_1 - \omega_2$ langsam moduliert wird. Diesen Vorgang nennt man Schwebung. In der Skizze ist dieser Vorgang noch einmal veranschaulicht:

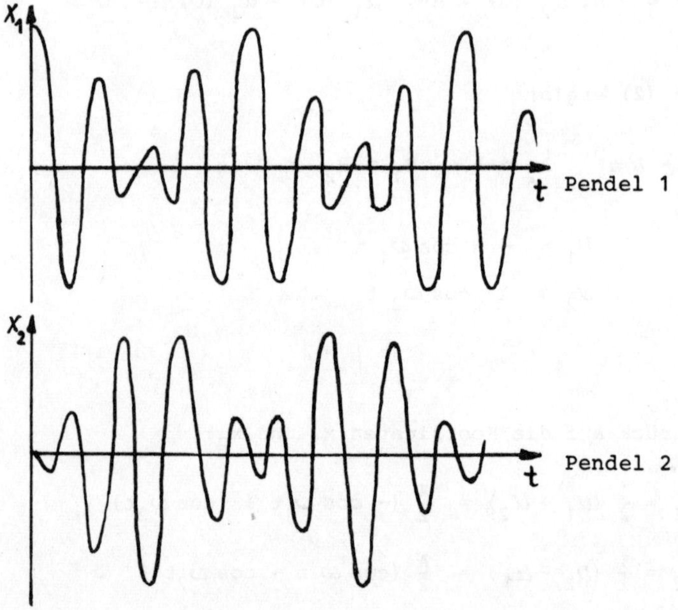

Mit der Frequenz der Amplitudenmodulation $\omega_1 - \omega_2$ tauschen die beiden Pendel ihre Energie aus. Wenn das Pendel seine maximale Amplitude (Energie) besitzt, steht das andere still. Dieser vollständige Energieübertrag tritt nur bei völlig gleichen Pendeln auf. Sind die beiden Pendel etwas verschieden in Masse oder Länge, so wird die Energieübertragung unvollständig; die Pendel verändern ihre Amplitude ohne jedoch zum Stillstand zu kommen.

Die schwingende Kette

Als ein weiteres schwingendes Massensystem soll die schwingende Kette betrachtet werden. Die "Kette" ist ein masseloser Faden, der mit N Massenpunkten besetzt ist. Die Massenpunkte haben alle die Masse m und sitzen in gleichen Abständen a auf dem Faden. Die Punkte O und N+1 an den Enden des Fadens sind fest eingespannt und nehmen nicht an der Schwingung teil. Die Auslenkung aus der Ruhelage in y-Richtung sei relativ klein, so daß die geringfügige Auslenkung in x-Richtung vernachlässigbar ist. Die gesamte Fadenspannung T kommt nur von dem Einspannen der Endpunkte und ist über den ganzen Faden konstant.

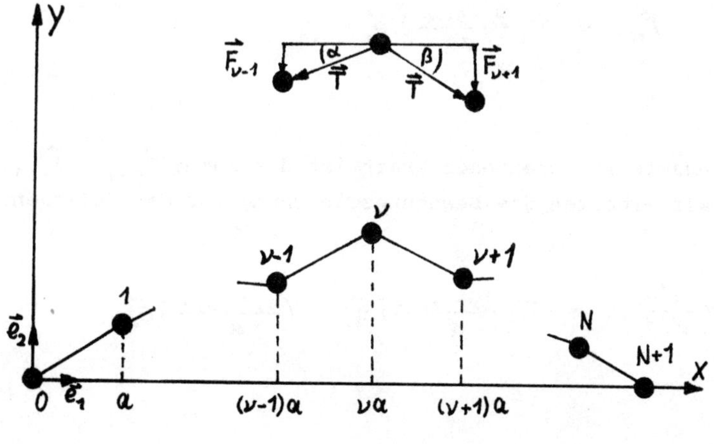

Greift man das ν-te Teilchen heraus, so rühren die Kräfte, die auf dieses Teilchen wirken, von der Auslenkung des $(\nu-1)$ ten und $(\nu+1)$ ten Teilchens her. Die rücktreibenden Kräfte berechnen sich gemäß der Zeichnung zu:

$$\vec{F}_{\nu-1} = -(T \cdot \sin\alpha)\,\vec{e}_2 \,,$$

$$\vec{F}_{\nu+1} = -(T \cdot \sin\alpha)\,\vec{e}_2 \,.$$

Da nach Voraussetzung die Auslenkung in y-Richtung klein ist, sind α und β kleine Winkel, so daß in guter Näherung gilt:

$$\sin\alpha = \tan\alpha \quad \text{und} \quad \sin\beta = \tan\beta \; .$$

Aus der Skizze ergibt sich, daß

$$\tan\alpha = \frac{y_\nu - y_{\nu-1}}{a} \quad \text{und} \quad \tan\beta = \frac{y_\nu - y_{\nu+1}}{a} \; .$$

Damit folgt für die Kräfte

$$\vec{F}_{\nu-1} = -T\left(\frac{y_\nu - y_{\nu-1}}{a}\right)\vec{e}_2 \quad ,$$

$$\vec{F}_{\nu+1} = -T\left(\frac{y_\nu - y_{\nu+1}}{a}\right)\vec{e}_2 \quad .$$

Die gesamte rücktreibende Kraft ist die Summe $\vec{F}_{\nu-1} + \vec{F}_{\nu+1}$, d.h. wir erhalten die Bewegungsgleichung für das Teilchen :

$$m\frac{d^2y_\nu}{dt^2}\vec{e}_2 = -T\left(\frac{y_\nu - y_{\nu-1}}{a}\right)\vec{e}_2 - T\left(\frac{y_\nu - y_{\nu+1}}{a}\right)\vec{e}_2$$

oder

$$\frac{d^2y_\nu}{dt^2} = \frac{T}{ma}\left(y_{\nu-1} - 2y_\nu + y_{\nu+1}\right) \quad . \tag{9}$$

Da der Index ν von $\nu = 1$ bis $\nu = N$ läuft, erhält man ein System von N gekoppelten Differentialgleichungen. Berücksichtigt man nun, daß die Endpunkte eingespannt sind, indem man für die Indizes $\nu = 0$ und $\nu = N + 1$ setzt

$$y_o = 0$$

und $$y_{N+1} = 0 \quad \text{(Randbedingung)} ,$$

so erhält man aus der Differentialgleichung (9) mit den Indizes $\nu = 1$ und $\nu = N$ die Differentialgleichung für das erste und letzte schwingungsfähige Teilchen:

$$m \frac{d^2 y_1}{dt^2} = \frac{T}{a} \left(-2 y_1 + y_2 \right) ,$$

$$m \frac{d^2 y_N}{dt^2} = \frac{T}{a} \left(y_{N-1} - 2 y_N \right) . \tag{10}$$

Es werden jetzt die Eigenfrequenzen des Teilchensystems gesucht, d.h. die Frequenzen, mit denen alle Teilchen gemeinsam schwingen.
Um eine Bestimmungsgleichung für die Eigenfrequenzen ω_n zu erhalten, gehen wir mit dem Ansatz:

$$y_\nu = A_\nu \cos \omega t$$

in Gleichung (9). Es ergibt sich

$$- m\omega^2 \cdot A_\nu \cdot \cos\omega t = \frac{T}{a} \left(A_{\nu-1} - 2A_\nu + A_{\nu+1} \right) \cos\omega t$$

bzw. nach Umformen:

$$- A_{\nu-1} + \left(\frac{2 - ma\omega^2}{T} \right) A_\nu - A_{\nu+1} = 0, \; \nu = 2, \dots, N-1. \tag{11}$$

Ebenso bekommen wir durch Einsetzen in (10) die Gleichungen für das erste und letzte schwingende Teilchen:

$$\left(\frac{2 - ma\omega^2}{T} \right) A_1 - A_2 = 0 ,$$

$$- A_{N-1} + \left(\frac{2 - ma\omega^2}{T} \right) A_N = 0 . \tag{12}$$

Mit der Abkürzung

$$\frac{2 - ma\omega^2}{T} = c$$

können die Gleichungen (11) und (12) folgendermaßen umgeschrieben werden:

$$cA_1 - A_2 = 0 \, ,$$

$$-A_1 + cA_2 - A_3 = 0 \, ,$$

$$\vdots$$

$$-A_{N-1} + cA_N = 0 \, .$$

Es handelt sich um ein System von homogenen, linearen Gleichungen für die A_ν. Für jede nichttriviale Lösung des Gleichungssystems ($A_\nu \neq 0$) muß die Koeffizientendeterminante den Wert Null besitzen. Diese Determinate hat die Form:

$$D_N = \begin{vmatrix} c & -1 & 0 & 0 & 0 & \dots & 0 & 0 & 0 \\ -1 & c & -1 & 0 & 0 & \dots & 0 & 0 & 0 \\ 0 & -1 & c & -1 & 0 & \dots & 0 & 0 & 0 \\ . & . & . & . & . & \dots & . & . & . \\ . & . & . & . & . & \dots & . & . & . \\ . & . & . & . & . & \dots & . & . & . \\ 0 & 0 & 0 & 0 & 0 & \dots & -1 & c & -1 \\ 0 & 0 & 0 & 0 & 0 & \dots & 0 & -1 & c \end{vmatrix}$$

(N Zeilen, N Spalten) .

Die Eigenfrequenzen erhalten wir als Lösung der Gleichung

$$D_N = 0 \, .$$

Entwickeln wir nun D_N nach der ersten Zeile, so erhalten wir:

$$D_N = c \cdot \begin{vmatrix} c & -1 & 0 & \dots & 0 & 0 & 0 \\ -1 & c & -1 & \dots & 0 & 0 & 0 \\ 0 & -1 & c & \dots & 0 & 0 & 0 \\ 0 & 0 & -1 & \dots & 0 & 0 & 0 \\ \cdot & \cdot & \cdot & \dots & \cdot & \cdot & \cdot \\ \cdot & \cdot & \cdot & \dots & \cdot & \cdot & \cdot \\ \cdot & \cdot & \cdot & \dots & \cdot & \cdot & \cdot \\ 0 & 0 & 0 & \dots & -1 & 0 & 0 \\ 0 & 0 & 0 & \dots & c & -1 & 0 \\ 0 & 0 & 0 & \dots & 1 & c & -1 \\ 0 & 0 & 0 & \dots & 0 & -1 & c \end{vmatrix} + \begin{vmatrix} -1 & -1 & 0 & 0 & \dots & 0 & 0 \\ 0 & c & -1 & 0 & \dots & 0 & 0 \\ 0 & -1 & c & -1 & \dots & 0 & 0 \\ 0 & 0 & -1 & c & \dots & 0 & 0 \\ \cdot & \cdot & \cdot & \cdot & \dots & \cdot & \cdot \\ \cdot & \cdot & \cdot & \cdot & \dots & \cdot & \cdot \\ \cdot & \cdot & \cdot & \cdot & \dots & \cdot & \cdot \\ 0 & 0 & 0 & 0 & \dots & -1 & 0 \\ 0 & 0 & 0 & 0 & \dots & c & -1 \\ 0 & 0 & 0 & 0 & \dots & -1 & c \end{vmatrix} .$$

Die linke Determinate hat genau die gleiche Form wie D_N, ist aber um eine Ordnung niedriger (N-1 Zeilen, N-1 Spalten). Sie wäre die Koeffizientendeterminate für ein gleichartiges System mit einem Massenpunkt weniger, also D_{N-1}. Die rechte Determinate entwickeln wir nach der ersten Spalte weiter und erhalten daraus:

$$D_N = D_{N-1}\, c + (-1) \cdot \begin{vmatrix} c & -1 & 0 & \dots & 0 & 0 \\ -1 & c & -1 & \dots & 0 & 0 \\ 0 & -1 & c & \dots & 0 & 0 \\ \cdot & \cdot & \cdot & \dots & \cdot & \cdot \\ \cdot & \cdot & \cdot & \dots & \cdot & \cdot \\ 0 & 0 & 0 & \dots & -1 & 0 \\ 0 & 0 & 0 & \dots & c & -1 \\ 0 & 0 & 0 & \dots & -1 & c \end{vmatrix} .$$

Die letzte Determinate ist aber genau D_{N-2}. Demnach gilt die Determinantengleichung:

$$D_N = c\, D_{N-1} - D_{N-2} \quad . \tag{13}$$

Ferner ist

$$D_1 = |c| = c$$

und

$$D_2 = \begin{vmatrix} c & -1 \\ -1 & c \end{vmatrix} = c^2 - 1 \quad . \qquad (14)$$

Setzt man in (13) $N = 2$, so erkennen wir, daß (13) in Verbindung mit (14) nur erfüllt wird, wenn wir formal

$$D_o = 1 \quad \text{setzen} \; .$$

Unser Problem ist nun die Lösung der Determinantengleichung (13). Wir machen den Ansatz:

$$D_N = p^N, \quad \text{wobei die}$$

Konstante p bestimmt werden muß. Einsetzen in (13) liefert:

$$p^N = cp^{N-1} - p^{N-2}, \quad \text{bzw.}$$

nach Division durch p^{N-2},

$$p^2 - cp + 1 = 0 \quad \text{oder}$$

$$p = \frac{c \pm \sqrt{c^2 - 4}}{2} \quad .$$

Substituieren wir $c = 2 \cos \Theta$, so bekommen wir für p:

$$p = \cos \Theta \pm \sqrt{\cos^2 \Theta - 1} = \cos \Theta \pm i\sin \Theta = e^{\pm i\Theta} \quad .$$

Die Lösungen der Gleichung (13) sind dann:

$$D_N = p^N = (e^{i\Theta})^N = e^{iN\Theta} = \cos N\Theta + i\sin N\Theta \quad \text{und}$$

$$D_N = (e^{-i\Theta})^N = e^{-Ni\Theta} = \cos N\Theta - i\sin N\Theta \quad .$$

Wegen der Homogenität und Linearität des Gleichungssystems ergibt sich als allgemeine Lösung eine Linearkombination von cos NΘ und sin NΘ :

$$D_N = G \cos N\Theta + H \sin N\Theta \quad . \qquad (15)$$

Wegen $D_o = 1$ und $D_1 = c = 2 \cos \Theta$ (s.o.) bestimmen sich G und H zu:

$$G = 1, \quad H = \cot \Theta, \qquad \text{so daß}$$

$$D_N = \cos N\Theta + \frac{\sin N\Theta \cos \Theta}{\sin \Theta} = \frac{\sin (N+1)\Theta}{\sin \Theta} \qquad \text{ist ,}$$

(mit: $\sin \Theta \cos N\Theta + \sin N\Theta \cos \Theta = \sin (N+1) \Theta$) .

Für jede nichttriviale Lösung des Gleichungssystems muß $D_N = 0$ gelten, d.h. D_N muß für alle N verschwinden; es folgt

$$\sin (N+1) \Theta = 0$$

bzw. $$\Theta = \frac{n\pi}{N+1} \; , \quad n = 1,\ldots,N \; .$$

Daraus folgt für c

$$c = 2 - \frac{\omega^2 ma}{T} = 2 \cos \frac{n\pi}{N+1}$$

und ω berechnet sich aus

$$\omega^2 = \omega^2_{(n)} = \frac{2T}{ma} \left(1 - \cos \frac{n\pi}{N+1}\right)$$

bzw.

$$\omega_{(n)} = \sqrt{\frac{2T}{ma}} \sqrt{1 - \cos \frac{n\pi}{N+1}} \quad .$$

Dies sind die Eigenfrequenzen des Systems; die Grundfrequenz ergibt sich für n=1 als die niedrigste Eigenfrequenz.
Setzt man in Gleichung (11) und (12) für ω bzw. c den oben gefundenen Ausdruck ein, so erhält man für die Amplituden der Normalschwingung:

$$-A_{\nu-1}^{(n)} + 2A_\nu^{(n)} \cos\frac{n\pi}{N+1} - A_{\nu+1}^{(n)} = 0 \; ; \qquad (16)$$

$$2A_1^{(n)} \cos\frac{n\pi}{N+1} = A_2^{(n)} \; , \; 2A_N^{(n)} \cos\frac{n\pi}{N+1} = A_{N-1}^{(n)}$$

wo die A_ν von n abhängen ($A_\nu = A_\nu^{(n)}$) .

Als allgemeine Lösung für die A_ν setzt man entsprechend zu Gleichung (15) mit zunächst beliebigen Koeffizienten $E^{(\nu)}$.

$$A_\nu^{(n)} = E_1^{(\nu)} \cos\frac{n\pi\nu}{N+1} + E_2^{(\nu)} \sin\frac{n\pi\nu}{N+1} \qquad . \qquad (17)$$

Da die Punkte $\nu = 0$ und $\nu = N+1$ fest eingespannt sind, gilt für alle n $y_o = y_N+1 = 0$, bzw.

$$A_o^{(n)} = A_{N+1}^{(n)} = 0 \quad \text{(Randbedingung)} \quad .$$

Damit bekommt man für $\nu = 0$ in (17) :

$$E_1^{(\nu)} = 0 \; , \qquad \text{d.h.}$$

$$A_\nu^{(n)} = E_2^{(\nu)} \sin\frac{n\pi\nu}{N+1} \quad .$$

Setzt man $y_\nu = B_\nu \sin\omega t$ in Gleichung (g) ein, so bestimmt man B_ν nach dem gleichen Verfahren wie A_ν und erhält

$$B_\nu^{(n)} = E_4^{(\nu)} \sin \frac{n\pi\nu}{N+1} \qquad (E_3 = 0) ,$$

so daß die Lösungen für die y_ν

$$y_\nu = E_2^{(\nu)} \sin \frac{n\pi\nu}{N+1} \cos \omega_{(n)} t$$ und

$$y_\nu = E_4^{(\nu)} \sin \frac{n\pi\nu}{N+1} \sin \omega_{(n)} t$$ lauten.

Da die Summe dieser Einzellösungen die allgemeine Lösung ergeben, bekommt man:

$$y_\nu = \sum_{n=1}^{N} \sin \frac{n\pi\nu}{N+1} \left(E_2^{(\nu)} \cos \omega_{(n)} t + E_4^{(\nu)} \sin \omega_{(n)} t \right) ,$$

wobei die Konstanten $E_2^{(\nu)}$ und $E_4^{(\nu)}$ aus den Anfangsbedingungen bestimmt werden.

Aus dem Grenzübergang für $N \to \infty$ und $a \to 0$ muß sich die Gleichung der schwingenden Saite ergeben (kontinuierliche Massenverteilung) :

$$\sin \frac{n\pi\nu}{N+1} = \sin \frac{n\pi a\nu}{(N+1)a} = \sin \frac{\pi n (a\nu)}{L+a}$$ (x=a ν nimmt nur diskrete Werte an)

$$\lim_{\substack{N \to \infty \\ a \to 0}} \left(\sin \frac{\pi n x}{L+a} \right) = \sin \frac{\pi n x}{L}$$ (x kontinuierlich) .

Aus $\omega^2_{(n)}$ wird (Entwicklung des Kosinus in eine Taylorreihe):

$$\omega^2_{(n)} = \frac{2T}{ma}\left(1 - \left(1 - \frac{1}{2}\left(\frac{n\pi}{N+1}\right)^2 + \dots\right)\right)$$

$$\approx \frac{T\,(n\pi)^2}{\frac{m}{a}(N+1)^2 a^2} \quad ,$$

mit $\sigma =$ Massenbelegung der Saite $\sigma = \frac{m}{a}$

$$\lim_{\substack{N \to \infty \\ a \to 0}} \left(\frac{T(n\pi)^2}{\sigma (N+1)^2 a^2}\right) = \frac{T\,(n\pi)^2}{\sigma\; l^2} \quad ; \qquad \text{d.h.}$$

$$\omega^{(n)} = \sqrt{\frac{T}{\sigma}}\;\frac{n\pi}{l} \quad .$$

Damit hat man als Grenzfall

$$y(x) = \sin\left(\frac{n\pi x}{l}\right)\left(C\cos\left(\sqrt{\frac{T}{\sigma}}\;\frac{n\pi}{l}\right) + D\sin\left(\sqrt{\frac{T}{\sigma}} \cdot \frac{n\pi}{l}\right)\right).$$

Dies ist die Gleichung für die schwingende Saite (mit l als Saitenlänge).

8. Die schwingende Saite

Eine Saite der Länge l wird an beiden Enden eingespannt. Dadurch treten Kräfte T auf, die zeitlich konstant und ortsunabhängig sind. Die Spannung der Saite wirkt bei einer Auslenkung aus der Ruhelage rücktreibend. Ein Saitenelement Δs erfährt an der Stelle x die Kraft

$$F_y(x) = - T \sin \Theta(x)$$

in y-Richtung.
An der Stelle $x + \Delta x$ wirkt in y-Richtung die Kraft

$$F_y(x + \Delta x) = T \sin \Theta\ (x + \Delta x) \quad .$$

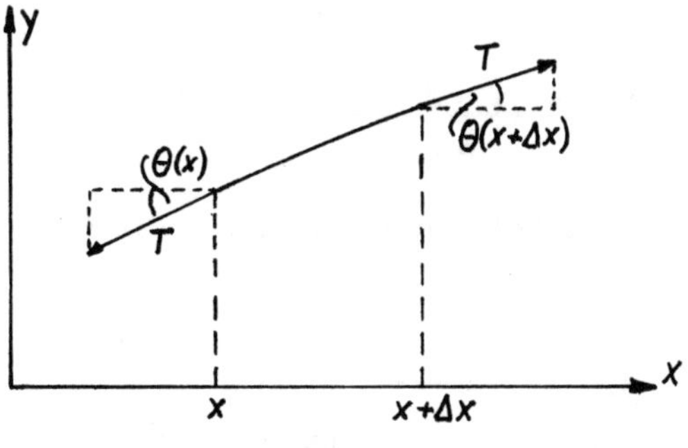

In y-Richtung wirkt auf das Saitenelement Δs die Gesamtkraft

$$F_y = T \sin \Theta(x + \quad x) - T \sin \Theta(x). \qquad (1)$$

Dementsprechend wirkt auf das Saitenelement Δs in x-Richtung die Kraft

$$F_x = T \cos \Theta(x + \Delta x) - T \cos \Theta(x) \quad .$$

Es wird in erster Näherung angenommen, die Auslenkung in x-Richtung sei Null. Eine Auslenkung der Saite in y-Richtung hat nur eine sehr kleine Bewegung in x-Richtung zur Folge. Diese Auslenkung ist in Bezug auf die Auslenkung in y-Richtung vernachlässigbar klein, d.h.

$$F_x = 0.$$

Da wir die Auslenkung in x-Richtung vernachlässigen, ist die Beschleunigung des Saitenelementes durch $\frac{\partial^2 y}{\partial t^2}$ gegeben.

Da seine Masse $m = \sigma \Delta s$ beträgt, wobei σ die Liniendichte darstellt, ergibt sich mit der Gleichung (1) die Bewegungsgleichung:

$$F_y = \sigma \Delta s \frac{\partial^2 y}{\partial t^2} = T \sin \Theta (x + \Delta x) - T \sin \Theta(x) . \qquad (2)$$

Beide Seiten werden durch Δx dividiert:

$$\frac{\sigma \Delta s}{\Delta x} \frac{\partial^2 y}{\partial t^2} = \frac{T \sin \Theta (x + \Delta x) - T \sin \Theta(x)}{\Delta x} . \qquad (3)$$

Setzen wir in die linke Seite der Gleichung (3) für

$\Delta s = \sqrt{\Delta x^2 + \Delta y^2}$ ein, so ist

$$\frac{\sigma \sqrt{\Delta x^2 + \Delta y^2}}{\Delta x} \frac{\partial^2 y}{\partial t^2} = \sqrt{1 + \left(\frac{\Delta y}{\Delta x}\right)^2} \frac{\partial^2 y}{\partial t^2} ,$$

$$= \frac{T \sin \Theta(x + \Delta x) - T \sin \Theta(x)}{\Delta x} . \qquad (4)$$

Bildet man auf beiden Seiten der Gleichung (4) den Grenzwert für $\Delta x, \Delta y \rightarrow 0$, so ergibt sich:

$$\sigma \sqrt{1 + \left(\frac{\partial y}{\partial x}\right)^2} \frac{\partial^2 y}{\partial t^2} = T \frac{\partial}{\partial x} (\sin \Theta) . \qquad (5)$$

Für $\sin \Theta$ gilt die Beziehung $\sin \Theta = \frac{\tan \Theta}{\sqrt{1 + \tan^2 \Theta}}$.

Da $\tan\theta = \frac{\partial y}{\partial x}$ (Steigung der Kurve) ist, folgt:

$$\sin\theta = \frac{\frac{\partial y}{\partial x}}{\sqrt{1+\left(\frac{\partial y}{\partial x}\right)^2}} \,. \tag{6}$$

Mit der Beziehung (6) kann die Gleichung (5) folgendermaßen umgeformt werden:

$$\sigma\sqrt{1+\left(\frac{\partial y}{\partial x}\right)^2}\;\frac{\partial^2 y}{\partial t^2} = T\frac{\partial}{\partial x}\left(\frac{\frac{\partial y}{\partial x}}{\sqrt{1+\left(\frac{\partial y}{\partial x}\right)^2}}\right). \tag{7}$$

Um die Gleichung zu vereinfachen, benutzen wir wieder, daß wir nur kleine Auslenkungen der Saite in y-Richtung betrachten, damit ist auch

$\frac{\partial y}{\partial x} \ll 1$ und $\left(\frac{\partial y}{\partial x}\right)^2$ kann vernachlässigt werden.

Somit erhalten wir

$$\sigma\frac{\partial^2 y}{\partial t^2} = T\frac{\partial}{\partial x}\left(\frac{\partial y}{\partial x}\right) \tag{8}$$

oder

$$\sigma\frac{\partial^2 y}{\partial t^2} = T\,\frac{\partial^2 y}{\partial x^2} \,. \tag{9}$$

Wir setzen $c^2 = \frac{T}{\sigma}$ (c hat die Dimension einer Geschwindigkeit).

Die gesuchte Differentialgleichung (auch Wellengleichung genannt) lautet dann:

$$\frac{\partial^2 y}{\partial t^2} = c^2\,\frac{\partial y}{\partial x^2} \,. \tag{10}$$

Lösung der Wellengleichung

Die Lösung der Gleichung (10) erfolgt unter der Vorgabe von bestimmten Randbedingungen und Anfangsbedingungen. Die Randbedingungen geben an, daß die Saite an den Enden $x = 0$ und $x = l$ fest eingespannt ist, d.h.

$$y(0,t) = 0, \qquad y(l,t) = 0 \ .$$

Die Anfangsbedingungen geben den Zustand der Saite zum Zeitpunkt $t = 0$ (Zeitpunkt der Anregung) an.
Die Anregung erfolgt durch eine Auslenkung der Form $f(x)$:

$$y(x,0) = f(x)$$

und die Geschwindigkeit der Saite ist gleich Null:

$$\frac{\partial y}{\partial t}(x,0) = 0 \quad .$$

Zur Lösung der partiellen Differentialgleichung (DGL) machen wir den Produktansatz $y(x,t) = X(x) \cdot T(t)$, d.h. wir wollen versuchen, die partielle DGL in je eine DGL für eine Funktion des Ortes $X(x)$ und eine der Zeit $T(t)$ aufzuspalten:

$$X(x)\,\ddot{T}(t) = c^2 X''(x)\,T(t)$$

wobei $\frac{\partial^2 T}{\partial t^2} = \ddot{T}$ und $\frac{\partial^2 X}{\partial x^2} = X''$

oder $\frac{\ddot{T}(t)}{T(t)} = c^2 \frac{X''(x)}{X(x)}$ ist .

Da die eine Seite nur von x abhängig ist, die andere von t abhängt, während x und t voneinander unabhängig sind, ist nur eine Lösung möglich: beide Seiten sind konstant. Die Konstante wird mit $-\omega^2$ bezeichnet.

$$\frac{\ddot{T}}{T} = -\omega^2 \quad \text{oder} \quad \ddot{T} + \omega^2 T = 0,$$

bzw. $$\frac{X''}{X} = -\frac{\omega^2}{c^2} \quad \text{oder} \quad X'' + \frac{\omega^2}{c^2} X = 0.$$

Die Lösungen der Differentialgleichungen (ungedämpfte harmonische Schwingungen) haben die Form:

$$T = A \sin\omega t + B \cos\omega t \quad ,$$

$$X = C \sin\frac{\omega}{c} x + D \cos\frac{\omega}{c} x \quad .$$

Die allgemeinste Lösung lautet:

$$y(x,t) = (A \sin\omega t + B \cos\omega t) \cdot (C \sin\frac{\omega}{c} x + D \cos\frac{\omega}{c} x). \quad (11)$$

Die Konstanten A, B, C und D werden aus den Rand- und Anfangsbedingungen bestimmt.
Aus den Randbedingungen folgt für (11):

$$y(0,t) = 0 = D\,(A \sin\omega t + B \cos\omega t) \; .$$

Da der Klammerausdruck von Null verschieden ist, muß D = 0 sein.
Dann vereinfacht sich (11) zu

$$y(x,t) = C \sin\frac{\omega}{c} x\,(A \sin\omega t + B \cos\omega t) \quad .$$

Mit der zweiten Randbedingung bekommen wir

$$y(l,t) = 0 = C \sin\frac{\omega}{c} l\,(A \sin\frac{\omega}{c} t + B \cos\frac{\omega}{c} t),$$

$$\Longrightarrow \quad 0 = C \sin\frac{\omega}{c} l \quad .$$

Diese Gleichung wird erfüllt, wenn gilt:

a) $C = 0$, das bedeutet, daß die gesamte Saite nicht ausgelenkt ist.

b) $\sin \frac{\omega}{c} l = 0.$ Der Sinus ist Null, falls $\frac{\omega}{c} l = n\pi$, d.h. wenn $\omega = \frac{n\pi c}{l}$, wobei $n = 1,2,3,...$ ($n = 0$ würde Fall a) ergeben).

Aus den Randbedingungen erhalten wir somit die Eigenfrequenzen $\omega_n = \frac{n\pi c}{l}$ der Saite. Da die Saite ein kontinuierliches System ist, ergeben sich unendlich viele Eigenfrequenzen. Die Lösung zu einer Eigenfrequenz, die Normalschwingung, wird mit dem Index n versehen. Die Gleichung (11) wird zu

$$y_n(x,t) = C \sin \frac{n\pi}{l} x \quad (A_n \sin \frac{n\pi c}{l} t + B_n \cos \frac{n\pi c}{l} t) ,$$

$$y_n(x,t) = \sin \frac{n\pi}{l} x \ (a_n \sin \frac{n\pi c}{l} t + b_n \cos \frac{n\pi c}{l} t),$$

wobei $C \cdot A_n = a_n$ und $C \cdot B_n = b_n$.

Aus den Anfangsbedingungen ergibt sich:

$$\frac{\partial y_n}{\partial t} (x,0) = 0 = \frac{n\pi c}{l} \sin \frac{n\pi}{l} x \quad a_n \cdot \cos \frac{n\pi c}{l} t$$

Dann ist:

$$a_n \cdot \frac{n\pi c}{l} \cdot \sin \frac{n\pi}{l} x = 0$$

für alle x nur erfüllt, wenn $a_n = 0$ ist.

Die Lösung der Differentialgleichung lautet:

$$y_n(x,t) = b_n \cdot \sin \frac{n\pi}{l} x \cos \frac{n\pi c}{l} t \; .$$

Der Parameter n beschreibt die Anregungszustände eines Systems, in diesem Fall die der schwingenden Saite. Einen solchen diskreten Parameter n nennt man in der Quanten-Physik eine Quantenzahl.
Da die eindimensionale Wellengleichung eine lineare Differentialgleichung ist, kann man die allgemeinste Lösung nach dem Superpositionsprinzip durch Addition der speziellen Lösungen erhalten:

$$y(x,t) = \sum_{n=1}^{\infty} b_n \sin \frac{n\pi x}{l} \cos \frac{n\pi c}{l} t \, .$$

Die Koeffizienten b_n lassen sich mit Hilfe der Überlegungen zur Fourierreihe aus der vorgegebenen Anfangskurve berechnen:

$$y(x,0) = f(x) = \sum_{n=1}^{\infty} b_n \sin \frac{n\pi x}{l} \, .$$

Die Bestimmung der Fourierkoeffizienten b_n wird im nächsten Kapitel gezeigt. Es ergibt sich dann folgende allgemeine Lösung der Differentialgleichung:

$$y(x,t) = \sum_{n=1}^{\infty} \left(\frac{2}{l} \int_0^l f(x) \sin \frac{n\pi x}{l} dx \right) \sin \frac{n\pi x}{l} \cos \frac{n\pi c t}{l} \, . \qquad (12)$$

Normalschwingungen

Normalschwingungen werden durch folgende Gleichung beschrieben:

$$y_n(x,t) = C_n \sin(k_n x) \cos(\omega_n t) \; . \qquad (13)$$

Zu einer festen Zeit t hängt der räumliche Verlauf (Ortsabhängigkeit) der Normalschwingung vom Ausdruck $\sin\frac{n\pi x}{l}$ ab (für $n > 1$ hat $\sin\frac{n\pi x}{l}$ n-1 Nullstellen).

An einer bestimmten Stelle wird die Zeitabhängigkeit der Normalschwingung durch den Ausdruck $\cos\frac{n\pi c}{l}t$ wiedergegeben. Die Wellenzahl k_n wird definiert als

$$k_n \equiv \frac{n\pi}{l} = \frac{2\pi}{\lambda_n}, \tag{14}$$

wobei $\lambda_n = \frac{2l}{n}$ die Wellenlänge ist.

Die Kreisfrequenz ist wie folgt definiert:

$$\omega_n \equiv \frac{n\pi c}{l} = 2\pi\nu_n \quad . \tag{15}$$

Lösen wir die Gleichung (15) nach ν_n auf, so erhalten wir für die Frequenz

$$\nu_n = \frac{nc}{2l} \tag{16}$$

d.h. die Frequenzen werden mit wachsenden Index n größer. Nach Definition ist

$$c = \sqrt{\frac{T}{\sigma}} \quad ; \tag{17}$$

T ist die in der Saite herrschende Spannung, σ die Massendichte. Aus den Gleichungen (16) und (17) folgt

$$\nu_n = \frac{n}{2l}\sqrt{\frac{T}{\sigma}} \quad , \tag{18}$$

d.h. die Frequenz ist umso kleiner, je länger und je dicker eine Saite ist. Dies stimmt vollkommen mit der Erfahrung überein, daß lange, dicke Saiten tiefer klingen als kurze dünne. Beim Erhöhen der Saitenspannung steigt die Frequenz.

Multiplizieren wir die Wellenlänge mit der Frequenz, so ergibt sich eine Konstante c, die die Dimension einer Geschwindigkeit hat.

$$\lambda_n \cdot \nu_n = \frac{2l}{n} \frac{nc}{2l} = c \text{ (Dispersionsgesetz)} \quad (19)$$

c ist die Geschwindigkeit (Phasengeschwindigkeit), mit der sich die Welle in einem Medium ausbreitet.

Wird eine Saite mit einer beliebigen Normalfrequenz angeregt, so gibt es Stellen der Saite, die sich zu jeder Zeit in Ruhe befinden (Knoten).

Man kann Wellenlänge, Anzahl der Knoten und das Aussehen einiger Normalschwingungen in Abhängigkeit vom Index n darstellen.

n	Wellenlänge	Anzahl der Knoten	Figur
1	2l	0	(a)
2	l	1	(b)
3	$\frac{2}{3}l$	2	(c)
.	.	.	
.	.	.	
.	.	.	
n	$\frac{2}{n}l$	n - 1	

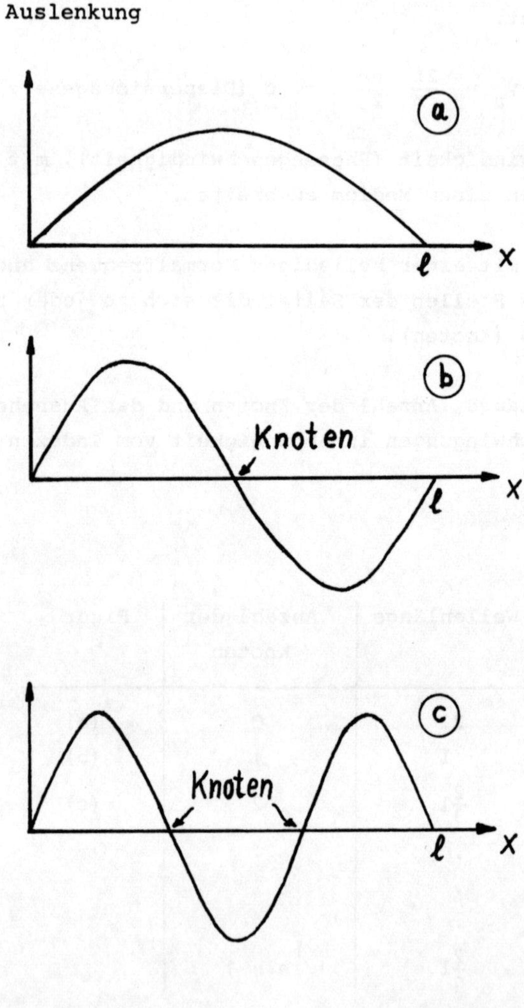
Auslenkung
a
x
ℓ
b
Knoten
x
ℓ
c
Knoten
x
ℓ

9. Fourierreihen

Beim Problem der schwingenden Saite wurde beim Einarbeiten der Anfangsbedingungen eine trigonometrische Reihe einer vorgegebenen Funktion f(x) gleichgesetzt. Die Konstanten der Reihe waren zu bestimmen. Zur Lösung des Problems müßte die Funktion f(x) ebenfalls durch eine trigonometrische Reihe dargestellt werden. Diese trigonometrischen Reihen heißen Fourierreihen. Die Bedingungen, unter denen es möglich ist,eine Funktion in eine Fourierreihe zu entwickeln, sind in den folgenden Punkten zusammengefaßt:

1) f(x) ist im Intervall $a < x < a + 2l$ definiert;
2) f(x) und f'(x) sind stückweise stetig auf $a < x < a + 2l$;
3) f(x) besitzt eine endliche Anzahl von Unstetigkeitsstellen, die endliche Sprungstellen sind;
4) f(x) hat die Periode 2l, d.h. $f(x + 2l) = f(x)$.

Diese Bedingungen (Dirichlet Bedingungen) sind hinreichend und notwendig, um f(x) in einer Fourierreihe darzustellen:

$$f(x) = \frac{a_o}{2} + \sum_{n=1} \left(a_n \cos \frac{n\pi x}{l} + b_n \sin \frac{n\pi x}{l} \right) .$$

Die Fourierkoeffizienten a_n, b_n und a_o werden folgendermaßen bestimmt:

$$a_n = \frac{1}{l} \int_a^{a+2l} f(x) \cos \frac{n\pi x}{l} \, dx ,$$

$$b_n = \frac{1}{l} \int_a^{a+2l} f(x) \sin \frac{n\pi x}{l} \, dx , \qquad (1)$$

$$a_o = \frac{1}{l} \int_a^{a+2l} f(x) \, dx .$$

Zum Beweis dieser Formal benötigt man die sogenannten Orthogonalitätsrelationen der triginometrischen Funktionen:

$$\int_0^{2l} \cos\frac{n\pi x}{l}\cos\frac{m\pi x}{l}\,dx = l\,\delta_{nm}\,,$$

$$\int_0^{2l} \sin\frac{n\pi x}{l}\,\sin\frac{m\pi x}{l}\,dx = l\,\delta_{nm}\,, \qquad (2)$$

$$\int_0^{2l} \sin\frac{n\pi x}{l}\cos\frac{m\pi x}{l}\,dx = 0\,.$$

Die erste Relation läßt sich mit Hilfe des Theorems $\cos A \cos B = \frac{1}{2}(\cos(A + B) + \cos(A - B))$ beweisen:

$$\int_0^{2l} \cos\frac{n\pi x}{l}\cos\frac{m\pi x}{l}\,dx =$$

$$\frac{1}{2}\int_0^{2l}\left(\cos\frac{(n+m)\pi x}{l} + \cos\frac{(n-m)\pi x}{l}\right)dx = 0\,, \quad (n \neq m)\,.$$

Das Integral der Kosinusfunktion über eine ganze Periode verschwindet.

Für $m = n$ ist

$$\int_0^{2l} \cos\frac{n\pi x}{l}\cos\frac{m\pi x}{l}\,dx = \frac{1}{2}\int_0^{2l}\left(1 + \cos\frac{2n\pi x}{l}\right)dx = l\,.$$

Die anderen Relationen können analog bewiesen werden.

Mit Hilfe der Orthogonalitätsrelationen kann man die Formeln (1) zur Berechnung der Fourierkoeffizienten beweisen.

Zur Bestimmung der a_n multipliziert man die Gleichung

$$f(x) = \frac{a_0}{2} + \sum_{n=1}^{\infty} a_n \cos\frac{n\pi x}{l} + \sum_{n=1}^{\infty} b_n \sin\frac{n\pi x}{l}$$

mit $\cos\frac{m\pi x}{l}$ und integriert dann über das Intervall 0 bis 2l:

$$\int_0^{2l} f(x)\cos\frac{m\pi x}{l}\,dx = \frac{a_0}{2}\int_0^{2l}\cos\frac{m\pi x}{l}\,dx + \sum_{n=1}^{\infty} a_n \int_0^{2l}\cos\frac{n\pi x}{l}\cos\frac{m\pi x}{l}$$

$$+ \sum_{n=1}^{\infty} b_n \int_0^{2l} \sin\frac{n\pi x}{l}\cos\frac{m\pi x}{l}\,dx$$

$$= \sum_{n=1}^{\infty} a_n l\,\delta_{nm} = l\,a_m$$

und deshalb

$$a_m = \frac{1}{l}\int_0^{2l} f(x)\cos\frac{m\pi x}{l}\,dx,$$ wie die Gleichungen (1) angeben.

Die analoge Relation für die b_m läßt sich durch Multiplikation der Ausgangsgleichung mit $\sin\frac{m\pi x}{l}$ und Integration von 0 bis 2l bestätigen.

Funktionen, für die gilt

$$f(x) = f(-x)$$

heißen gerade Funktionen, solche mit

$$f(x) = -f(-x)$$

heißen ungerade Funktionen.

$\frac{a_o}{2} + \sum_{n=1}^{\infty} a_n \cos \frac{n\pi x}{l}$ ist offensichtlich der gerade,

$\sum_{n=1}^{\infty} b_n \sin \frac{n\pi x}{l}$ der ungerade Anteil der Reihenentwicklung.

Deshalb sind für gerade Funktionen alle $b_n = 0$, für ungerade Funktionen a_o und alle a_n gleich Null.
Jede Funktion läßt sich in einen geraden und einen ungeraden Anteil aufspalten.

9.1 Beispiele und Aufgaben

Einarbeitung der Anfangsbedingung für die schwingende Saite mit Hilfe der Fourier-Entwicklung

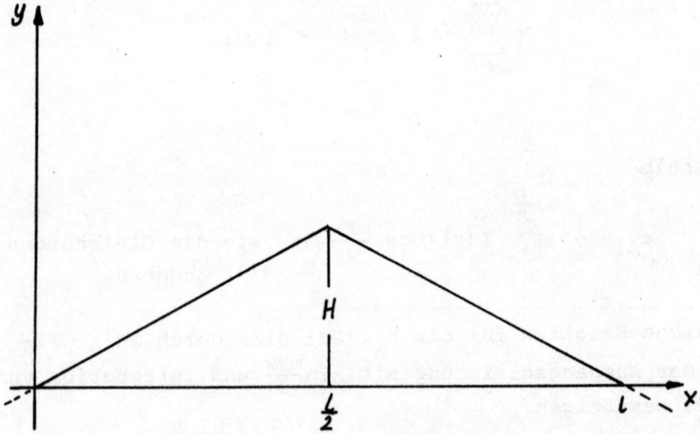

Eine Saite ist an beiden Enden eingespannt. In der Mitte wird sie um die Strecke H aus der Gleichgewichtslage ausgelenkt und losgelassen.
Aus der Zeichnung erkennen wir, daß die Anfangsauslenkung durch

$$y(x,0) = f(x) \begin{cases} 2\,\frac{Hx}{l} & 0 \leq x \leq \frac{l}{2} \\ \frac{2H(l-x)}{l} & \frac{l}{2} \leq x \leq l \end{cases}$$

gegeben ist.

Daraus erhalten wir, wenn wir f(x) als ungerade Funktion annehmen (gestrichelte Linie):

$$b_n = \frac{2}{l}\int_0^l f(x)\sin\frac{n\pi x}{l}\,dx\,,$$

$$= \frac{2}{l}\left(\int_0^{l/2}\frac{2Hx}{l}\sin\frac{n\pi x}{l}\,dx + \int_{l/2}^{l}\frac{2H}{l}(l-x)\sin\frac{n\pi x}{l}\,dx\right) .$$

$$\int_0^{l/2}\frac{2Hx}{l}\sin\frac{n\pi x}{l}\,dx = \frac{2H}{l}\left[-x\frac{l}{n\pi}\cos\frac{n\pi x}{l} + \frac{l^2}{n^2\pi^2}\sin\frac{n\pi x}{l}\right]_0^{l/2}$$

$$= \frac{2lH}{n^2\pi^2}\sin\frac{n\pi}{2}\,,$$

$$\int_{l/2}^{l}\frac{2H}{l}(l-x)\sin\frac{n\pi x}{l}\,dx = \frac{2H}{l}\left(\int_{l/2}^{l} l\sin\frac{n\pi x}{l}\,dx - \int_{l/2}^{l} x\sin\frac{n\pi x}{l}\,dx\right)$$

$$= \frac{2H}{l}\left[-\frac{l^2}{n\pi}\cos\frac{n\pi x}{l} + \frac{xl}{n\pi}\cos\frac{n\pi x}{l} - \frac{l^2}{n^2\pi^2}\sin\frac{n\pi x}{l}\right]_{l/2}^{l}$$

$$= \frac{2lH}{n^2\pi^2}\sin\frac{n\pi}{2}\,,$$

$$b_n = \frac{2}{l}\left(\frac{2lH}{n^2\pi^2}\sin\frac{n\pi}{2} + \frac{2lH}{n^2\pi^2}\sin\frac{n\pi}{2}\right),$$

$$= \frac{8H}{n^2\pi^2}\sin\frac{n\pi}{2} \quad .$$

Setzen wir die Lösung des Fourierkoeffizienten b_n in die allgemeine Lösung der Differentialgleichung (12) von Kapitel 8 ein, so erhalten wir die Gleichung, die die Schwingungen einer Saite beschreibt:

$$y(x,t) = \sum_{n=1}^{\infty}\left(\frac{8H}{n^2\pi^2}\sin\frac{n\pi}{2}\right)\sin\frac{n\pi x}{l}\cos\frac{n\pi ct}{l},$$

$$y(x,t) = \frac{8H}{\pi^2}\left(\frac{1}{1^2}\sin\frac{\pi x}{l}\cos\frac{\pi ct}{l} - \frac{1}{3^2}\sin\frac{3\pi x}{l}\cos\frac{3\pi ct}{l}\right.$$

$$\left. + \frac{1}{5^2}\sin\frac{5\pi x}{l}\cos\frac{5\pi ct}{l} - \dots\right).$$

9.2 Finden Sie die Fourierreihe der Funktion:

$f(x) = 4x, \quad 0 \leq x \leq 10, \quad$ Periode $10 = 2\,l, \quad l = 5$

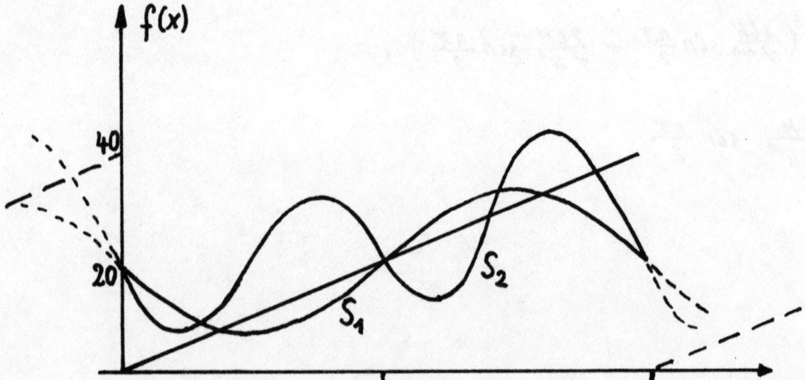

<u>Lösung:</u> Die Fourierkoeffizienten ergeben sich zu

$$a_0 = \frac{1}{5}\int_0^{10} 4x\,dx = \frac{2}{5}x^2\Big|_0^{10} = 40,$$

$$a_n = \frac{1}{5}\int_0^{10} 4x\cos\frac{n\pi x}{5}\,dx = \frac{4x}{n\pi}\sin\frac{n\pi x}{5}\Big|_0^{10} - \frac{4}{n\pi}\int_0^{10}\sin\frac{n\pi x}{5}\,dx$$

$$= 0 + \frac{20}{n^2\pi^2}\cos\frac{n\pi x}{5}\Big|_0^{10} = 0,$$

$$b_n = \frac{4}{5}\int_0^{10} x\sin\frac{n\pi x}{5}\,dx = -\frac{4\pi}{n\pi}\cos\frac{n\pi x}{5}\Big|_0^{10} + \frac{4}{n\pi}\int_0^{10}\cos\frac{n\pi x}{5}\,dx$$

$$= -\frac{40}{n\pi} + \frac{20}{n^2\pi^2}\sin\frac{n\pi x}{5}\Big|_0^{10} = -\frac{40}{n\pi}.$$

Damit lautet die Fourierreihe:

$$S(x) = 20 - \frac{40}{\pi}\sum_{n=1}^{\infty}\frac{1}{n}\sin\frac{n\pi x}{5}.$$

9.3 Finden Sie die transversale Auslenkung einer vibrierenden Saite der Länge l mit fixierten Endpunkten, wenn die Saite anfänglich in ihrer Ruhelage ist und ihr eine Geschwindigkeitsverteilung g(x) gegeben wird.

<u>Lösung:</u>

Gesucht ist die Lösung des Randwertproblems

$$\frac{\partial^2 y}{\partial t^2} = c^2\frac{\partial^2 y}{\partial x^2}, \tag{1}$$

wobei $y = y(x,t)$ ist, mit

$$y(0,t) = 0 \quad , \quad y(l,t) = 0 \quad ,$$

$$y(x,0) = 0 \quad , \quad \frac{\partial y}{\partial t}(x,0) = g(x) \quad . \qquad (2)$$

Es wird der Separationsansatz $y = X(x) \cdot T(t)$ gemacht.

Setzt man den Separationsansatz in (1) ein, so erhält man:

$$X \cdot T'' = c^2 X''T \qquad \text{oder}$$

$$\frac{X''}{X} = \frac{T''}{c^2 T} \quad . \qquad (3)$$

Da die linke Seite der Gleichung (3) nur von x, die rechte Seite nur von t abhängt und x und t voneinander unabhängig sind, wird die Gleichung nur erfüllt, wenn beide Seiten konstant sind. Die Konstante wird $-\lambda^2$ genannt.

$$\frac{X''}{X} = -\lambda^2 \quad \text{und} \quad \frac{T''}{c^2 T} = -\lambda^2 \quad \text{oder umgeformt}$$

$$X'' + \lambda^2 X = 0, \quad T'' + \lambda^2 c^2 T = 0. \qquad (4)$$

Diese beiden Gleichungen haben die Lösungen

$$X = A_1 \cos\lambda x + B_1 \sin\lambda x, \quad T = A_2 \cos\lambda ct + B_2 \sin\lambda ct \quad .$$

Da $y = X\,T$, gilt

$$y(x,t) = (A_1 \cos\lambda x + B_1 \sin\lambda x)(A_2 \cos\lambda ct + B_2 \sin\lambda ct) . (5)$$

Aus der Bedingung $y(o,t) = 0$ folgt, daß
$A_1(A_2\cos\lambda ct + B_2\sin\lambda ct) = 0$. Diese Bedingung wird durch $A_1 = 0$ erfüllt. Dann ist

$$y(x,t) = B_1\sin\lambda x \cdot (A_2\cos\lambda ct + B_2\sin\lambda ct).$$

Nun wird

$$B_1A_2 = a, \quad B_1B_2 = B \quad \text{gesetzt und es folgt:}$$

$$y(x,t) = \sin\lambda x \cdot (a\cdot\cos\lambda ct + b\cdot\sin\lambda ct). \qquad (6)$$

Aus der Bedingung $y(l,t) = 0$ folgt, daß $\sin\lambda l = 0$ ist.
Dies ist der Fall, wenn

$$\lambda l = n\pi \quad \text{oder} \quad \lambda = \frac{n\pi}{l} \quad \text{ist.} \qquad (7)$$

Die Beziehung (7) wird in (6) eingesetzt. Die Normalschwingung wird mit dem Index n versehen:

$$y_n(x,t) = \sin\frac{n\pi x}{l}\,(a_n\cdot\cos\frac{n\pi ct}{l} + b_n\cdot\sin\frac{n\pi ct}{l}). \qquad (8)$$

Wegen $y(x,0) = 0$ sind alle $a_n=0$ und es gilt:

$$y(x,t) = b_n\cdot\sin\frac{n\pi x}{l}\sin\frac{n\pi ct}{l}\quad. \qquad (9)$$

Durch Differentiation von (9) erhalten wir:

$$\frac{\partial y_n}{\partial t} = b_n\frac{n\pi c}{l}\sin\frac{n\pi x}{l}\cos\frac{n\pi ct}{l} \qquad (10)$$

Für lineare Differentialgleichungen gilt das Superpositionsprinzip, so daß für die gesamte Lösung gilt:

$$\frac{\partial y}{\partial t} = \sum_{n=1}\frac{n\pi cb_n}{l}\sin\frac{n\pi x}{l}\cos\frac{n\pi ct}{l}. \qquad (11)$$

Wegen $\frac{\partial y}{\partial t}(x,0) = g(x)$ ist:

$$g(x) = \sum_{n=1}^{\infty} \frac{n\pi c b_n}{l} \sin \frac{n\pi x}{l}. \tag{12}$$

Die Fourierkoeffizienten ergeben sich dann durch

$$\frac{n\pi c b_n}{l} = \frac{2}{l} \int_0^l g(x) \sin \frac{n\pi x}{l} \, dx \tag{13}$$

oder

$$b_n = \frac{2}{n\pi c} \int_0^l g(x) \sin \frac{n\pi x}{l} \, dx. \tag{14}$$

Durch Einsetzen von (14) in (9) erhalten wir dann die endgültige Lösung für $y(x,t)$:

$$y(x,t) = \sum_{n=1}^{\infty} \left(\frac{2}{l} \int_0^l g(x) \sin \frac{n\pi x}{l} \, dx \right) \sin \frac{n\pi x}{l} \cos \frac{n\pi ct}{l}.$$

. Die schwingende Membran

Mit der schwingenden Membran wollen wir ein zweidimensionales schwingendes System betrachten. Wir werden sehen, daß wir in vielem eine einfache Übertragung der Methoden vornehmen können, die wir bei der schwingenden Saite benutzt haben.

Die Membran ist eine Haut ohne Eigenelastizität. Das Einspannen der Membran am Rande führt zu einer Spannungskraft, die bei einer Auslenkung der Membran rücktreibend wirkt. Die Spannung der Membran ist somit örtlich und zeitlich konstant. Wir betrachten nur Schwingungen von so kleiner Amplitude, daß Auslenkungen in der Membranebene vernachlässigbar sind.

Herleitung der Differentialgleichung

Wir führen folgende Bezeichnungen ein: ϱ ist die Flächendichte der Membran, die Spannung der Membran ist T (Kraft pro Längenelement). Das Koordinatensystem legen wir so, daß die Membran in der (x,y)-Ebene liegt. Die dazu senkrechten Auslenkungen bezeichnen wir mit u = u(x,y,t).

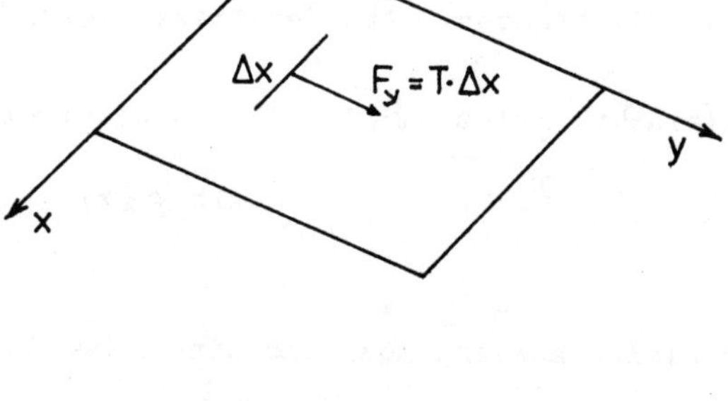

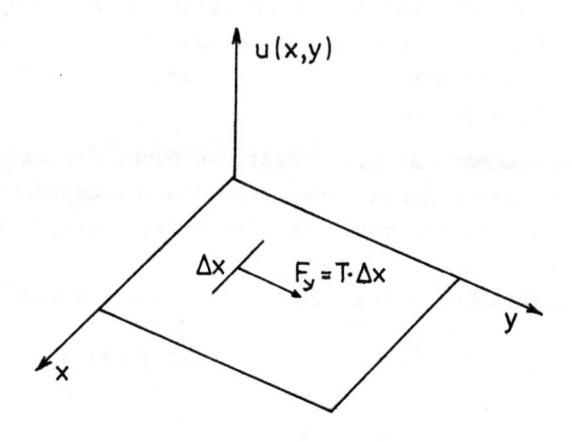

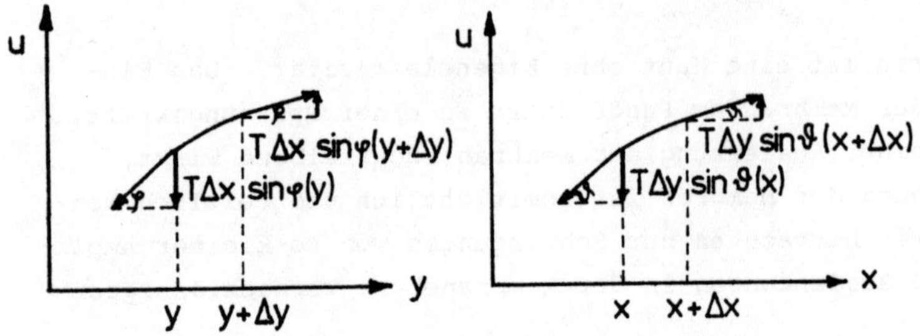

Um die Bewegungsgleichung aufzustellen, denken wir uns einen Schnitt der Länge Δx durch die Membran parallel zur x-Achse*. Die Kraft, die das Auseinanderklaffen der Membran in y-Richtung bewirkt, ist das Produkt aus der Spannung und der Länge des Schnittes: $F_y = T \cdot \Delta x$. Analog gilt für die x-Komponente: $F_x = T \cdot \Delta y$.

An dem Flächenelement $\Delta x \Delta y$ greift die Summe der beiden Kräfte an. Bei einer Auslenkung wirkt die u-Komponente dieser Summe auf die Membran. Aus der Skizze lesen wir ab

$$F_u = T \Delta x(\sin\vartheta(y+\Delta y)-\sin\vartheta(y)) + T \Delta y(\sin\varphi(x+\Delta x)-\sin\varphi(x)). \qquad (1)$$

Da wir uns auf kleine Auslenkungen und Winkel beschränken,

kann der Sinus durch den Tangens ersetzt werden. Für den Tangens setzen wir dann den Differentialquotienten ein, z.B.

$$\tan \vartheta\,(y+\Delta y) = \frac{\partial u}{\partial y}\,(y+\Delta y),$$ d.h. partielle Ableitung nach y an der Stelle $y + \Delta y$.

Dann geht Gleichung (1) in die Form über:

$$F_u = T\Delta x\left(\frac{\partial u}{\partial y}(y+\Delta y) - \frac{\partial u}{\partial y}(y)\right) + T\Delta y\left(\frac{\partial u}{\partial x}(x+\Delta x) - \frac{\partial u}{\partial x}(x)\right).$$

Ziehen wir das Produkt $T\Delta x\,\Delta y$ heraus, so folgt:

$$F_u = T\Delta x\Delta y\left(\frac{\frac{\partial u}{\partial y}(y+\Delta y) - \frac{\partial u}{\partial y}(y)}{\Delta y} + \frac{\frac{\partial u}{\partial x}(x+\Delta x) - \frac{\partial u}{\partial x}(x)}{\Delta x}\right).$$

Wir ersetzen die Fläche $\Delta x\,\Delta y$ unseres Membranelementes durch m/ϱ , wobei m seine Masse ist. Wenn wir jetzt zu Differentialen übergehen, $\Delta x, \Delta y \to 0$, so ergibt sich

$$\lim_{\Delta x \to 0} \frac{\frac{\partial u}{\partial x}(x+\Delta x) - \frac{\partial u}{\partial x}(x)}{\Delta x} = \frac{\partial^2 u}{\partial x^2},$$

oder

$$F_u = T\frac{m}{\varrho}\left(\frac{\partial^2 u}{\partial x^2} + \frac{\partial^2 u}{\partial y^2}\right).$$

Mit dieser Kraft erhalten wir die Bewegungsgleichung

$$m\frac{\partial^2 u}{\partial t^2} = T\frac{m}{\varrho}\left(\frac{\partial^2 u}{\partial x^2} + \frac{\partial^2 u}{\partial y^2}\right).$$

Mit der Abkürzung $T/\varrho = c^2$ und dem Laplaceoperator ergibt sich:

$$\Delta u - \frac{1}{c^2}\frac{\partial^2 u}{\partial t^2} = 0. \qquad (2)$$

Diese Form der Wellengleichung ist von der Dimension des schwingenden Mediums unabhängig. Setzen wir z.B. den dreidimensionalen Laplaceoperator ein und setzen u=u (x,y,z,t), so gilt Gleichung (2) auch für Schallschwingungen (u gibt dann die Dichteänderung der Luft an).

Die zweidimensionale Wellengleichung(2) soll nun am Beispiel der <u>rechteckigen Membran</u> gelöst werden.
Vorgegeben werden die Randbedingungen, die bedeuten, daß die Membran dort nicht schwingen kann: u(0,y,t) = u(a,y,t) = u(x,0,t) = u(x,b,t) = 0.

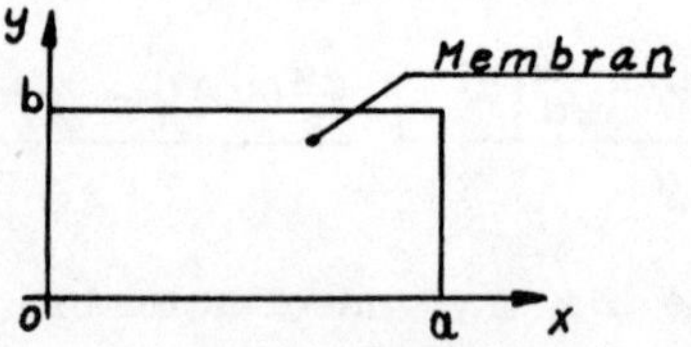

Zur Lösung machen wir wieder den Produktansatz

$$u(x,y,t) = V(x,y)\cdot T(t) \quad ,$$

mit dem wir zuerst einmal die Ortsvariablen von der Zeit trennen.
Durch Einsetzen in die Wellengleichung erhalten wir nach Variablen geordnet:

$$\frac{1}{c^2} \cdot \frac{\ddot{T}(t)}{T(t)} = \frac{\Delta V(x,y)}{V(x,y)}.$$

Hier liegt die Identität einer Funktion <u>nur</u> des Ortes mit einer <u>nur</u> der Zeit vor. Diese Identität ist nur dann immer gültig, wenn beide Funktionen Konstanten sind, also in bezug auf Ort und Zeit unveränderlich. Die Konstante, der diese Funktionen gleich sind, bezeichnen wir mit $-\omega^2$, den Quotienten ω^2/c^2 mit k^2 .

Es gilt dann:

$$\frac{\ddot{T}}{T} = -\omega^2, \tag{3}$$

$$\frac{\Delta V(x,y)}{V(x,y)} = -k^2 . \tag{4}$$

Die allgemeine Lösung von (3) können wir sofort angeben:

$$T(t) = A \sin (\omega t + \delta) .$$

Um die beiden Ortsvariablen zu trennen, machen wir den weiteren Separationsansatz:

$$V(x,y) = X(x) \cdot Y(y) .$$

Eingesetzt in (4) erhalten wir:

$$Y \frac{\partial^2 X}{\partial x^2} + X \frac{\partial^2 Y}{\partial y^2} + k^2 XY = 0 , \quad \text{daraus folgt}$$

$$\frac{\frac{\partial^2 X(x)}{\partial x^2}}{X(x)} + \frac{\frac{\partial^2 Y(y)}{\partial y^2}}{Y(y)} + k^2 = 0.$$

Auch hier gilt wieder: eine Funktion von x ist nur dann einer Funktion von y gleich, wenn beide Konstanten sind. Wir spalten die Konstante k^2 auf in

$$k^2 = k_x^2 + k_y^2$$

und erhalten somit

$$\frac{1}{X}\ \frac{\partial^2 X}{\partial x^2} = -\ k_x^2\ ,\quad \frac{1}{Y}\ \frac{\partial^2 Y}{\partial y^2} = -k_y^2\ .$$

Es gilt also:

$$\frac{\partial^2 X}{\partial x^2} + k_x^2\ X = 0,\quad \text{Lösung:}\quad X(x) = A_1 \sin(k_x\ x + \delta_1)\ ,$$

$$\frac{\partial^2 Y}{\partial y^2} + k_y^2\ Y = 0,\quad \text{Lösung:}\quad Y(y) = A_2 \sin(k_y\ y + \delta_2)\ .$$

Durch Multiplikation der Teillösungen und Zusammenfassen der Konstanten erhalten wir die vollständige Lösung der zweidimensionalen Wellengleichung:

$$\boxed{u(x,y,t) = B\ \sin(k_x\ x + \delta_1)\ \sin(k_y\ y + \delta_2)\ \sin(\omega t + \delta)}$$

Einarbeitung der Randbedingungen

Mit den vorgegebenen Randbedingungen für u erhalten wir:

$$u(0,y,t) = \sin \delta_1\ \sin(k_y\ y + \delta_2)\ \sin(\omega t + \delta) = 0\ ,$$

$$u(x,0,t) = \sin\ (k_x\ x + \delta_1)\ \sin \delta_2\ \sin(\omega t + \delta) = 0\ .$$

Beide Gleichungen sind nur dann für alle Werte der Variablen x,y,t erfüllt, wenn gilt:

$$\sin \delta_1 = \sin \delta_2 = 0,\ \text{was z.B. für}\ \ \delta_1 = \delta_2 = 0$$

richtig ist.

Daraus ergibt sich für die anderen Randbedingungen:

$$u(a,y,t) = \sin(k_x\, a)\ \sin(k_y\, y)\ \sin(\omega t + \delta) = 0\ ,$$

$$u(x,b,t) = \sin(k_x\, x)\ \sin(k_y\, b)\ \sin(\omega t + \delta) = 0\ .$$

Aus gleichen Überlegungen wie oben gilt:

$\sin(k_x\, a) = \sin(k_y\, b) = 0$, woraus folgt :

$$k_x\, a = n_x \pi\ ,$$

$$k_y\, b = n_y \pi\ , \quad \text{wobei } n_x, n_y = 1, 2, \ldots\ .$$

Es gilt:

$$k^2 = k_x^2 + k_y^2 = n_x^2 \left(\frac{\pi}{a}\right)^2 + n_y^2 \left(\frac{\pi}{b}\right)^2$$

und wegen $\omega = k \cdot c$ folgt für die Eigenfrequenz

$$\omega_{n_x n_y} = c\pi \sqrt{\frac{n_x^2}{a^2} + \frac{n_y^2}{b^2}}\ .$$

Eigenfrequenzen

Demnach betragen die Eigenfrequenzen der rechteckigen Membran:

$$\omega_{n_x n_y} = c\pi \sqrt{\frac{n_x^2}{a^2} + \frac{n_y^2}{b^2}}$$

, wobei die tiefste Frequenz der Grundton ist:

$$\omega_{1\,1} = c\pi \sqrt{\frac{1}{a^2} + \frac{1}{b^2}}\ .$$

Bei der Saite gilt $\omega_n = n\,\omega_1$, die Obertöne sind ganzzahlige Vielfache der Grundfrequenz. Dies gilt im zweidimensionalen Fall nicht mehr. Im Gegensatz zum harmonischen Frequenzspektrum der Saite, hat die Membran ein anharmonisches Spektrum.

Entartung

Nehmen im Spezialfall der quadratischen Membran die Seiten gleiche Länge an, gilt also: $a = b$, so folgt daraus:

$$\omega_{n_x n_y} = \frac{\sqrt{n_x^2 + n_y^2}}{\sqrt{2}}\,\omega_{11}\,.$$

Die Tabelle der Verhältnisse $\frac{\omega_{n_x n_y}}{\omega_{11}}$ für einige Werte der Quantenzahlen n_x, n_y einer quadratischen Membran zeigt, daß

n_y \ n_x	1	2	3	4
1	1,00	1,58	2,24	2,92
2	1,58	2,00	2,55	3,16
3	2,24	2,55	3,00	3,54
4	2,92	3,16	3,54	4,00

es für verschiedene Paare von Quantenzahlen dieselben Eigenwerte gibt, daß also verschiedene Eigenschwingungen mit derselben Frequenz möglich sind. Solche Zustände nennt man entartet. Bei der quadratischen Membran, die ja symmetrisch ist in bezug auf die Bedeutung der x- bzw. y-Koordinate, sind alle zur Hauptdiagonalen der Tabelle symmetrisch angeordnete Zustände $n_x n_y$ entartet.

Die Entartung wird sofort aufgehoben, wenn $a \neq b$. Ganz allgemein gilt, daß Entartungen nur in Systemen mit bestimmten Symmetrien zu finden sind.

Weiter erkennen wir, daß die quadratische Membran einen Anteil harmonischer Oberschwingungen enthält (Diagonalelemente der Tabelle).

Knotenlinien

An den Stellen, an denen der ortsabhängige Teil der Wellengleichung Null wird, befindet sich bei der Saite ein Knoten bei der Membran entsprechend eine Knotenlinie.

Der ortsabhängige Teil lautet:

$$\sin\frac{n_x \pi x}{a} \quad \sin\frac{n_y \pi y}{b} \quad .$$

Für $n_x=2$ und $n_y=1$ gilt also z.B. $\sin\frac{2\pi x}{a} \quad \sin\frac{\pi y}{b} = 0.$

Außer auf den Rändern ist diese Bedingung noch für die Gerade $x = \frac{a}{2}$ erfüllt, die also eine Knotenlinie für $(n_x,n_y) = (2,1)$ darstellt.

Knotenlinien sind also alle Geraden:

$$x = \frac{ma}{n_x} \quad ; \quad y = \frac{mb}{n_y} \qquad (m=1,2,\ldots,) \quad .$$

Tabelle von Knotenlinien einiger Eigenschwingungen

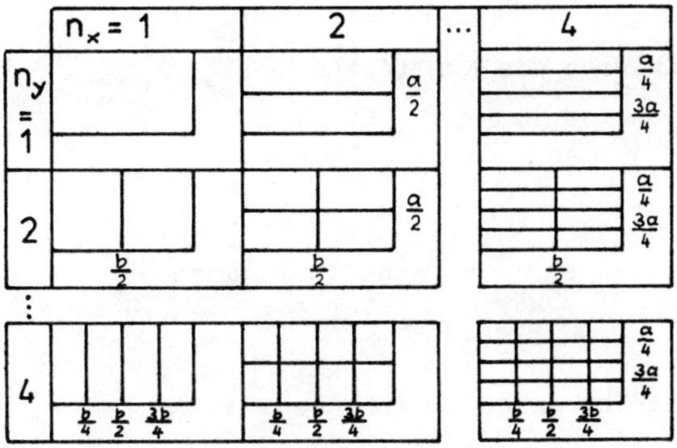

Die allgemeine Lösung der Wellengleichung für die rechteckige Membran ergibt sich, da es eine lineare Differentialgleichung ist, als Summe der speziellen Lösungen (Superpositionsprinzip):

$$u(x,y,t) = \sum_{n_x=1}^{\infty} \sum_{n_y=1}^{\infty} C_{n_x n_y} \sin\frac{n_x \pi x}{a} \sin\frac{n_y \pi y}{b} \sin(\omega_{n_x n_y} t + \delta_{n_x n_y}).$$

Wir können nun die $C_{n_x n_y}$ und die $\delta_{n_x n_y}$ aus den Anfangsbedingungen bestimmen. Sie lauten:

$$u(x,y,t=0) = u_o\,(x,y),$$

$$\dot{u}(x,y,t=0) = v_o\,(x,y).$$

Für t=0 lautet die allgemeine Lösung und ihre zeitliche Ableitung:

$$u_o(x,y,0) = \sum_{n_x,n_y=1}^{\infty} C_{n_x n_y} \sin\delta_{n_x n_y} \cdot \sin\frac{n_x \pi x}{a} \cdot \sin\frac{n_y \pi y}{b},$$

$$v_o(x,y,0) = \sum_{n_x,n_y=1}^{\infty} \omega_{n_x n_y} C_{n_x n_y} \cos\delta_{n_x n_y} \cdot \sin\frac{n_x \pi x}{a} \cdot \sin\frac{n_y \pi y}{b}.$$

Wir definieren die Konstanten um:

$$A_{n_x n_y} = C_{n_x n_y} \sin\delta_{n_x n_y}, \tag{5}$$

$$B_{n_x n_y} = n_x n_y\, C_{n_x n_y} \cos\delta_{n_x n_y}. \tag{6}$$

Dann gilt für obige Gleichungen:

$$u_0(x,y,0) = \sum_{n_x,n_y=1}^{\infty} A_{n_x n_y} \sin\frac{n_x\pi x}{a} \cdot \sin\frac{n_y\pi y}{b} \, , \tag{7}$$

$$v_0(x,y,0) = \sum_{n_x,n_y=1}^{\infty} B_{n_x n_y} \sin\frac{n_x\pi x}{a} \sin\frac{n_y\pi y}{b} \, . \tag{8}$$

Die Koeffizienten $A_{n_x n_y}$ und $B_{n_x n_y}$ lassen sich mit Hilfe der Orthogonalitätsrelationen bestimmen. Diese lauten:

$$\int_0^a \sin\frac{\bar{n}_x\pi x}{a} \cdot \sin\frac{n_x\pi x}{a} \, dx = \frac{a}{2} \delta_{\bar{n}_x n_x} \, ,$$

$$\int_0^b \sin\frac{\bar{n}_y\pi y}{b} \cdot \sin\frac{n_y\pi y}{b} \cdot dy = \frac{b}{2} \delta_{\bar{n}_y n_y} \, .$$

Wir multiplizieren (7) mit $\sin \frac{\bar{n}_x\pi x}{a}$ und integrieren von 0 bis a über x. Dann wird mit $\sin \frac{\bar{n}_y\pi x}{b}$ multipliziert und y von 0 bis b integriert:

$$\int_0^a\int_0^b u_0(x,y,0) \cdot \sin\frac{\bar{n}_x\pi x}{a} \cdot \sin\frac{\bar{n}_y\pi y}{b} \, dx\, dy$$

$$= \sum_{n_x,n_y}^{\infty} A_{n_x n_y} \int_0^a \sin\frac{n_x\pi x}{a} \cdot \sin\frac{\bar{n}_x\pi x}{a} \, dx \int_0^b \sin\frac{\bar{n}_y\pi y}{b} \cdot \sin\frac{n_y\pi y}{b} \, dy,$$

$$= \sum_{n_x,n_y}^{\infty} A_{n_x n_y} \delta_{\bar{n}_x n_x} \frac{a}{2} \delta_{\bar{n}_y n_y} \frac{b}{2} \, ,$$

$$= \frac{ab}{4} A_{\bar{n}_x \bar{n}_y} \, .$$

Wir erhalten also:

$$A_{n_x n_y} = \frac{4}{a\,b} \int_0^a \int_0^b u_o(x,y,0) \sin\frac{n_x \pi x}{a} \cdot \sin\frac{n_y \pi y}{b}\, dx\, dy ,$$

$$B_{n_x n_y} = \frac{4}{a\,b} \int_0^a \int_0^b v_o(x,y,0) \sin\frac{n_x \pi x}{a} \cdot \sin\frac{n_y \pi y}{b}\, dx\, dy .$$

Aus (5) und (6) lassen sich $C_{n_x n_y}$ und $\delta_{n_x n_y}$ bestimmen.

Überlagerungen von Knotenlinienbildern

Bei der allgemeinen Schwingung der Membran treten ebenfalls Knotenlinien auf, die durch Überlagerung der Knotenlinenbilder der in diesen allgemeinen Schwingungen angeregten Normalschwingungen entstehen.

Da die Knotenlinien ja nach Definition zeitunabhängig sind, betrachten wir als Beispiel die Ortsabhängigkeit der Normalschwingungen

$$u_{12} = \sin\frac{\pi x}{a} \cdot \sin\frac{2\pi y}{b} \quad \text{und} \quad u_{21} = \sin\frac{2\pi x}{a} \cdot \sin\frac{\pi y}{b} .$$

Für die Überlagerung der beiden Normalschwingungen schreiben wir

$$u = u_{12} + C\, u_{21} .$$

Die Konstante C gibt die spezielle Art der Überlagerung an. Die Gleichung der Knotenlinie erhalten wir aus $u=0$. Für den speziellen Fall $C = \pm 1$ ergibt sich dann:

$$\sin\frac{\pi x}{a}\cdot\sin\frac{2\pi y}{b} \pm \sin\frac{2\pi x}{a}\cdot\sin\frac{\pi y}{b} = 0$$

oder umgeformt

$$\sin\frac{\pi x}{a}\cdot\sin\frac{\pi y}{b}\left(\cos\frac{\pi y}{b} \pm \cos\frac{\pi x}{a}\right) = 0.$$

Setzen wir die Klammer Null, so folgen die Gleichungen der beiden Knotenlinien:

$y = \frac{b}{a}\ x$ für $C = -1$ und $y = b - \frac{b}{a}\ x$ für $C = +1$.

In der Skizze sind die Knotenlinien veranschaulicht:

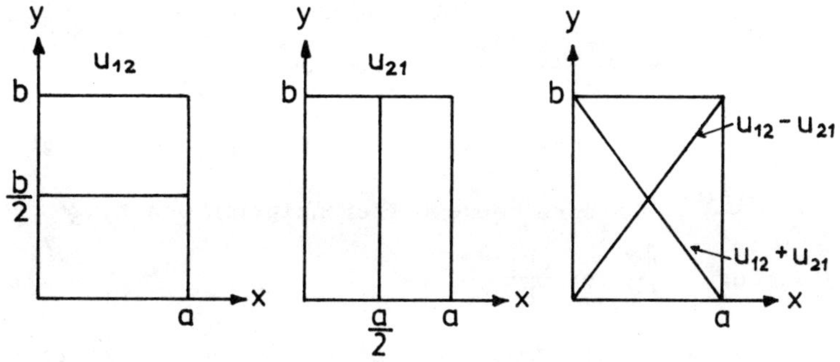

Die kreisförmige Membran

Im Fall der kreisförmigen Membran geht man günstiger von der Darstellung in kartesischen Koordinaten über zu der in Polarkoordinaten, d.h.

$$\text{von} \quad u = f(x,y,t) \qquad \text{zu} \qquad u = \Psi(r,\varphi,t) \quad .$$

Für diese Umrechnung gilt:

$$x = r\cos\varphi \quad , \qquad y = r\sin\varphi$$

$$\tan\varphi = \frac{x}{y} \quad , \qquad r = \sqrt{x^2 + y^2} \quad .$$

Für die Umrechnung des Laplaceoperators brauchen wir auch die Ableitungen:

$$\frac{\partial r}{\partial x} = \frac{x}{r} = \cos\varphi \, , \qquad \frac{\partial r}{\partial y} = \frac{y}{r} = \sin\varphi \quad .$$

Durch Differentiation des Tangens erhalten wir

$$\frac{\partial \tan\varphi}{\partial x} = \frac{\partial \tan\varphi}{\partial\varphi}\frac{\partial\varphi}{\partial x} = \frac{1}{\cos^2\varphi}\frac{\partial\varphi}{\partial x} = -\frac{y}{x^2} \quad ,$$

wenn wir für x und y ihre Polardarstellung einsetzen, folgt $\frac{\partial\varphi}{\partial x} = -\frac{\sin\varphi}{r}$. Entsprechende Differentiation von $\tan\varphi$ nach y liefert $\frac{\partial\varphi}{\partial y} = \frac{\cos\varphi}{r}$.

Um die zweidimensionale Schwingungsgleichung in Polarkoordinaten zu erhalten, rechnen wir zunächst den Laplaceoperator $\Delta(x,y)$ auf Polarkoordinaten $\Delta(r,\varphi)$ um. Dabei fassen wir die Differentialquotienten als Operatoren auf:

Wir führen die Berechnung für die x-Konponente vor, die Umrechnung der y-Komponente erfolgt analog. Nach der Kettenregel gilt:

$$\frac{\partial}{\partial x} = \frac{\partial}{\partial r}\frac{\partial r}{\partial x} + \frac{\partial}{\partial \varphi}\frac{\partial \varphi}{\partial x} \quad .$$

Nach Einsetzen der oben gefundenen Ergebnisse folgt:

$$\frac{\partial}{\partial x} = \cos\varphi \frac{\partial}{\partial r} - \frac{\sin\varphi}{r}\frac{\partial}{\partial \varphi} \, .$$

Wir quadrieren dieses Ergebnis unter Berücksichtigung, daß die Summanden als Operatoren aufeinander wirken. (Das Quadrat eines Operators bedeutet zweimalige Anwendung).

$$\frac{\partial^2}{\partial x^2} = \left(\cos\varphi \frac{\partial}{\partial r} - \sin\varphi \frac{1}{r}\frac{\partial}{\partial \varphi}\right)\left(\cos\varphi \frac{\partial}{\partial r} - \sin\varphi \frac{1}{r}\frac{\partial}{\partial \varphi}\right).$$

Durch Ausmultiplizieren ergeben sich zunächst die vier Terme:

$$\frac{\partial^2}{\partial x^2} = \left(\cos\varphi \frac{\partial}{\partial r} \cdot \cos\varphi \frac{\partial}{\partial r}\right) + \left(\frac{\sin\varphi}{r}\frac{\partial}{\partial \varphi} \cdot \frac{\sin\varphi}{r}\frac{\partial}{\partial \varphi}\right)$$
$$- \left(\cos\varphi \frac{\partial}{\partial r} \cdot \frac{\sin\varphi}{r}\frac{\partial}{\partial \varphi}\right) - \left(\frac{\sin\varphi}{r}\frac{\partial}{\partial \varphi} \cdot \cos\varphi \frac{\partial}{\partial r}\right).$$

Wir behandeln nun die einzelnen Terme nach der Produktregel:

$$\cos\varphi\left(\frac{\partial}{\partial r} \cdot \cos\varphi \frac{\partial}{\partial r}\right) = \cos^2\varphi \frac{\partial^2}{\partial r^2} \, ,$$

$$\frac{\sin\varphi}{r}\left(\frac{\partial}{\partial \varphi} \cdot \frac{\sin\varphi}{r}\frac{\partial}{\partial \varphi}\right) = \frac{\sin\varphi\cos\varphi}{r^2}\frac{\partial}{\partial \varphi} + \frac{\sin^2\varphi}{r^2}\frac{\partial^2}{\partial \varphi^2} \, ,$$

$$\cos\varphi\left(\frac{\partial}{\partial r} \cdot \frac{\sin\varphi}{r}\frac{\partial}{\partial \varphi}\right) = -\frac{\cos\varphi\sin\varphi}{r^2}\frac{\partial}{\partial \varphi} + \frac{\cos\varphi\sin\varphi}{r}\frac{\partial}{\partial r}\frac{\partial}{\partial \varphi} \, ,$$

$$\frac{\sin\varphi}{r}\left(\frac{\partial}{\partial r} \cdot \cos\varphi \frac{\partial}{\partial r}\right) = -\frac{\sin^2\varphi}{r}\frac{\partial}{\partial r} + \frac{\sin\varphi\cos\varphi}{r}\frac{\partial}{\partial \varphi}\frac{\partial}{\partial r} \quad .$$

Daraus erhält man:

$$\frac{\partial^2}{\partial x^2} = \cos^2\varphi \frac{\partial^2}{\partial r^2} + \frac{\sin^2\varphi}{r^2}\left(r\frac{\partial}{\partial r} + \frac{\partial^2}{\partial \varphi^2}\right) + \frac{2\sin\varphi\cos\varphi}{r^2}\left(\frac{\partial}{\partial \varphi} - r\frac{\partial}{\partial \varphi}\frac{\partial}{\partial r}\right).$$

Analog zu oben ergibt sich für die y-Komponente:

$$\frac{\partial^2}{\partial y^2} = \sin^2\varphi \frac{\partial^2}{\partial r^2} + \frac{\cos^2\varphi}{r^2}\left(r\frac{\partial}{\partial r} + \frac{\partial^2}{\partial \varphi^2}\right) - \frac{2\sin\varphi\cos\varphi}{r^2}\left(\frac{\partial}{\partial \varphi} - r\frac{\partial}{\partial \varphi}\frac{\partial}{\partial r}\right).$$

Durch Addition beider Ausdrücke erhalten wir den Laplaceoperator in Polarkoordinaten:

$$\frac{\partial^2}{\partial x^2} + \frac{\partial^2}{\partial y^2} = \Delta = \frac{\partial^2}{\partial r^2} + \frac{1}{r}\frac{\partial}{\partial r} + \frac{1}{r^2}\frac{\partial^2}{\partial \varphi^2}.$$

Die Schwingungsgleichung nimmt dann folgende Form an:

$$\frac{\partial^2 u(r,\varphi,t)}{\partial r^2} + \frac{1}{r}\frac{\partial u(r,\varphi,t)}{\partial r} + \frac{1}{r^2}\frac{\partial^2 u(r,\varphi,t)}{\partial \varphi^2} = \frac{\partial^2 u(r,\varphi,t)}{\partial t^2}\cdot\frac{1}{c^2}.$$

Die Lösung der Bewegungsgleichung erfolgt wieder durch Trennung der Variablen:

Wir machen einen Produktansatz zur Trennung von Orts- und Zeitfunktionen.

$$u(r, t) = V(r,\varphi) \cdot T(t) \quad .$$

Durch Einsetzen in die Wellengleichung erhalten wir:

$$T(t)\left(\frac{\partial^2 V}{\partial r^2} + \frac{1}{r}\frac{\partial V}{\partial r} + \frac{1}{r^2}\frac{\partial^2 V}{\partial \varphi^2}\right) = \frac{1}{c^2} V \frac{\partial^2 T}{\partial t^2} \quad .$$

Wir dividieren beide Seiten durch $V(r,\varphi) \cdot T(t)$:

$$\frac{\dfrac{\partial^2 V}{\partial r^2} + \dfrac{1}{r}\dfrac{\partial V}{\partial r} + \dfrac{1}{r^2}\dfrac{\partial^2 V}{\partial \varphi^2}}{V(r,\varphi)} = \frac{1}{c^2}\frac{\ddot{T}(t)}{T(t)} .$$

Wir wählen als Konstante:

$$\frac{1}{c^2}\frac{\ddot{T}}{T} = -k^2$$, und führen weiter ein:

$$\omega = ck .$$

Daraus ergibt sich:

$$\ddot{T} + \omega^2 T = 0,$$ mit der Lösung

$$T(t) = C \sin (\omega t + \delta) .$$

Durch Einsetzen der Konstanten $-k^2$ erhält die Bewegungsgleichung folgendes Aussehen:

$$\frac{\partial^2 V}{\partial r^2} + \frac{1}{r}\frac{\partial V}{\partial r} + \frac{1}{r^2}\frac{\partial^2 V}{\partial \varphi^2} + k^2 V = 0.$$

Mit einem zweiten Produktansatz trennen wir Radius- und Winkelfunktionen:

$$V(r,\varphi) = R(r) \cdot \phi(\varphi) .$$

Damit erhalten wir:

$$\frac{\dfrac{d^2R}{dr^2} + \dfrac{1}{r}\dfrac{dR}{dr}}{R(r)} + \frac{\dfrac{1}{r^2}\dfrac{d^2\phi}{d\varphi^2}}{\phi(\varphi)} + k^2 = 0.$$

Wir trennen die Variablen durch multiplizieren mit r^2:

$$\frac{r^2 \frac{d^2R}{dr^2} + r \frac{dR}{dr}}{R(r)} + k^2r^2 + \frac{\frac{d^2\phi}{d\varphi^2}}{\phi(\varphi)} = 0.$$

Auch hier gilt, daß die Gleichung nur dann immer richtig ist, wenn beide Funktionen Konstanten sind; wir wählen also:

$$\frac{1}{\phi} \frac{d^2\phi}{d\varphi^2} = -\sigma$$, woraus man als Lösung für

$\phi(\varphi)$ erhält:

$$\phi(\varphi) = Ae^{i\sqrt{\sigma}\varphi} + Be^{-i\sqrt{\sigma}\varphi} = C \sin(m\varphi + \delta),$$

$$\text{mit } m = \pm\sqrt{\sigma}, \quad m = 1,2,3\ldots .$$

Wir wählten bewußt eine negative Konstante $-\sigma$, um die Periodizität der Lösung zu erreichen, da der Winkel $2\pi + \varphi$ wieder den gleichen Ort darstellt wie der Winkel φ.
Wir können nun ohne Einschränkung des Problems nur positive m zulassen, da durch negative m lediglich der Drehsinn des Winkels umgekehrt wird.

Dadurch erhält die Bewegungsgleichung für die Radialfunktion R folgendes Aussehen:

$$r^2 \frac{d^2R}{dr^2} + r\frac{dR}{dr} + k^2r^2R - \sigma R = 0,$$

oder:

$$\frac{d^2R}{dr^2} + \frac{1}{r}\frac{dR}{dr} + (k^2 - \frac{m^2}{r^2}) R = 0 .$$

Wir substituieren $z = k r$, $dr = \frac{dz}{k}$.

Dann erhalten wir

$$k^2 \frac{d^2R}{dz^2} + \frac{k^2}{z}\frac{dR}{dz} + (k^2 - \frac{m^2k^2}{z^2}) R = 0.$$

$$\boxed{\frac{d^2R}{dz^2} + \frac{1}{z}\frac{dR}{dz} + (1 - \frac{m^2}{z^2}) R = 0}$$

In dieser Form heißt die Gleichung Besselsche Differentialgleichung. Diese Differentialgleichung und ihre Lösungen erscheinen in vielen Problemen der mathematischen Physik.

<u>Lösung der Besselschen Differentialgleichung</u>

Die Auflösung unserer Differentialgleichung

$$\frac{d^2g}{dz^2} + \frac{1}{z} \cdot \frac{dg}{dz} + (1 - \frac{m^2}{z^2}) g(z) = 0$$

gelingt nicht mit Hilfe von Integrationen. Auch Ansätze mit elementaren Funktionen führen nicht zum Ziel. Wir versuchen es daher mit der allgemeinsten Potenzreihenentwicklung:

$$g(z) = z^{\mu} (\sum_{n=0}^{\infty} a_n z^n) .$$

Die Abspaltung eines Potenzfaktors ist nicht notwendig, wird sich aber als sehr zweckmäßig erweisen.

Da im Mittelpunkt unserer Membran die Schwingung immer endlich bleibt, darf $g(z)$ bei $z = 0$ keine Singularität aufweisen. Da aber für $z \to 0$

$$g(z) \approx a_0 z^{\mu}$$

ist, muß aus diesen physikalischen Gründen $\mu \geq 0$ sein. Um eine weiter gehende Aussage zu erhalten, betrachten wir für zunächst beliebige μ das asymptotische Verhalten der Besselschen Differentialgleichung für $z \to 0$.
Wir können dann wie schon oben

$$g(z) \approx a_0 z^{\mu}$$

setzen und erhalten durch Einsetzen:

$$\mu(\mu-1) z^{\mu-2} + \mu z^{\mu-2} + z^{\mu} - m^2 z^{\mu-2} =$$

$$= (\mu(\mu-1) + \mu + z^2 - m^2) z^{\mu-2} \approx$$

$$\approx (\mu^2 - m^2) z^{\mu-2} = 0,$$

da für $z \to 0$ auch $z^2 \to 0$ gilt.
Wir haben also die Bedingung

$$\mu^2 - m^2 = 0$$

Aus den oben genannten Gründen, die rein physikalischer Natur sind, ergibt sich daraus:

$$\mu = m \quad .$$

Die Konstante m selbst aber ist ganzzahlig. Dazu erinnern wir uns der Gleichung

$$f(\varphi) = \sin(m\varphi + \delta) \quad .$$

Da wir bei einem vollen Umlauf wieder an dieselbe Stelle der Membran zurückkommen, muß diese Lösungsfunktion die Periode

2π besitzen. Dies ist aber nur dann der Fall, wenn m eine ganze Zahl ist!

Wir wollen jetzt versuchen, die Koeffizienten unseres Ansatzes

$$g_m(z) = z^m(a_o + a_1 z + a_2 z^2 \ldots), \quad m = 0,1,2,\ldots \quad ,$$

zu bestimmen.

Dazu setzen wir den Ansatz in die Besselsche Differentialgleichung ein, die einzelnen Terme dieser Gleichungen haben dann die folgende Gestalt:

$$\frac{d^2 g}{dz^2} = z^{m-2}(a_o m(m-1) + a_1(m+1)mz + a_2(m+2)(m+1)z^2 + a_3(m+3)(m+2)z^3 + \ldots),$$

$$\frac{1}{z}\frac{dg}{dz} = z^{m-2}(a_o m \quad + a_1(m+1)z \quad + a_2(m+2)z^2 + a_3(m+3)z^3 + \ldots),$$

$$g(z) = z^{m-2}(\qquad a_o z^2 \quad + a_1 z^3 \quad + \ldots),$$

$$-\frac{m^2}{z^2}g(z) = z^{m-2}(-a_o m^2 - a_1 m^2 z \quad - a_2 m^2 z^2 \quad - a_3 m^2 z^3 - \ldots).$$

Die Summe der Koeffizienten zu jeder Potenz von z muß verschwinden, d.h. $a_o(m\,(m-1) + m - m^2) = 0$, da die Klammer verschwindet, kann a_o beliebig sein.

Für a_1 ergibt sich

$$a_1\left(m(m+1) + (m+1) - m^2\right) = 0 \ ,$$

$$a_1\ (2m + 1) = 0 \quad ,$$

d.h. $\quad a_1 = 0 \ .$

Aus den Koeffizienten von z^m folgt

$$a_2\left((m+2)(m+1) + (m+2) - m^2\right) + a_o = 0 \ ,$$

oder $\quad a_2\ (4m + 4) = -a_o \ .$

Weiter erhalten wir

$$a_3 \left((m+3)\ (m+2) + (m+3) - m^2 \right) + a_1 = 0 \ ,$$

$$a_3\ (6m + 9\ ) = -a_1 \ ,$$

$$\text{d.h.}\quad a_3 = 0\ .$$

Allgemein ergibt sich die Bedingungsgleichung

$$a_{p+2} \left((m+p+2)\ (m+p+1) + (m+p+2) - m^2 \right) + a_p = 0$$

$$a_{p+2} \left((m+p+2)^2 - m^2 \right) = -a_p \ ,$$

$$a_{p+2} = \frac{-a_p}{(m+p+2)^2 - m^2} = \frac{-a_p}{(p+2)\ (2m+p+2)} \ .$$

Diese Beziehung (Rekursionsformel) gibt uns die Möglichkeit, den Koeffizienten a_{p+2} aus dem vorhergehenden a_p zu bestimmen. Wegen $a_1 = 0$ folgt, daß alle a_{2n-1} verschwinden, d.h. in der Reihenentwicklung der Lösungsfunktion tauchen nur gerade Exponenten auf. Für diese erhält man mit $a_o \neq 0$:

$a_{2n} = \dfrac{-a_{2n-2}}{2n(2m + 2n)}$, in einem nächsten Schritt ersetzen wir

a_{2n-2} durch a_{2n-4} und erhalten

$$a_{2n} = \frac{+a_{2n-4}}{2n(2n-2)\ (2m+2n)\ (2m+2n-2)} \ .$$

Fahren wir so fort, so können wir a_{2n} auf a_o zurückführen. Es ergibt sich:

$$a_{2n} = \frac{(-1)^n a_o}{2^{2n}\ n!\ (m+n)\ !} \ .$$

Damit erhalten wir folgende Lösungsfunktionen:

$$g_m(z) = a_o z^m m! \sum_{n=0}^{\infty} \frac{(-1)^n}{n!\,(m+n)!} \frac{z^{2n}}{2^{2n}} .$$

Wählen wir hier speziell $a_o \cdot m! = 2^{-m}$, so erhalten wir die <u>Besselfunktionen:</u>

$$J_m(z) = \left(\frac{z}{2}\right)^m \sum_{n=0}^{\infty} \frac{(-1)^n}{n!\,(m+n)!} \left(\frac{z}{2}\right)^{2n} ,$$

$$= \sum_{n=0}^{\infty} \frac{(-1)^n}{n!\,(m+n)!} \left(\frac{z}{2}\right)^{2n+m} .$$

Der Verlauf der ersten Besselfunktionen ist in der Figur gegeben. Wir sehen, daß für große Argumente die Besselfunktionen einen ähnlichen Verlauf wie die trigonometrischen Funktionen Sinus oder Cosinus nehmen.

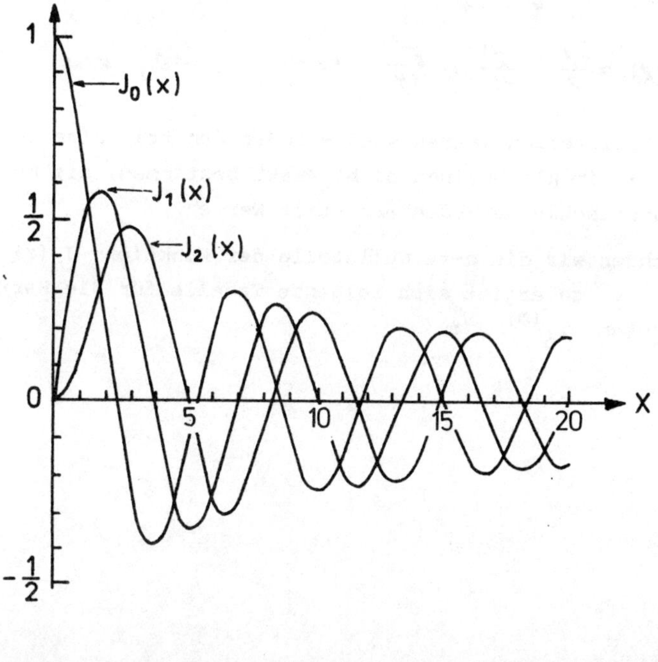

Nun können wir sofort die Lösungen unserer Differentialgleichung hinschreiben:

$$R_m(r,\varphi) = C_m J_m(kr)\sin(m\varphi+\delta).$$

Die Membran kann an ihrem Rand r=a nicht schwingen, d.h. die Randbedingung lautet

$$R(a,\varphi) = 0 \qquad \text{für alle } \varphi \quad .$$

Daraus erhalten wir die Bedingung

$$J_m(k\cdot a) = 0 \quad ,$$

aus der sich die Eigenfrequenzen bestimmen lassen. Dazu müssen wir die Nullstellen der Besselfunktion finden:

$$J_0(z) = 1 - \frac{z^2}{4} + \frac{z^4}{64} - + \dots \qquad = 0$$

$$J_1(z) = \frac{z}{2} - \frac{z^3}{16} + \frac{z^5}{384} - + \dots \qquad = 0, \quad \text{usw.}$$

Diese Nullstellen lassen sich - außer den trivialen für $z = 0$ - im allgemeinen nicht exakt bestimmen, sie müssen mit numerischen Methoden ermittelt werden.

Bezeichnen wir die n-te Nullstelle der Funktion $J_m(z)$ mit $z_n^{(m)}$, so ergibt sich folgende Tabelle für die Werte der ersten $z_n^{(m)}$:

n \ m	0	1	2	3	4	5
1	2.41	3.83	5.14	6.38	7.59	8.77
2	5.52	7.02	8.42	9.76	11.06	12.34
3	8.65	10.17	11.62	13.02	14.37	15.70
4	11.79	13.32	14.80	16.22	17.62	18.98
5	14.93	16.47	17.96	19.41	20.83	22.22
6	18.07	19.62	21.12	22.51	24.02	25.43
7	21.21	22.76	24.27	25.75	27.20	28.63
8	24.35	25.90	27.42	28.91	30.37	31.81
9	27.49	29.05	30.57	32.07	33.51	34.99

Tabelle 1: Nullstellen der Besselfunktionen

Brauchbare Näherungslösungen lassen sich auch erhalten, indem man die Aymptotik der Besselfunktionen für $z \to \infty$ betrachtet. Dann ist nämlich

$$J_m(z) \to \sqrt{\frac{2}{mz}} \cos\left(z - \frac{m\pi}{2} - \frac{\pi}{4}\right).$$

Auf einen Beweis verzichten wir hier, ein Blick auf den Kurvenverlauf der Besselfunktionen zeigt die enge Analogie mit der Cosinusfunktion für große Argumente.
Hieraus lassen sich Nullstellen gewinnen:

$$\cos\left(\bar{z}_n^{(m)} - \frac{m\pi}{2} - \frac{\pi}{4}\right) = 0$$

$$\Longrightarrow \bar{z}_n^{(m)} - \frac{m\pi}{2} - \frac{\pi}{4} = n\pi - \frac{\pi}{2}$$

$$\bar{z}_n^{(m)} = n\pi + \frac{m\pi}{2} - \frac{\pi}{4} = (4n+2m-1)\frac{\pi}{4} \quad .$$

Ein Vergleich zeigt, daß man besonders für n groß gegen m gute Werte als Näherung erhält:

	m = 0		m = 5	
	$z_n^{(0)}$	$\bar{z}_n^{(0)}$	$z_n^{(5)}$	$\bar{z}_n^{(5)}$
n = 1	2.41	2.36	8.77	10.21
n = 2	5.52	5.49	12.34	13.35
. . .	. . .	. . .	. . .	. . .
n = 9	27.49	27.49	34.99	35.34

Tabelle 2

Mit den exakten Lösungen $z_n^{(m)}$ ergibt sich die Randbedingung:

$$k_n^{(m)} \cdot a = z_n^{(m)}$$

$$k_n^{(m)} = \frac{1}{a} \cdot z_n^{(m)} \quad .$$

Für die Eigenfrequenzen finden wir:

$$\omega_n^{(m)} = k_n^{(m)} \cdot c = \frac{c}{a} \cdot z_n^{(m)} = \omega_o \cdot z_n^{(m)} \quad .$$

Unsere Tabelle 1 gibt also gleichzeitig die Werte für das Verhältnis $\omega_n^{(m)} / \omega_o$ an. Tragen wir alle diese Eigenfrequenzen auf einem Strahl auf, so ergibt sich folgendes Bild:

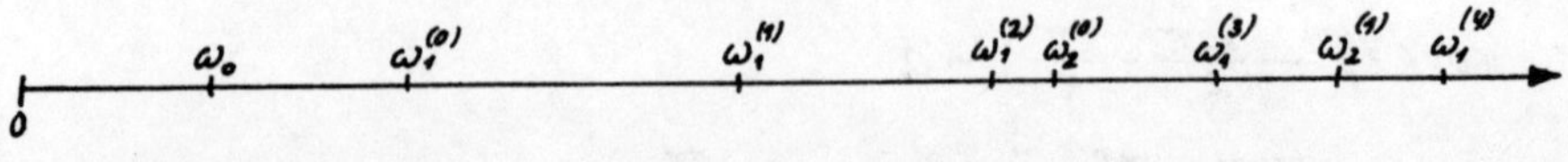

Die Abstände zwischen den einzelnen Eigenfrequenzen sind völlig regellos. Wir haben es also mit extrem anharmonischen Oberschwingungen zu tun. Dies ist auch der Grund, warum sich

Trommeln nur schlecht als Musikinstrumente eignen!

Die allgemeine Lösung der Schwingungsgleichung ist die Überlagerung der Normalschwingungen und lautet nun:

$$u(r,\varphi,t) = \sum_{m,n} C_n^{(m)} J_m(k_n^{(m)} r)\cdot \sin(m\varphi+\delta_m)\cdot \sin(\omega_n^{(m)} t + \vartheta_n^{(m)}) .$$

Die $C_n^{(m)}$ lassen sich dabei in Analogie zur Fourier-Analyse so finden, daß sich $u(r,\varphi,t)$ jeder vorgegebenen Anfangsbedingung $u(r,\varphi,0)$ oder $\dot{u}(r,\varphi,0)$ anpassen läßt.

Schließlich wollen wir uns noch einen Überblick über die Knotenlinien der schwingenden Membran verschaffen. In diesen Linien muß

$$u_{m,n}(r,\varphi) = C_n^{(m)} J_m(k_n^{(m)} r)\cdot \sin(m\varphi+\delta_m) = 0 \quad \text{sein} .$$

Dann erhalten wir Knotenlinien, wenn entweder gilt

$$J_m(k_n^{(m)}\, r) = 0 ,$$

das ist der Fall für $r = \dfrac{k_n^{(m)}}{z_i^{(m)}}$, $i = 1,2,\ldots, n-1$,

oder $\sin(m\varphi + \delta_m) = 0$,

also für Winkel $\varphi = \dfrac{\nu\pi - \delta_m}{m}$; $\nu = 1,2,\ldots, m$.

Für die ersten Knotenlinien erhalten wir folgende Bilder (mit $\delta_m = o$):

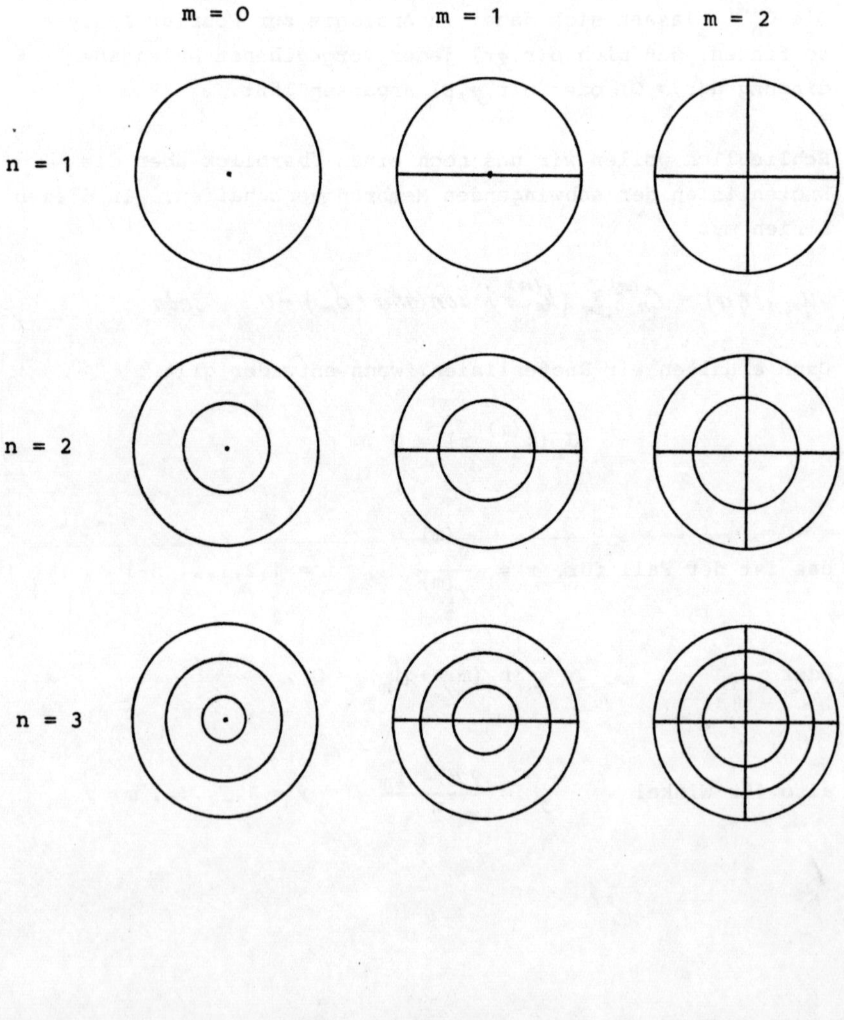

7. MECHANIK DER STARREN KÖRPER

7.1. Rotation um eine feste Achse

Wie wir bereits in Kapital 4 gesehen haben, hat ein starrer Körper sechs Freiheitsgrade, drei der Translation und drei der Rotation. Die allgemeinste Bewegung eines starren Körpers läßt sich in die Translation eines Körperpunktes und die Rotation um eine Achse durch diesen Punkt zerlegen (Satz von Chasle). Im allgemeinen Fall wird die Rotationsachse natürlich auch ihre Richtung verändern. Hier wird auch die Bedeutung der sechs Freiheitsgrade noch einmal klar: Die drei Translationsfreiheitsgrade geben die Koordinaten des einen Körperpunktes an, zwei der Rotationsfreiheitsgrade bestimmen die Richtung der Rotationsachse und der dritte den Drehwinkel um diese Achse.

Wird ein Punkt des starren Körpers festgehalten, so entspricht jede Auslenkung einer Drehung des Körpers um eine Achse durch diesen Fixpunkt (Satz von Euler). Es gibt also eine Achse (durch den Fixpunkt) derart, daß das Ergebnis mehrerer hintereinander durchgeführter Drehungen durch eine <u>einzige</u> Drehung um diese Achse ersetzt werden kann.

Bei einem ausgedehnten Körper ist das Verschwinden der Summe aller angreifenden Kräfte als Gleichgewichtsbedingung nicht mehr ausreichend.

Zwei entgegengesetzt gleiche Kräfte $-\vec{F}$ und $\vec{F}$, die an zwei Punkten eines Körpers mit dem Abstandsvektor $\vec{l}$ angreifen, bezeichnet man als Kräftepaar. Ein Kräftepaar bewirkt unabhängig vom Bezugspunkt das Drehmoment

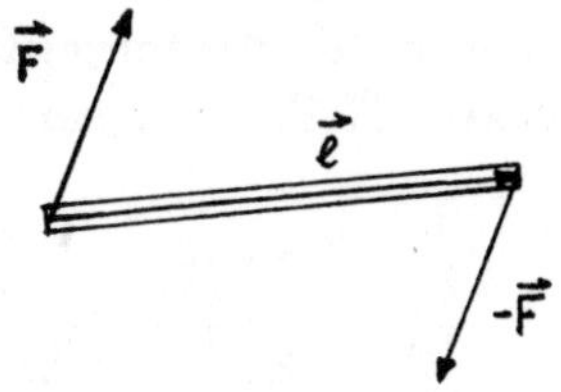

$$\vec{D} = \vec{l} \times \vec{F} .$$

Während das Drehmoment auf einen Massenpunkt immer auf einen festen Punkt bezogen ist, ist das Drehmoment des Kräftepaares völlig frei und im Raum verschiebbar.

Die an einem starren Körper angreifenden Kräfte können immer durch eine an einem beliebigen Punkt angreifende Gesamtkraft und ein Kräftepaar ersetzt werden.

Dies läßt sich leicht am Beispiel einer Kraft zeigen.

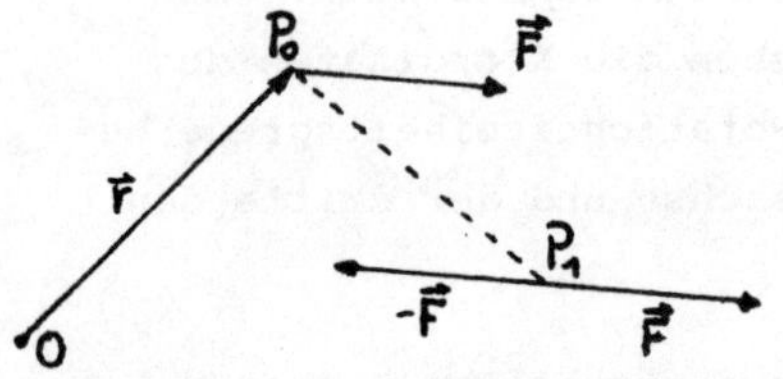

Im Punkt P_o greift die Kraft $\vec{F}$ an. Wir ändern nichts, wenn wir in P_1 die Kräfte $-\vec{F}$ und $\vec{F}$ wirken lassen. Die in P_o angreifende Kraft $\vec{F}$ und die in P_1 angreifende Kraft $-\vec{F}$ werden zum Kräftepaar zusammengefaßt, übrig bleibt die Kraft $\vec{F}$ in P_1.

Greifen mehrere Kräfte an, so fassen wir sie zur Resultierenden zusammen $\vec{F} = \sum_i \vec{F}_i$ Das Drehmoment ist dann gegeben durch $\vec{D} = \sum \vec{r}_i \times \vec{F}_i$.

Ein ausgedehnter Körper ist genau dann in Gleichgewicht, wenn Gesamtkraft und Gesamtmoment verschwinden.

$$\sum_i \vec{F}_i = 0 \quad \text{und} \sum_i \vec{r}_i \times \vec{F}_i = 0 \quad .$$

Bei der Berechnung der Gleichgewichtsbedingung ist der Punkt, von dem die Vektoren $\vec{r}_i$ ausgehen(Bezugspunkt der Momente), beliebig.

Trägheitsmoment

Ein starrer Körper dreht sich um eine räumlich fixierte Rotationsachse z.

Ersetzen wir in der kinetischen Energie die Geschwindigkeit durch die Winkelgeschwindigkeit $v_i = \omega \cdot r_i$,

so ergibt sich:

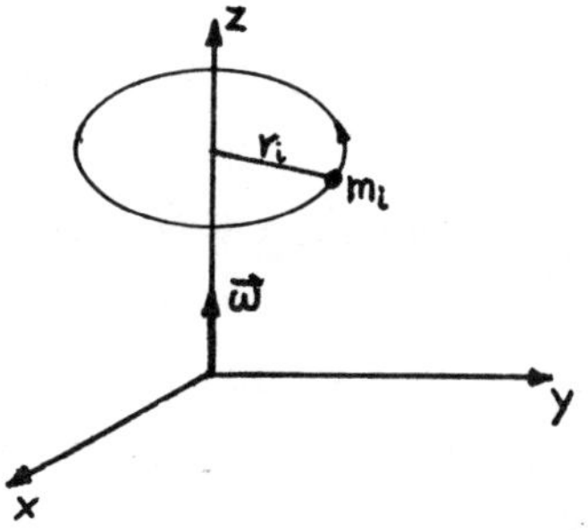

$$T = \sum_i \frac{1}{2} m_i v_i^2 = \frac{1}{2} \omega^2 \sum_i m_i r_i^2 = \frac{1}{2} \Theta \omega^2 .$$

Analog folgt für den Drehimpuls in z-Richtung:

$$L_z = \sum_i m_i r_i v_i = \omega \sum_i m_i r_i^2 = \Theta \omega .$$

Hierbei ist r_i der Abstand des i-ten Massenelementes von der z-Achse.

Die in beiden Beziehungen auftretende Summe bezeichnet man als das Trägheitsmoment bezüglich der Rotationsachse:

$$\Theta = \sum_i m_i r_i^2 .$$

Zur Berechnung der Trägheitsmomente ausgedehnter kontinuierlicher Systeme gehen wir von der Summe zum Integral über:

$$\Theta = \int_{\text{Körper}} r^2 \, dm = \int_{\text{Körper}} r^2 \varrho \, dV ,$$

wenn ϱ die Dichte angibt.

Bei einem räumlich ausgedehnten starren Körper, der um die z-Achse rotiert, können auch Komponenten des Drehimpuls senkrecht zur z-Achse auftreten:

$$\vec{L} = \sum_\nu m_\nu \vec{r}_\nu \times \vec{v}_\nu = \sum_\nu m_\nu \vec{r}_\nu (\vec{\omega} \times \vec{r}_\nu) = \sum_\nu m_\nu \omega (x_\nu, y_\nu, z_\nu) \times (-y_\nu, x_\nu, 0)$$

$$= \omega \sum_\nu (x_\nu y_\nu, y_\nu z_\nu, x_\nu^2 + y_\nu^2) m_\nu .$$

Da der Körper so gelagert ist, daß die Drehachse konstant festgehalten wird, treten in den Lagern Drehmomente (Lagermomente) $\vec{D} = \dot{\vec{L}}$ auf.

Beispiel:

11.1 Wir bestimmen das Trägheitsmoment eines homogenen Kreiszylinders der Dichte ϱ um seine Symmetrieachse. Dem Problem angepaßt, benutzen wir Zylinderkoordinaten. Das Volumenelement ist dann $dV = r\,dr\,d\varphi\,dz$ und $dm = \varrho\,dV$. Das Trägheitsmoment um die z-Achse lautet dann

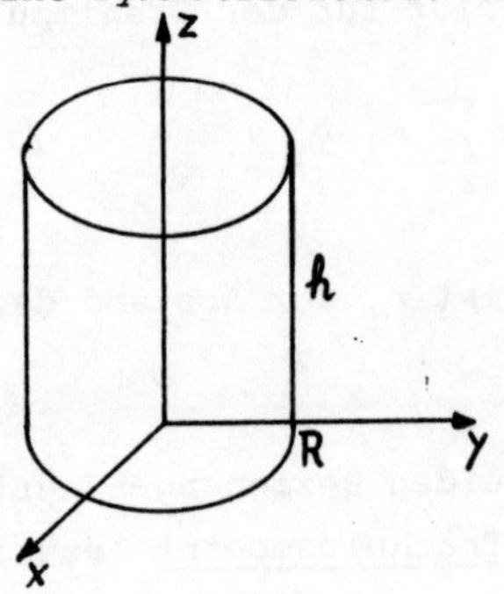

$$\Theta = \int_{\text{Zylinder}} r^2 dm = \varrho \int_0^{2\pi} d\varphi \int_0^h dz \int_0^R r^3 dr ,$$

die Integration über Winkel und z-Koordinate ergibt

$$\Theta = 2\pi h \varrho \int_0^R r^3 dr.$$

Integration über den Radius bringt:

$$\Theta = \frac{\pi}{2} h \varrho R^4 = \varrho \pi R^2 h \frac{R^2}{2} = \frac{1}{2} M R^2 .$$

Satz von S t e i n e r

Ist das Trägheitsmoment Θ_s für eine Achse durch den Schwerpunkt S eines starren Körpers bekannt, dann erhält man das Traägheitsmoment Θ für eine beliebige parallele Achse mit dem Abstand b vom Schwerpunkt durch die Beziehung

$$\Theta = \Theta_s + M\,b^2 \; .$$

Ist AB die Achse durch den Schwerpunkt und A'B' die dazu parallele, so läßt sich das folgendermaßen zeigen:

$$\Theta_{AB} = \sum_\nu m_\nu (\vec{r}_\nu \cdot \vec{e})^2 \, ,$$

$$\Theta_{A'B'} = \sum_\nu m_\nu (\vec{r}_\nu{}' \cdot (-\vec{e}))^2 \, .$$

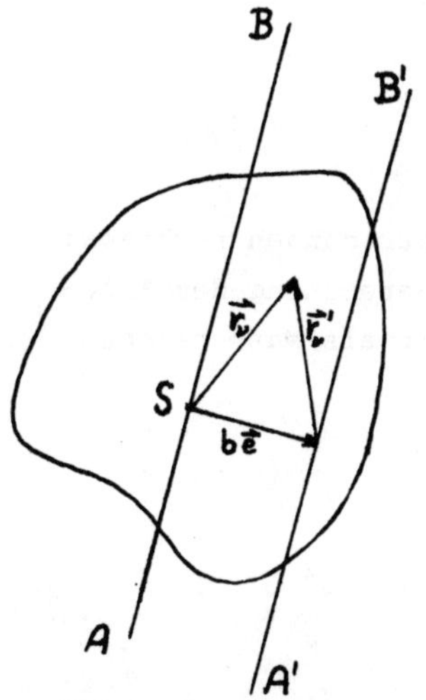

$$\vec{r}_\nu{}' = -b\vec{e} + \vec{r}_\nu$$

Der Zusammenhang zwischen $\vec{r}_\nu$ und $\vec{r}_\nu{}'$ ist durch die Skizze gegeben. Es gilt dann

$$\Theta_{A'B'} = \sum_\nu m_\nu (b - \vec{e}\,\vec{r}_\nu)^2$$

$$= b^2 \sum_\nu m_\nu - 2b \sum_\nu m_\nu \vec{e}\,\vec{r}_\nu + \sum_\nu m_\nu (\vec{e}\cdot\vec{r}_\nu)^2$$

$$= M b^2 + \Theta_{AB} \quad .$$

Der mittlere Term verschwindet, da

$$\sum_\nu m_\nu \vec{e}\cdot\vec{r}_\nu = \vec{e} \sum_\nu m_\nu \vec{r}_\nu = 0 \, ,$$

denn S ist der Schwerpunkt.

Sind bei einer <u>ebenen</u> Massenverteilung die Trägheitsmomente Θ_x, Θ_y in der x-y-Ebene bekannt, so gilt für das Trägheitsmoment Θ_z bezüglich der z-Achse

$$\Theta_z = \Theta_x + \Theta_y \,.$$

Ist $r_\nu = \sqrt{x_\nu^{\,2} + y_\nu^{\,2}}$ der Abstand des Massenelementes von der z-Achse, so gilt

$$\begin{aligned} \Theta_z &= \sum_\nu m_\nu \; r_\nu^{\,2} \\ &= \sum_\nu m_\nu \; x_\nu^{\,2} + \sum_\nu m_\nu \; y_\nu^{\,2} \,, \text{ d.h.} \end{aligned}$$

$$\Theta_z = \Theta_y + \Theta_x \,.$$

<u>Beispiel:</u>

11.2 Wir betrachten das Trägheitsmoment einer dünnen rechteckigen Scheibe der Dichte ϱ. Für die Berechnung des Trägheitsmomentes um die x-Achse nehmen wir als Massenelement $dm = \varrho \cdot a \cdot dy$. Es ergibt sich dann:

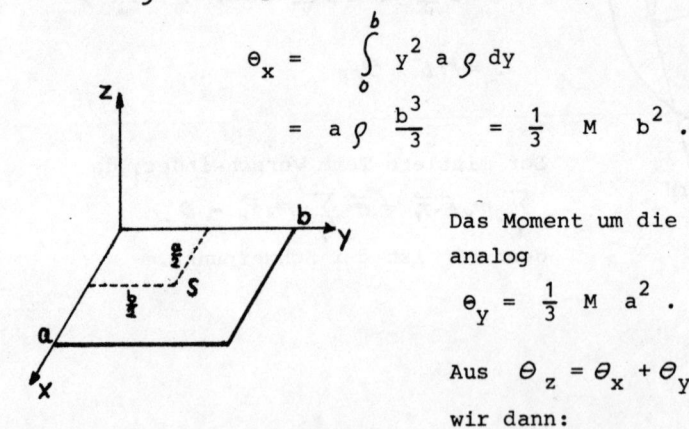

$$\begin{aligned} \Theta_x &= \int_0^b y^2 \, a \, \varrho \, dy \\ &= a \, \varrho \, \frac{b^3}{3} = \frac{1}{3} \; M \; b^2 \,. \end{aligned}$$

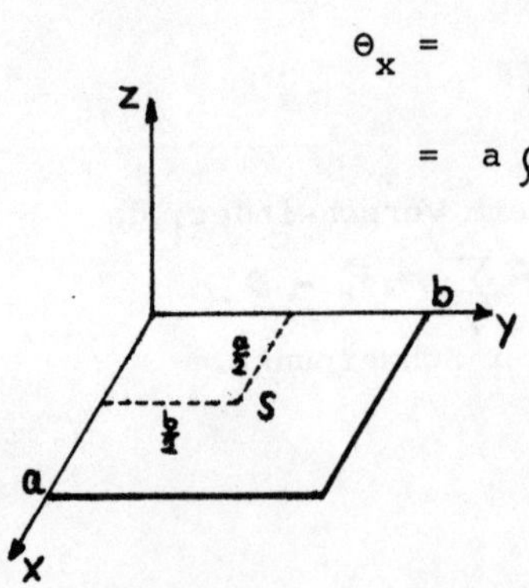

Das Moment um die y-Achse folgt analog

$$\Theta_y = \frac{1}{3} \; M \; a^2 \,.$$

Aus $\Theta_z = \Theta_x + \Theta_y$ erhalten wir dann:

$$\Theta_z = \frac{1}{3} \; M \, (a^2 + b^2) \,.$$

Das Trägheitsmoment um eine senkrechte Achse durch den Schwerpunkt bekommen wir nach dem Satz von Steiner aus dem Trägheitsmoment um die z-Achse:

$$\Theta_z = \Theta_s + M \left(\frac{1}{4} a^2 + \frac{1}{4} b^2\right) ,$$

$$\Theta_s = \Theta_z - \frac{M}{4} (a^2 + b^2) = M (a^2 + b^2) \left(\frac{1}{3} - \frac{1}{4} \right) ,$$

$$\Theta_s = \frac{M}{12} (a^2 + b^2) .$$

Das physikalische Pendel

Ein beliebiger starrer Körper mit dem Schwerpunkt S ist an einer Achse durch den Punkt P drehbar aufgehängt. Der Abstand $\overline{PS}$ ist $\vec{r}$. Weiterhin ist Θ_o das Trägheitsmoment des Körpers um eine horizontale Achse durch P, M die Gesamtmasse. Wird der Körper nun im Gravitationsfeld aus seiner Ruhelage ausgelenkt, so führt er Pendelbewegungen aus.

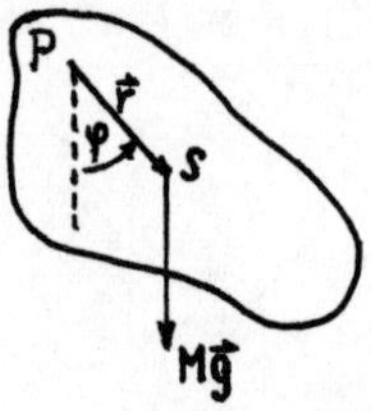

Bei einer Auslenkung wirkt das Drehmoment

$$\vec{D} = (\vec{r} \times \vec{g}) \cdot M = -a\, M\, g \sin\varphi \vec{k} \,,$$

wobei $\vec{k}$ ein Einheitsvektor ist, der in der Figur aus dem Blatt herauszeigt und $|\vec{r}| = a$. Die Winkelgeschwindigkeit ist dann

$$\vec{\omega} = + \vec{k} \frac{d\varphi}{dt} \,.$$

Aus der Beziehung $\vec{D} = \dot{\vec{L}} = \Theta_o \dot{\vec{\omega}}$ erhalten wir damit

$$a\, M\, g \sin\varphi = -\Theta_o \frac{d^2\varphi}{dt^2} \quad \text{oder} \quad \frac{d^2\varphi}{dt^2} + \frac{a\, M\, g}{\Theta_o} \sin\varphi = 0$$

Für kleine Auslenkungen ersetzen wir $\sin\varphi$ durch φ ; mit der Abkürzung $\Omega = \sqrt{aM\, g / \Theta_o}$ ergibt sich dann die Differentialgleichung:

$$\frac{d^2\varphi}{dt^2} + \Omega^2 \varphi = 0 \,,$$

mit der Lösung

$$\varphi = A \sin(\Omega t + \delta) \,.$$

So erhält man auch die Schwingungsdauer des physikalischen Pendels:

$$T = \frac{2\pi}{\Omega} = 2\pi \sqrt{\frac{\Theta_0}{Mag}} .$$

Da für das Fadenpendel (mathematisches Pendel) $T = 2\pi\sqrt{\frac{l}{g}}$ gilt, folgt, daß die beiden Schwingungsdauern gleich sind, wenn das Fadenpendel die Länge $l = \frac{\Theta_0}{Ma}$ hat.

Ersetzen wir das Trägheitsmoment Θ_0 durch das Trägheitsmoment Θ_s um den Schwerpunkt, so gilt nach dem Satz von Steiner: $T = T(a) = 2\pi\sqrt{\frac{\Theta_s + Ma^2}{Mag}} = 2\pi\sqrt{\frac{\Theta_s}{Mag} + \frac{a}{g}}$. Hieraus folgt, daß die Schwingungsdauer ein Minimum wird, wenn die Schwingungsachse den Abstand $a = \sqrt{\frac{\Theta_s}{M}}$ vom Schwerpunkt hat. Aus dieser Beziehung läßt sich experimentell das Trägheitsmoment Θ_s bestimmen.

<u>Aufgabe</u>

11.3 Gesucht ist das Trägheitsmoment einer Kugel um eine Achse durch ihren Mittelpunkt. Der Radius der Kugel ist a, die homogene Dichte ist ρ .

Wir benutzen Zylinderkoordinaten (r, φ, z). Die z-Achse ist die Rotationsachse. Dann gilt für das entsprechende Trägheitsmoment

$$\Theta = \rho \int_{\text{Kugel}} r^2 \, dV.$$

Der Mittelpunkt der Kugel liegt bei z = 0. Die Gleichung der Kugeloberfläche lautet dann

$$x^2+y^2+z^2 = a^2 \qquad \text{oder} \qquad r^2+z^2 = a^2 .$$

Schreiben wir die Integrationsgrenzen aus:

$$\Theta = \varrho \int_0^{2\pi} d\varphi \int_{-a}^{a} dz \int_0^{\sqrt{a^2-z^2}} r^3 dr$$

oder

$$\Theta = 2\pi\varrho \int_{-a}^{a} dz \left[\frac{1}{4} r^4\right]_0^{\sqrt{a^2-z^2}} = \frac{\pi}{2}\varrho \int_{-a}^{a} (a^2-z^2)^2 dz.$$

Die Integration über z ergibt:

$$\Theta = \pi a^5 \varrho \frac{8}{15} = \frac{4}{3}\pi a^3 \varrho \frac{2}{5} a^2.$$

Da die Gesamtmasse der Kugel durch $M = \frac{4}{3}\pi a^3 \varrho$ gegeben ist, folgt:

$$\Theta = \frac{2}{5} M a^2 .$$

11.4 Berechnen Sie das Trägheitsmoment eines homogen mit Masse erfüllten Würfels um eine seiner Kanten.
Sei ϱ die Dichte, s die Kantenlänge des Würfels. Dann ergibt sich ein Massenelement zu:

$$dm = \varrho dV = \varrho \, dx \, dy \, dz .$$

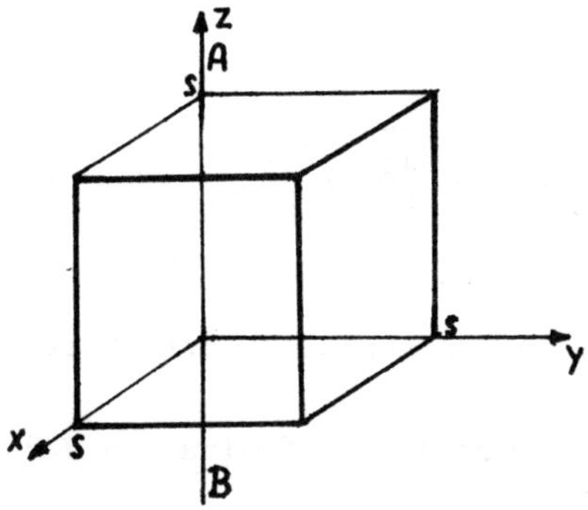

Das Trägheitsmoment um AB berechnet sich nun zu:

$$\Theta_{AB} = \varrho \int_0^s \int_0^s \int_0^s (x^2+y^2)\, dx\, dy\, dz = \frac{2}{3} \varrho\, s^5 = \frac{2}{3} M\, s^2 .$$

11.5 Ein Würfel der Kantenlänge s und der Masse M hänge vertikal von einer seiner Kanten herab. Finden Sie die Periode für kleine Schwingungen um die Gleichgewichtslage. Wie groß ist die Länge des äquivalenten Fadenpendels?

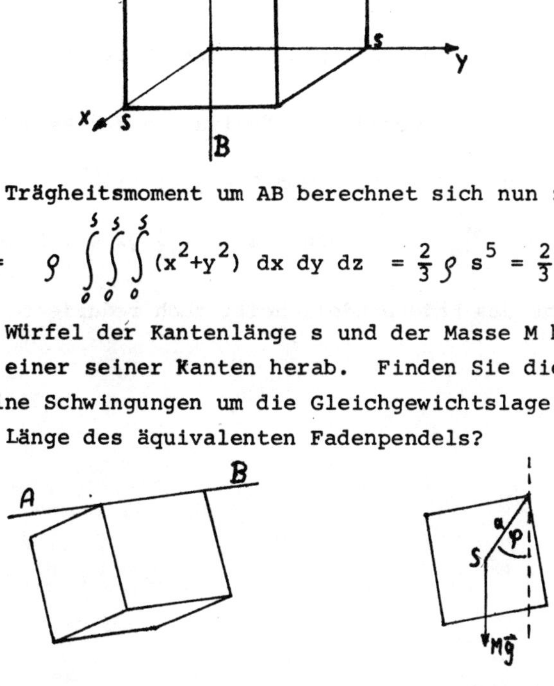

Das Trägheitsmoment des Würfels um AB war:

$$\Theta_{AB} = \frac{2}{3} M\, s^2.$$

Der Schwerpunkt liegt in der Mitte des Würfels, d.h. es gilt für den Abstand a des Schwerpunktes S von der Achse AB:

$$a = \frac{1}{2}\, s \sqrt{2} .$$

Die Bewegungsgleichung des physikalischen Pendels war nun für kleine Ausschlagwinkel:

$$\ddot{\varphi} + \frac{M g a}{\Theta_{AB}} \varphi = 0, \text{ mit der Kreisfrequenz } \omega = \sqrt{\frac{M g a}{\Theta_{AB}}}$$

und der Schwingungsdauer

$$T = \frac{2\pi}{\omega} = 2\pi\sqrt{\frac{\Theta_{AB}}{M\ g\ a}} = 2\pi\sqrt{\frac{2M\ s^2 \cdot 2}{3M\ g\ s\sqrt{2}}} = 2\pi\sqrt[4]{2}\sqrt{\frac{2\ s}{3\ g}}\ .$$

Die Länge des äquivalenten Fadenpendels berechnet sich durch:

$T = T' = 2\pi\sqrt{\frac{l}{g}}$, womit gerade die Äquivalenz der Pendel definiert wird. Durch Einsetzen von T ergibt sich

$2\pi\sqrt[4]{2}\sqrt{\frac{2}{3}\ \frac{s}{g}} = 2\pi\sqrt{\frac{l}{g}}$ oder aufgelöst $l = \frac{2}{3}\sqrt{2}\,s$. Diese

äquivalente Länge des Fadenpendels heißt auch reduzierte Pendellänge.

12. Rotation um einen Punkt

Die allgemeine Bewegung eines starren Körpers kann beschrieben werden als eine Translation und eine Rotation um einen Punkt des Körpers. Wird der Ursprung des körperfesten Koordinatensystems in den Schwerpunkt des Körpers gelegt, so läßt sich in allen praktischen Fällen eine Trennung der Schwerpunktsbewegung und der Rotationsbewegung erreichen.

Aus diesem Grund ist die Rotation eines starren Körpers um einen festen Punkt von besonderer Bedeutung.

Der Trägheitstensor

Betrachten wir zuerst den Drehimpuls eines starren Körpers, der mit der Winkelgeschwindigkeit $\vec{\omega}$ um den Fixpunkt O rotiert:

$$\vec{L} = \sum_{\nu} m_{\nu} (\vec{r}_{\nu} \times \vec{v}_{\nu}) = \sum_{\nu} m_{\nu} (\vec{r}_{\nu} \times (\vec{\omega} \times \vec{r}_{\nu}))$$

$$= \sum_{\nu} m_{\nu} (\vec{\omega} \vec{r}_{\nu}^{\,2} - \vec{r}_{\nu} (\vec{r}_{\nu} \cdot \vec{\omega}))$$ nach der Entwicklungsregel.

Wir zerlegen $\vec{r}_{\nu}$ und $\vec{\omega}$ in Komponenten und setzen ein

$$\vec{L} = \sum_{\nu} m_{\nu} \Big((x_{\nu}^2 + y_{\nu}^2 + z_{\nu}^2) (\omega_x, \omega_y, \omega_z) - (x_{\nu}\omega_x + y_{\nu}\omega_y + z_{\nu}\omega_z) (x_{\nu} , y_{\nu} , z_{\nu}) \Big).$$

Durch Ordnen nach Komponenten folgt

$$\vec{L} = \sum_{\nu} m_{\nu} \Big(((x_{\nu}^2 + y_{\nu}^2 + z_{\nu}^2)\omega_x - x_{\nu}^2 \omega_x - x_{\nu} y_{\nu} \omega_y - x_{\nu} z_{\nu} \omega_z) \vec{e}_x$$
$$+ ((x_{\nu}^2 + y_{\nu}^2 + z_{\nu}^2)\omega_y - y_{\nu}^2 \omega_y - x_{\nu} y_{\nu} \omega_x - z_{\nu} y_{\nu} \omega_z) \vec{e}_y$$
$$+ ((x_{\nu}^2 + y_{\nu}^2 + z_{\nu}^2)\omega_z - z_{\nu}^2 \omega_z - x_{\nu} z_{\nu} \omega_x - y_{\nu} z_{\nu} \omega_y) \vec{e}_z \Big) .$$

Für die Komponenten des Drehimpulses ergibt sich

$$L_x = \left(\sum_\nu m_\nu (y_\nu^2 + z_\nu^2)\right)\omega_x + \left(-\sum_\nu m_\nu x_\nu y_\nu\right)\omega_y + \left(-\sum_\nu m_\nu x_\nu z_\nu\right)\omega_z ,$$

$$L_y = \left(-\sum_\nu m_\nu x_\nu y_\nu\right)\omega_x + \left(\sum_\nu m_\nu (x_\nu^2 + z_\nu^2)\right)\omega_y + \left(-\sum_\nu m_\nu y_\nu z_\nu\right)\omega_z ,$$

$$L_z = \left(-\sum_\nu m_\nu x_\nu z_\nu\right)\omega_x + \left(-\sum_\nu m_\nu y_\nu z_\nu\right)\omega_y + \left(\sum_\nu m_\nu (x_\nu^2 + y_\nu^2)\right)\omega_z .$$

Für die einzelnen Summen führt man Abkürzungen ein und schreibt

$$L_x = \Theta_{xx}\omega_x + \Theta_{xy}\omega_y + \Theta_{xz}\omega_z ,$$

$$L_y = \Theta_{yx}\omega_x + \Theta_{yy}\omega_y + \Theta_{yz}\omega_z ,$$

$$L_z = \Theta_{zx}\omega_x + \Theta_{zy}\omega_y + \Theta_{zz}\omega_z ,$$

oder $$L_\mu = \sum_\nu \Theta_{\mu\nu}\,\omega_\nu$$

bzw. vektoriell $$\boxed{\vec{L} = \hat{\Theta}\,\vec{\omega}}$$

Die Größen $\Theta_{\mu\nu}$ sind die Elemente des Trägheitstensors $\hat{\Theta}$, der sich als 3 x 3 - Matrix schreiben läßt.

$$\hat{\Theta} = \begin{pmatrix} \Theta_{xx} & \Theta_{xy} & \Theta_{xz} \\ \Theta_{yx} & \Theta_{yy} & \Theta_{yz} \\ \Theta_{zx} & \Theta_{zy} & \Theta_{zz} \end{pmatrix}.$$

Die Elemente in der Hauptdiagonalen bezeichnet man als Trägheitsmomente, die übrigen als Deviationsmomente.
Die Matrix ist symmetrisch, d.h. es gilt $\Theta_{\nu\mu} = \Theta_{\mu\nu}$.
Der Trägheitstensor besitzt also 6 voneinander unabhängige Komponenten.
Ist die Masse kontinuierlich verteilt, so geht man von den Summationen bei der Berechnung der Matrixelemte zu Integrationen über. So ist z.B.

$$\Theta_{xy} = -\int_V \varrho(\vec{r})\, x\, y \;dV$$

$$\Theta_{xx} = \int_V \varrho(\vec{r})\,(y^2 + z^2)\, dV$$

wenn $\varrho(\vec{r})$ die ortsabhängige Dichte ist.

Wie aus ihrer Definition hervorgeht, sind die $\Theta_{\mu\nu}$ Konstanten, wenn ein körperfestes Koordinatensystem gewählt wird. Der Trägheitstensor ist jedoch von der Lage des Koordinatensystems relativ zum Körper abhängig und wird sich bei der Verschiebung des Ursprungs oder einer Änderung der Orientierung der Achse verändern.

Kinetische Energie eines rotierenden starren Körpers

Ganz allgemein ist die kinetische Energie eines Systems von Massenpunkten

$$T = \frac{1}{2}\sum_\nu m_\nu \; v_\nu^2 \;.$$

Wir zerlegen die Bewegung eines starren Körpers in die Translation eines Punktes und die Rotation um diesen Punkt, so gilt $\vec{v}_\nu = \vec{V} + \vec{\omega} \times \vec{r}_\nu$ und wir erhalten:

$$T = \frac{1}{2}\sum_\nu m_\nu \;(\vec{V} + \vec{\omega} \times \vec{r}_\nu)^2$$

$$= \frac{1}{2}\, M\, V^2 + \vec{V}\cdot(\vec{\omega} \times \sum_\nu m_\nu \vec{r}_\nu) + \frac{1}{2}\sum_\nu m_\nu(\vec{\omega} \times \vec{r}_\nu)^2 \;.$$

Bei dem ersten und dem letzten Term handelt es sich um reine Translations- bzw. Rotationsenergie. Der gemischte Term kann auf zwei verschiedene Arten zum Verschwinden gebracht werden. Ist ein Punkt festgehalten, so legen wir in ihn den Ursprung des körpereigenen Koordinatensystems, so daß $\vec{V} = 0$. Andernfalls wird der Ursprung in den Schwerpunkt gelegt, so daß

$$\sum_\nu m_\nu \vec{r}_\nu = 0 .$$

Wir betrachten nun die reine Rotationsenergie

$$T = \frac{1}{2}\sum_\nu m_\nu (\vec{\omega}\times\vec{r}_\nu)(\vec{\omega}\times\vec{r}_\nu) = \frac{1}{2}\sum_\nu m_\nu \vec{\omega}\cdot(\vec{r}_\nu\times(\vec{\omega}\times\vec{r}_\nu)) ,$$

$$= \frac{1}{2}\vec{\omega}\cdot\sum_\nu m_\nu (\vec{r}_\nu\times\vec{v}_\nu) = \frac{1}{2}\vec{\omega}\cdot\sum_\nu \vec{r}_\nu\times\vec{p}_\nu ,$$

$$\boxed{T = \frac{1}{2}\vec{\omega}\cdot\vec{L}.}$$

Wir können den Drehimpuls $L_\mu = \sum_\nu \Theta_{\mu\nu}\omega_\nu \; (\mu,\nu = 1,2,3)$ substituieren:

$$T = \frac{1}{2}\vec{\omega}\cdot\vec{L} = \frac{1}{2}\sum_\mu \omega_\mu \sum_\nu \Theta_{\mu\nu}\omega_\nu = \frac{1}{2}\sum_{\mu,\nu}\Theta_{\mu\nu}\omega_\mu\omega_\nu .$$

Ausgeschrieben lautet die Summe wegen $\Theta_{\nu\mu} = \Theta_{\mu\nu}$:

$$T = \frac{1}{2}(\Theta_{xx}\omega_x^2 + \Theta_{yy}\omega_y^2 + \Theta_{zz}\omega_z^2 + 2\Theta_{xy}\omega_x\omega_y + 2\Theta_{xz}\omega_x\omega_z + 2\Theta_{yz}\omega_y\omega_z) .$$

Benutzt man die Tensorschreibweise, so lautet die Rotationsenergie

$$T = \frac{1}{2}\vec{\omega}\cdot\hat{\Theta}\cdot\vec{\omega}.$$

Der Vektor $\vec{\omega}$ muß rechts des Tensors $\hat{\Theta}$ als Spaltenvektor und links als Zeilenvektor angegeben werden:

$$T = \frac{1}{2}(\omega_x, \omega_y, \omega_z)\,\hat{\Theta}\begin{pmatrix}\omega_x\\ \omega_y\\ \omega_z\end{pmatrix} .$$

Die Hauptträgheitsachsen

Die Elemente des Trägheitstensors hängen von der Lage des Ursprungs und der Orientierung des (körperfesten) Koordinatensystems ab. Es ist nun möglich, bei festem Ursprung das Koordinatensystem so zu orientieren, daß die Deviationsmomente verschwinden. Ein solches spezielles Koordinatensystem nennen wir Hauptachsensystem. Der Trägheitstensor besitzt dann bezüglich dieses Achsensystems Diagonalform:

$$\hat{\Theta} = \begin{pmatrix}\Theta_1 & 0 & 0\\ 0 & \Theta_2 & 0\\ 0 & 0 & \Theta_3\end{pmatrix} \text{oder} \quad \Theta_{\mu\nu} = \Theta_\mu\,\delta_{\mu\nu}. \qquad (1)$$

Für Drehimpuls und Rotationsenergie gelten im Hauptachsensystem die besonders einfachen Beziehungen

$$L_\mu = \sum_\nu \Theta_{\mu\nu}\,\omega_\nu = \sum_\nu \Theta_\mu\,\delta_{\mu\nu}\,\omega_\nu = \Theta_\mu\,\omega_\mu , \qquad (2)$$

$$T = \frac{1}{2}\vec{\omega}\cdot\vec{L} = \frac{1}{2}\sum_\mu \omega_\mu L_\mu = \frac{1}{2}\sum_\mu \Theta_\mu\,\omega_\mu^2 \qquad (3)$$

oder ausgeschrieben $T = \frac{1}{2}(\Theta_1\omega_1^2 + \Theta_2\omega_2^2 + \Theta_3\omega_3^2)$.

Im allgemeinen sind wegen der tensoriellen Beziehung $\vec{L} = \hat{\Theta}\vec{\omega}$ Drehimpuls und Winkelgeschwindigkeit verschieden gerichtet.

Rotiert der Körper um eine der Hauptträgheitsachsen, so sind nach (2) Drehimpuls $\vec{L}$ und Winkelgeschwindigkeit $\vec{\omega}$ gleichgerichtet. Diese Eigenschaft ermöglicht es, die Hauptachsen zu bestimmen.

Die aus der Verknüpfung der Beziehungen $\vec{L} = \hat{\Theta}\vec{\omega}$ ($\hat{\Theta}$ ist ein Tensor) und $\vec{L} = \Theta\vec{\omega}$ (Θ ist ein Skalar) entstehende Gleichung

$$\boxed{\hat{\Theta}\vec{\omega} = \Theta\vec{\omega}} \tag{4}$$

ist eine <u>Eigenwertgleichung</u>.

Alle Θ, die Gleichung (4) erfüllen, nennt man E i g e n w e r t e des Tensors $\hat{\Theta}$, die entsprechenden $\vec{\omega}$ sind E i g e n v e k t o r e n.

Gleichung (4) ist eine verkürzte Schreibweise für das Gleichungssystem:

$$\begin{aligned} \Theta_{xx}\omega_x + \Theta_{xy}\omega_y + \Theta_{xz}\omega_z &= \Theta\omega_x , \\ \Theta_{yx}\omega_x + \Theta_{yy}\omega_y + \Theta_{yz}\omega_z &= \Theta\omega_y , \\ \Theta_{zx}\omega_x + \Theta_{zy}\omega_y + \Theta_{zz}\omega_z &= \Theta\omega_z , \end{aligned} \tag{5}$$

oder

$$\begin{aligned} (\Theta_{xx}-\Theta)\omega_x + \Theta_{xy}\omega_y + \Theta_{xz}\omega_z &= 0 , \\ \Theta_{yx}\omega_x + (\Theta_{yy}-\Theta)\omega_y + \Theta_{yz}\omega_z &= 0 , \\ \Theta_{zx}\omega_x + \Theta_{zy}\omega_y + (\Theta_{zz}-\Theta)\omega_z &= 0 . \end{aligned} \tag{6}$$

Dieses System homogener linearer Gleichungen besitzt nichttriviale Lösungen, wenn seine Koeffizientendeterminante verschwindet:

$$\begin{vmatrix} \Theta_{xx}-\Theta & \Theta_{xy} & \Theta_{xz} \\ \Theta_{yx} & \Theta_{yy}-\Theta & \Theta_{yz} \\ \Theta_{zx} & \Theta_{zy} & \Theta_{zz}-\Theta \end{vmatrix} = 0 . \tag{7}$$

Die Entwicklung der Determinante führt auf eine Gleichung dritten Grades, die charakteristische Gleichung. Ihre drei Wurzeln sind die gesuchten Hauptträgheitsmomente (Eigenwerte) Θ_1, Θ_2 und Θ_3 .

Durch Einsetzen dieser Werte in das Gleichungssystem (4) läßt sich das Verhältnis $\omega_{ix} : \omega_{iy} : \omega_{iz}$ der Komponenten des Vektors $\vec{\omega}_i$ berechnen. Dadurch ist die Richtung der drei Hauptachsen bestimmt.

Da sich für jede mögliche Lage des körperfesten Koordinatensystems ein Trägheitstensor finden läßt, existiert auch in jedem Punkt des Körpers ein Hauptachsensystem. Die Richtungen dieser Achsen werden jedoch gewöhnlich nicht übereinstimmen.

Existenz und Orthogonalität der Hauptachsen

Prinzipiell wäre es möglich, daß die kubische Gleichung(7) zwei komplexe Lösungen besitzt. Wir haben daher zu beweisen, daß tatsächlich allgemein ein System orthogonaler Hauptachsen existiert.

Um eine abgekürzte Summationsschreibweise verwenden zu können, numerieren wir die Koordinaten (x=1, y=2, z=3) und bezeichnen sie mit lateinischen Buchstaben. Griechische Buchstaben sind Indizes für die drei verschiedenen Eigenwerte. Wir multiplizieren die Eigenwertgleichung (4) für Θ_λ mit dem Komplexkonjugierten von $\omega_{\mu i}$ und summieren über i .

Die Gleichung selbst lautet für die Komponente i:

$$\sum_K \Theta_{iK}\, \omega_{\lambda K} = L_{\lambda i} = \Theta_\lambda\, \omega_{\lambda i}. \tag{8}$$

Daraus ergibt sich:

$$\sum_{i,k} \Theta_{ik}\, \omega_{\lambda k}\, \omega^*_{\mu i} = \Theta_\lambda \sum_i \omega_{\lambda i}\, \omega_{\mu i}$$

$$= \Theta_\lambda\, \vec{\omega}_\lambda \cdot \vec{\omega}_\mu^{\,*} \tag{9}$$

Ebenso bilden wir das Komplexkonjugierte der (8) entsprechenden Gleichung für Θ_μ , multiplizieren mit $\omega_{\lambda k}$ und summieren über k:

$$\sum_i \Theta_{ki}\,\omega_{\mu i} = \Theta_\mu\,\omega_{\mu k}\ ,$$

$$\sum_i \Theta_{ki}^*\,\omega_{\mu i}^* = \Theta_\mu^*\,\omega_{\mu k}^*\ , \qquad (10$$

$$\sum_{ik} \Theta_{ki}^*\,\omega_{\mu i}^*\,\omega_{\lambda k} = \Theta_\mu^* \sum_k \omega_{\mu k}^*\,\omega_{\lambda k}\ ,$$

$$= \Theta_\mu^*\,\vec{\omega}_\mu^*\,\vec{\omega}_\lambda . \qquad (11)$$

Nun benutzen wir die Eigenschaft des Trägheitstensors reell und symmetrisch zu sein. Es gilt $\Theta_{ik} = \Theta_{ki} = \Theta_{ki}^*$ und die linken Seiten der Gleichungen (9) und (11) sind einander gleich. Wir subtrahieren:

$$(\Theta_\lambda - \Theta_\mu^*)\,\vec{\omega}_\lambda\,\vec{\omega}_\mu = 0 \qquad (12)$$

Diese Gleichung erlaubt zwei Schlüsse:

1. Setzt man $\lambda = \mu$, dann folgt für die Eigenwerte aus

$$(\Theta_\lambda - \Theta_\mu^*)\,\vec{\omega}_\lambda\,\vec{\omega}_\lambda = 0 \qquad (13)$$

die Beziehung $\Theta_\lambda = \Theta_\lambda^*$,

denn das Skalarprodukt zweier komplex konjugierter Größen ist positiv definit.

Damit ist bewiesen, daß Θ_λ reell ist; der Körper besitzt drei reelle Hauptachsen.

2. Jetzt betrachten wir den Fall $\lambda \neq \mu$:

Da alle Θ_ν und damit auch alle ω_ν reell sind, lautet (12):

$$(\Theta_\lambda - \Theta_\mu)\,\vec{\omega}_\lambda\,\vec{\omega}_\mu = 0 . \tag{14}$$

a) Ist $\Theta_\lambda \neq \Theta_\mu$, so folgt $\vec{\omega}_\lambda\,\vec{\omega}_\mu = 0$,

also sind $\vec{\omega}_\lambda$ und $\vec{\omega}_\mu$ orthogonal.

b) Gilt $\Theta_1 = \Theta_2 = \Theta$, sind also zwei der drei Eigenwerte gleich, so sind mit $\vec{\omega}_1$ und $\vec{\omega}_2$ auch alle Linearkombinationen dieser beiden Vektoren Eigenvektoren:

$$\vec{L}_1 = \Theta\,\vec{\omega}_1,\quad \vec{L}_2 = \Theta\,\vec{\omega}_2 \Rightarrow \vec{L}_1 + \vec{L}_2 = \Theta\,(\vec{\omega}_1 + \vec{\omega}_2) .$$

Wir können daher willkürlich zwei orthogonale Vektoren aus der so aufgespannten Ebene herausgreifen und als Hauptachsenrichtungen betrachten. Die dritte Hauptachse ist durch (14) senkrecht zu den beiden anderen festgelegt.

c) Wenn alle drei Trägheitsmomente gleich sind ($\Theta_1 = \Theta_2 = \Theta_3$), dann ist jeder beliebige orthogonale Achsensatz ein Hauptachsensystem.

Besitzt der Körper Rotationssymmetrie, so tritt Fall b) ein und die Rotationsachse ist Hauptachse. Auch bei anderen Arten von Symmetrie fallen Symmetrieachse und Hauptachse zusammen.

spiel:

2.1 Wir berechnen Trägheitstensor und Hauptträgheitsachsen eines massenbelegten Quadrats für einen Eckpunkt des Quadrats. Wie die Skizze zeigt, legen wir das Quadrat in die x-y-Ebene des Koordinatensystems.

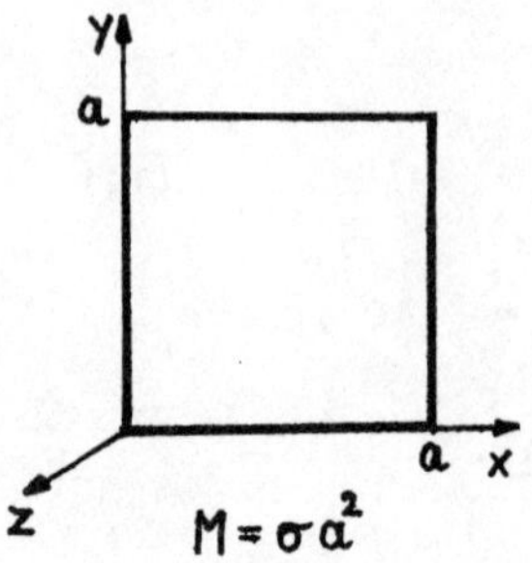

Die Komponenten des Trägheitstensors erhalten wir mit z=0 durch Integration über die Fläche:

$$\Theta_{xx} = \sigma \int_{y=0}^{a} \int_{x=0}^{a} y^2 \, dx \, dy = \frac{1}{3} M a^2 ,$$

$$\Theta_{yy} = \sigma \int_{y=0}^{a} \int_{x=0}^{a} x^2 \, dx \, dy = \frac{1}{3} M a^2 ,$$

$$\Theta_{zz} = \sigma \int_{y=0}^{a} \int_{x=0}^{a} (x^2+y^2) dx \, dy = \frac{2}{3} M a^2 .$$

Ebenso: $$\Theta_{xy} = \Theta_{yx} = -\sigma \int_{y=0}^{a} \int_{x=0}^{a} x\, y \, dx \, dy = -\frac{1}{4} M a^2 .$$

Die übrigen Deviationsmomente enthalten den Faktor z im Integranden und verschwinden daher: $\Theta_{yz}=\Theta_{zy}=\Theta_{xz}=\Theta_{zx}=0$.

Die Platte hat damit in dem gewählten Koordinatensystem folgenden Trägheitstensor:

$$\hat{\Theta} = \begin{pmatrix} \frac{1}{3} M a^2 & -\frac{1}{4} M a^2 & 0 \\ -\frac{1}{4} M a^2 & \frac{1}{3} M a^2 & 0 \\ 0 & 0 & \frac{2}{3} M a^2 \end{pmatrix} .$$

Jetzt berechnen wir die Hauptachsenrichtungen.

In Übereinstimmung mit dem beschriebenen Verfahren bestimmen wir zuerst die Eigenwerte des Trägheitstensors. Wir führen die Abkürzung $\Theta_o = M a^2$ ein. Damit erhalten wir die Determinante:

$$\begin{vmatrix} \frac{1}{3} \Theta_o - \Theta & -\frac{1}{4} \Theta_o & 0 \\ -\frac{1}{4} \Theta_o & \frac{1}{3} \Theta_o - \Theta & 0 \\ 0 & 0 & \frac{2}{3} \Theta_o - \Theta \end{vmatrix} = 0$$

oder $$(\Theta^2 - \frac{2}{3}\Theta_o\Theta + \frac{7}{144}\Theta_o^2)\,(\frac{2}{3}\Theta_o - \Theta) = 0 \quad .$$

Die Wurzeln dieser charakteristischen Gleichung

$$\Theta_1 = \frac{1}{12}\Theta_o \;;\quad \Theta_2 = \frac{7}{12}\Theta_o;\quad \Theta_3 = \frac{2}{3}\Theta_o$$

sind die Hauptträgheitsmomente in bezug auf den Ursprung des Koordinatensystems.

Für das Hauptträgheitsmoment Θ_ν ergibt sich die Achsenrichtung $\vec{\omega}_\nu$ aus der Eigenwertgleichung: $\hat{\Theta}\vec{\omega}_\nu = \Theta_\nu \vec{\omega}_\nu$.

Ausgeschrieben folgt für $\nu = 1$:

$$\begin{pmatrix} \frac{1}{3}\Theta_o & -\frac{1}{4}\Theta_o & 0 \\ -\frac{1}{4}\Theta_o & \frac{1}{3}\Theta_o & 0 \\ 0 & 0 & \frac{2}{3}\Theta_o \end{pmatrix} \begin{pmatrix} \omega_{1x} \\ \omega_{1y} \\ \omega_{1z} \end{pmatrix} = \frac{1}{12}\Theta_o \begin{pmatrix} \omega_{1x} \\ \omega_{1y} \\ \omega_{1z} \end{pmatrix} .$$

Durch Ausmultiplizieren erhalten wir eine Vektorgleichung, aufgeteilt in die drei Komponenten ergeben sich die drei Gleichungen:

$$\begin{aligned} \frac{1}{3}\Theta_o\,\omega_{1x} - \frac{1}{4}\Theta_o\omega_{1y} &= \frac{1}{12}\Theta_o\,\omega_{1x} \;, \\ -\frac{1}{4}\Theta_o\,\omega_{1x} + \frac{1}{3}\Theta_o\,\omega_{1y} &= \frac{1}{12}\Theta_o\,\omega_{1y} \;, \\ \frac{2}{3}\Theta_o\,\omega_{1z} &= \frac{1}{12}\Theta_o\,\omega_{1z} \;. \end{aligned}$$

Daraus folgt dann $\omega_{1y} = \omega_{1x}$, $\omega_{1z} = 0$ und somit die Richtung der ersten Hauptachse:

$$\frac{\vec{\omega}_1}{\omega_1} = \frac{1}{\sqrt{2}} \begin{pmatrix} 1 \\ 1 \\ 0 \end{pmatrix} .$$

Analog erhalten wir für die beiden anderen Richtungen:

$$\frac{\vec{\omega}_2}{\omega_2} = \frac{1}{\sqrt{2}}\begin{pmatrix}1\\-1\\0\end{pmatrix} \quad \text{und} \quad \frac{\vec{\omega}_3}{\omega_3} = \begin{pmatrix}0\\0\\1\end{pmatrix} .$$

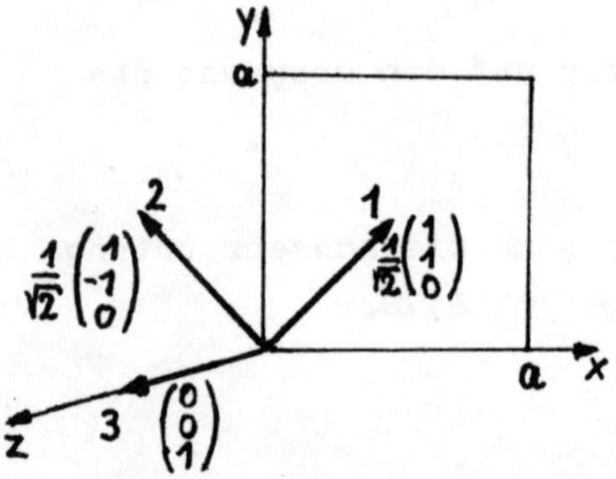

Man sieht sofort, daß die Hauptachsen orthogonal zueinander sind.

Transformation des Trägheitstensors

Wir untersuchen, wie sich die Elemente des Tensors $\hat{\Theta}$ bei Drehung des Koordinatensystems verhalten.
Die Transformation eines Vektors bei Drehung des Koordinatensystems wird beschrieben durch

$$\vec{x}' = A\vec{x} \quad \text{oder} \quad x'_i = \sum_j a_{ij}\, x_j \tag{15}$$

wobei die Komponenten a_{ij} der Drehmatrix A die Richtungskosinus zwischen gedrehten und alten Achsen sind. Die Umkehrung dieser Transformation ist

$$\vec{x} = A^{-1}\vec{x}' \quad \text{oder} \quad x_i = \sum_j a_{ji}\, x'_j \tag{16}$$

Die inverse Drehmatrix $(a_{ij})^{-1} = (a_{ji})$ wird einfach durch Vertauschung von Zeilen und Spalten (Transposition) gebildet, weil die Drehung eine orthogonale Transformation ist, bei der gilt

$$\sum_j a_{ij}\, a_{kj} = \delta_{ik} \quad \text{bzw.} \sum_i a_{ij}\, a_{ik} = \delta_{jk} . \tag{17}$$

Wir fordern für den Trägheitstensor, daß eine Vektorgleichung der Form

$$L_k = \sum_l \Theta_{kl} \omega_l \tag{18}$$

auch im gedrehten System besteht:

$$L_i' = \sum_j \Theta_{ij}' \omega_j' \quad . \tag{19}$$

Damit können wir das Transformationsverhalten des Tensors aus dem Verhalten der Vektoren bestimmen. Für die Vektoren $\vec{L}$ und $\vec{\omega}$ gilt die Transformationsgleichung (16). Ersetzen wir L_k und ω_l in Gleichung (18) durch die gestrichenen Größen, so ergibt sich:

$$\sum_l \Theta_{kl} \left(\sum_j a_{jl} \omega_j'\right) = \sum_j a_{jk} L_j' \quad .$$

Multiplikation mit a_{ik} und Summation über k liefert:

$$\begin{aligned} \sum_j \left(\sum_{k,l} a_{ik} a_{jl} \Theta_{kl}\right) \omega_j &= \sum_j \left(\sum_k a_{jk} a_{ik}\right) L_j' \\ &= \sum_j \delta_{ij} L_j' \\ &= L_i' \end{aligned} \tag{20}$$

Für die Komponenten von $\hat{\Theta}'$ folgt durch Vergleich mit (19)

$$\boxed{\Theta_{ij}' = \sum_{k,l} a_{ik} a_{jl} \Theta_{kl} .} \tag{21}$$

Diese Transformationsbeziehung ist der Grund für die Bezeichnung von $\hat{\Theta}$ als "Tensor". Allgemein definiert man als <u>Tensor m-ter Stufe</u> jede Größe, die sich bei orthogonalen Transformationen entsprechend der sinngemäß erweiterten Gleichung (21) (Summation über m Indizes) verhält. $\hat{\Theta}$ ist ein Tensor

2-ter Stufe, ein Vektor kann wegen (15) als Tensor 1-ter Stufe betrachtet werden, ein Skalar entsprechend als Tensor 0-ter Stufe.

Für den Trägheitstensor läßt sich (21) übersichtlicher in Matrizenschreibweise darstellen:

$$\boxed{\hat{\Theta}' = A\hat{\Theta}A^{-1}} \qquad (22)$$

Die Matrizen $A(A^{-1})$ reduzieren sich auf Zeilenvektoren (Spaltenvektoren), wenn wir nur das Trägheitsmoment um eine gegebene Achse aus dem Trägheitstensor bestimmen wollen. Gibt der Vektor $\vec{n}$ die Richtung der Achse an, so ist das zugehörige Trägheitsmoment

$$\Theta_{\vec{n}} = \vec{n}\cdot\hat{\Theta}\cdot\vec{n} \quad .$$

Das Trägheitsellipsoid

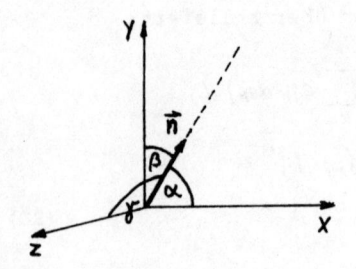

Wir geben eine Rotationsachse durch den Einheitsvektor $\vec{n}$ durch die Richtungscosinus aus: $\vec{n} = (\cos\alpha, \cos\beta, \cos\gamma)$. Das Trägheitsmoment Θ um diese Achse ergibt sich

dann aus

$$\Theta = (\cos\alpha, \cos\beta, \cos\gamma)\begin{pmatrix}\Theta_{xx} & \Theta_{xy} & \Theta_{xz}\\ \Theta_{xy} & \Theta_{yy} & \Theta_{yz}\\ \Theta_{xz} & \Theta_{yz} & \Theta_{zz}\end{pmatrix}\begin{pmatrix}\cos\alpha\\ \cos\beta\\ \cos\gamma\end{pmatrix} \quad .$$

Ausmultipliziert erhalten wir

$$\Theta = \Theta_{xx}\cos^2\alpha + \Theta_{yy}\cos^2\beta + \Theta_{zz}\cos^2\gamma + 2\Theta_{xy}\cos\alpha\cos\beta + 2\Theta_{xz}\cos\alpha\cos\gamma + 2\Theta_{yz}\cos\beta\cos\gamma \quad .$$

Definieren wir einen Vektor $\vec{\rho} = \vec{n}/\sqrt{\Theta}$ so können wir die Gleichung umformen zu

$$\Theta_{xx}\rho_x^2 + \Theta_{yy}\rho_y^2 + \Theta_{zz}\rho_z^2 + 2\Theta_{xy}\rho_x\rho_y + 2\Theta_{xy}\rho_x\rho_y$$
$$+ 2\Theta_{xz}\rho_x\rho_z + 2\Theta_{yz}\rho_y\rho_z = 1 \quad .$$

Diese Gleichung stellt in den Koordinaten (ρ_x, ρ_y, ρ_z) ein Ellipsoid, das sogenannte Trägheitsellipsoid dar.

Jedes Ellipsoid kann nun durch eine Drehung des Koordinatensystems in seine Normalform übergeführt werden, d.h. die gemischten Glieder können zum Verschwinden gebracht werden. Wir erhalten dann die Form des Trägheitsellipsoids

$$\Theta_1\rho_1^2 + \Theta_2\rho_2^2 + \Theta_3\rho_3^2 = 1.$$

Diese Transformation des Trägheitsellipsoids entspricht der Hauptachsentransformation des Trägheitstensors. Die Hauptträgheitsmomente geben die Achsenlängen des Ellipsoids an. Bei zwei gleichen Hauptträgheitsmomenten ist das Trägheitsellipsoid ein Rotationsellipsoid, bei drei gleichen eine Kugel.

ufgaben und Beispiele:

12.2 Der Trägheitstensor des massebelegten Quadrats in der x-y-Ebene lautete

$$\hat{\Theta} = \begin{pmatrix} \frac{1}{3}\Theta_o & -\frac{1}{4}\Theta_o & 0 \\ -\frac{1}{4}\Theta_o & \frac{1}{3}\Theta_o & 0 \\ 0 & 0 & \frac{2}{3}\Theta_o \end{pmatrix}.$$

Die Drehung des Koordinatensystems von $\varphi = \frac{\pi}{4}$ um die z-Achse muß Θ' auf Diagonalform bringen, da die Winkelhalbierenden der x-y-Ebene wie gezeigt Hauptachsen sind. Die entsprechende Drehmatrix ist

$$A = \begin{pmatrix} \cos\varphi & \sin\varphi & 0 \\ -\sin\varphi & \cos\varphi & 0 \\ 0 & 0 & 1 \end{pmatrix} = \begin{pmatrix} \frac{\sqrt{2}}{2} & \frac{\sqrt{2}}{2} & 0 \\ -\frac{\sqrt{2}}{2} & \frac{\sqrt{2}}{2} & 0 \\ 0 & 0 & 1 \end{pmatrix}.$$

Die Ausführung der Matrizenmultiplikation ergibt in Übereinstimmung mit dem früheren Ergebnis

$$\hat{\Theta}' = A\,\hat{\Theta}\,A^{-1} = \begin{pmatrix} \frac{1}{12}\Theta_o & 0 & 0 \\ 0 & \frac{7}{12}\Theta_o & 0 \\ 0 & 0 & \frac{2}{3}\Theta_o \end{pmatrix}.$$

12.3 Man bestimme die kinetische Energie eines homogenen Kreiskegels (Dichte ρ , Masse m, Höhe h, Öffnungswinkel 2α)

a) der auf einer Ebene rollt ;

b) dessen Basiskreis auf einer Ebene rollt, während seine Längsachse parallel zur Ebene verläuft und der Scheitel in einem Punkt fixiert ist.

Zur Berechnung des Trägheitstensors legen wir das Koordinatensystem so, daß die Längsachse mit dem Ursprung zusammenfällt.

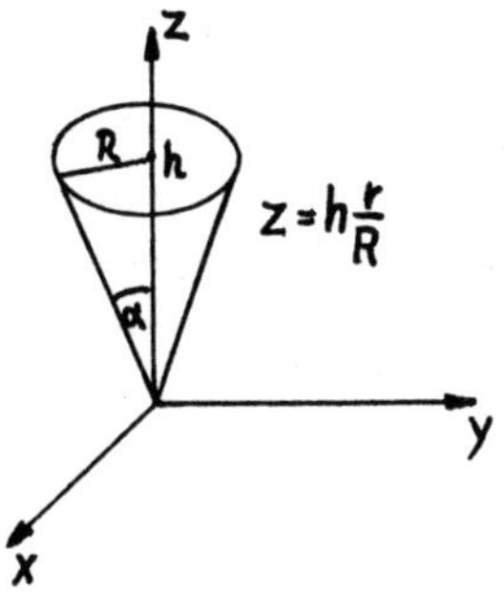

$$\Theta_{xx} = \varrho\int_V (y^2+z^2)\,dV = \varrho\iiint (r^2\sin^2\varphi + z^2)\, r\,dz\,dr\,d\varphi ,$$

$$= \varrho\int_0^{2\pi} d\varphi \int_0^R r\,dr \int_{h\frac{r}{R}}^{h} (r^2\sin^2\varphi + z^2)\,dz ,$$

$$= \varrho\frac{\pi}{20}\, h\, R^2 (R^2 + 4h^2) ,$$

$$\Theta_{xx} = \frac{3}{20}\, m\, h^2 (\tan^2\alpha + 4) .$$

$m = \frac{1}{3}\,\pi\, h\, R^2\varrho$

$R = h \tan\alpha$

Aus Symmetriegründen muß gelten:

$$\Theta_{yy} = \Theta_{xx} .$$

Ebenso gilt
$$\Theta_{zz} = \varrho\int_V (x^2+y^2)\,dV = \varrho\iiint r^3\,dz\,dr\,d\varphi ,$$

$$= \varrho\int_0^{2\pi} d\varphi \int_0^R r^3\,dr \int_{h\frac{r}{R}}^{h} dz = \frac{\pi}{10}\,\varrho\, h\, R^4 ,$$

$$\Theta_{zz} = \frac{3}{10}\, m\, h^2 \tan^2\alpha .$$

Da die Integrale über φ von $xy = r^2 \cos\varphi \sin\varphi$, $xz = rz \cos\varphi$, $yz = rz \sin\varphi$ mit den Grenzen 0 und 2π verschwinden, folgt $\Theta_{xy} = \Theta_{xz} = \Theta_{yz} = 0$. Das gewählte System ist ein Hauptachsensystem. Wir setzen also $\Theta_1 = \Theta_{xx} = \Theta_2$, $\Theta_3 = \Theta_{zz}$.

Zu a)

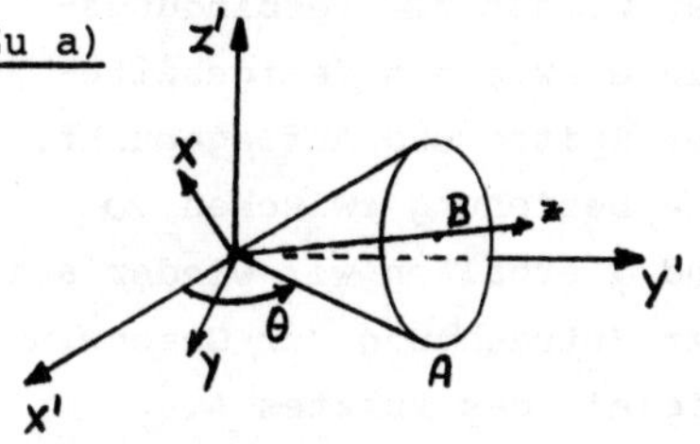

Die kinetische Energie lautet in der Hauptachsendarstellung

$$T = \frac{1}{2}\Theta_1\omega_1^2 + \frac{1}{2}\Theta_2\omega_2^2 + \frac{1}{2}\Theta_3\omega_3^2 .$$

Da wir die Hauptträgheitsachsen und -momente bereits kennen, müssen wir nur noch die Bewegung des Kegels durch die entsprechenden Winkelgeschwindigkeiten darstellen. Die momentane Drehung des Kegels findet mit der Winkelgeschwindigkeit $\vec{\omega}$ um seine Auflagelinie statt. Wir können $\vec{\omega}$ durch $\dot{\varphi}$ ausdrücken, wenn wir die Geschwindigkeit des Punktes A betrachten. Es gilt einerseits $v_A = \dot{\varphi}\, h \cdot \cos\alpha$ und andererseits $v_A = \omega \cdot R \cdot \cos\alpha$. Daraus ergibt sich

$$\omega = \dot{\varphi}\,\frac{h}{R} \quad .$$

Eine Zerlegung von $\vec{\omega}$ in das Hauptachsensystem, wie es in der Skizze angegeben ist, ergibt

$$\omega_3 = \omega \cos\alpha \quad \text{und} \quad \omega_1 = \omega \sin\alpha \quad .$$

Die Komponente ω_2 , die senkrecht auf dieser Ebene steht, verschwindet. Für die kinetische Energie erhalten wir somit:

$$T = \frac{1}{2}\,\frac{3}{20}\,m\,h^2 \left(\frac{R^2}{h^2} + 4\right) \omega^2 \cos^2\alpha + \frac{1}{2}\,\frac{3}{10}\,m\,h^2\,\frac{R^2}{h^2}\,\omega^2 \sin^2\alpha \ .$$

Ersetzen wir ω durch $\dot{\varphi}\frac{h}{R}$ und verwenden $\tan\alpha = \frac{R}{h}$, so ergibt sich mit einigen Umformungen

$$T = \frac{3}{40}\,m\,h^2\,\dot{\varphi}^2\,(1 + 5\cos^2\alpha)\ .$$

<u>Zu b)</u>

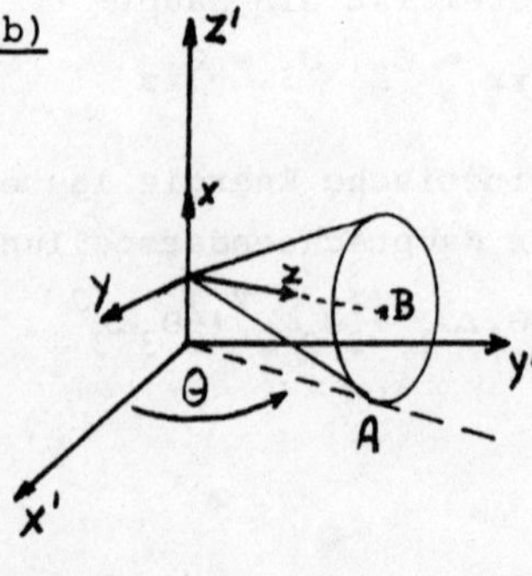

Die momentane Drehachse $\vec{\omega}$ ist wieder die Verbindungslinie zwischen festgehaltener Spitze und Auflagepunkt. Die Beziehung zwischen ω und $\dot{\varphi}$ erhalten wir wieder aus der Betrachtung der Geschwindigkeit des Punktes A.

Es gilt: $v_A = h \cdot \dot{\varphi}$ und $v_A = \omega \cdot R \cos\alpha$, daraus folgt $\omega = \frac{\dot{\varphi}}{\sin}$ (mit $\tan\alpha = \frac{R}{h}$).

Aus der Projektion von $\vec{\omega}$ auf die Hauptachsen ergibt sich:

$$\omega_1 = \omega \sin\alpha = \dot{\varphi} \quad ,$$

$$\omega_2 = 0 \quad ,$$

$$\omega_3 = \omega \cos\alpha = \dot{\varphi} \frac{h}{R} \quad .$$

Somit ist die kinetische Energie nach Umformungen

$$T = \frac{3}{40} m h^2 \dot{\varphi}^2 \left(6 + \frac{R^2}{h^2} \right) \quad .$$

12.4 Symmetrieachse als Hauptachse

Man zeige, daß eine n-fache Drehsymmetrieachse zugleich Hauptträgheitsachse ist und daß im Falle $n \geq 3$ die beiden anderen Hauptachsen in der Ebene senkrecht zur ersten frei gewählt werden können.

Besitzt ein Körper eine n-zählige Symmetrieachse, so muß der Trägheitstensor in zwei um $\varphi = \frac{2\pi}{n}$ gegeneinander gedrehten Koordinatensystemen gleich sein:

$$\hat{\Theta} = \hat{\Theta}' = A\ \hat{\Theta}\ A^{-1}$$

Wählen wir die z-Achse als Drehachse, so lautet die Drehmatrix

$$A = \begin{pmatrix} \cos\varphi & \sin\varphi & 0 \\ -\sin\varphi & \cos\varphi & 0 \\ 0 & 0 & 1 \end{pmatrix}$$

Multiplizieren wir die Matrizen aus, so folgen die Komponenten Θ'_{ij} des neuen Trägheitstensors, die mit den Θ_{ij} übereinstimmen sollen.

$$\left[\begin{aligned} \Theta'_{11} &= \Theta_{11} = \Theta_{11}\cos^2\varphi + \Theta_{22}\sin^2\varphi + 2\,\Theta_{12}\sin\varphi\cos\varphi \;, \\ \Theta'_{22} &= \Theta_{22} = \Theta_{11}\sin^2\varphi + \Theta_{22}\cos^2\varphi - 2\,\Theta_{12}\sin\varphi\cos\varphi \;, \\ \Theta'_{12} &= \Theta_{12} = -\Theta_{11}\cos\varphi\sin\varphi + \Theta_{22}\cos\varphi\sin\varphi + \Theta_{12}(1-2\sin^2\varphi) \;, \end{aligned}\right.$$

$$\left[\begin{aligned} \Theta'_{13} &= \Theta_{13} = +\Theta_{13}\cos\varphi + \Theta_{23}\sin\varphi \;, \\ \Theta'_{23} &= \Theta_{23} = \Theta_{13}\sin\varphi + \Theta_{23}\cos\varphi \;. \end{aligned}\right.$$

Die Determinate des Systems der beiden letzten Gleichungen

$$\begin{vmatrix} \cos\varphi - 1 & \sin\varphi \\ -\sin\varphi & \cos\varphi - 1 \end{vmatrix} = 2 \; (1 - \cos\varphi)$$

verschwindet nur für $\varphi = 0, 2\pi, \ldots$. Wenn also Symmetrie vorliegt ($n \geq 2$), dann muß gelten $\Theta_{13} = \Theta_{23} = 0$, d.h. die z-Achse muß eine Hauptachse sein.

Von den drei übrigen Gleichungen sind zwei identisch und es bleibt das Gleichungssystem

$$(\Theta_{22} - \Theta_{11}) \sin^2\varphi + 2\,\Theta_{12} \sin\varphi \cos\varphi = 0 \quad ,$$

$$(\Theta_{22} - \Theta_{11}) \cos\varphi \sin\varphi - 2\,\Theta_{12} \sin^2\varphi = 0 \quad .$$

Die Koeffizientendeterminante hat den Wert

$$D = -2 \sin^4\varphi - 2 \sin^2\varphi \cos^2\varphi = -2 \sin^2\varphi \quad .$$

Es gilt $D = 0$ für $\varphi = 0, \pi, 2\pi, \ldots$. Also ist $\Theta_{11} = \Theta_{22}$ und $\Theta_{12} = 0$, wenn $n > 2$. Ist die Symmetrieachse mindestens 3-zählig, dann besitzt der Trägheitstensor für jedes orthogonale Achsenpaar in der x-y-Ebene Diagonalform.

13. Kreiseltheorie

Der freie Kreisel

Einen starren, rotierenden Körper bezeichnen wir als Kreisel. Ein Kreisel heißt symmetrisch, wenn zwei seiner Hauptträgheitsmomente gleich sind. Ist z.B. $\Theta_1 = \Theta_2$, so unterscheiden wir weiter:

$\Theta_3 > \Theta_1$	oblater Kreisel oder abgeplatteter Kreisel, z.B. eine Scheibe
$\Theta_3 < \Theta_1$	prolater Kreisel oder Zigarrenkreisel, z.B. ein (länglicher) Zylinder
$\Theta_3 = \Theta_1$	Kugelkreisel, z.B. ein Würfel

Die dritte Hauptträgheitsachse, die sich auf Θ_3 bezieht, wird als Figurenachse bezeichnet. Sie kennzeichnet die Lage des Kreisels im Raum. Bei Rotationskörpern fällt sie mit deren Symmetrieachse zusammen; der Schwerpunkt eines Rotationskörpers liegt daher immer auf der Figurenachse.

Weiterhin müssen wir den freien Kreisel vom schweren Kreisel unterscheiden. Beim freien Kreisel macht man die Annahme, daß auf den Körper keine äußeren Kräfte einwirken, daß also das Drehmoment bezüglich des festgehaltenen Punktes verschwindet. Auf den schweren Kreisel wirken Kräfte ein, so z.B. die Schwerkraft. Es sind aber auch andere Kräfte denkbar (Zentrifugalkräfte, Reibungskräfte etc.) Zur experimentellen Verwirklichung eines freien Kreisels brauchen wir nur irgendeinen Körper im Schwerpunkt zu unterstützen. Der Körper befindet sich dann in einem indifferenten Gleichgewicht und es wirkt kein Drehmoment auf ihn ein.

Zur theoretischen Beschreibung des Kreisels gehen wir aus von den Grundgleichungen:

$$\vec{D} = 0 \Rightarrow \vec{L} = \text{const.}, \qquad (1)$$

(Erhaltung des Drehimpulses)

$$T = \frac{1}{2}\ \vec{\omega} \cdot \vec{L} = \text{const.} \qquad (2)$$

(Erhaltung der kinetischen Energie)

Geometrische Kreiseltheorie

Zunächst wollen wir die Gesetze, denen der freie Kreisel gehorcht, durch geometrische Überlegungen ableiten. Die geometrische Kreiseltheorie basiert auf dem Poinsotschen Ellipsoid:

$$\Theta_{xx}\omega_x^2 + \Theta_{yy}\omega_y^2 + \Theta_{zz}\omega_z^2 + 2\,\Theta_{xy}\omega_x\omega_y + \qquad (3)$$

$$+ 2\,\Theta_{xz}\omega_x\omega_z + 2\,\Theta_{yz}\omega_y\omega_z = 2\,T = \text{const.}$$

Dieses Ellipsoid erhält man sofort aus (2). Es ist dem gewöhnlichen Trägheitsellipsoid ähnlich und hat die gleichen körperfesten Achsen.

Wir werden in den folgenden Betrachtungen die Eigenschaft von (3) ausnutzen, daß der Endpunkt des Vektors $\vec{\omega}$ gerade auf der Oberfläche des Ellipsoids liegt.

Nun folgt die Poinsotsche Konstruktion der Bewegung des freien Kreisels. Der Drehimpulsvektor ist konstant und legt im Raum eine Richtung fest. Die durch $\vec{L}$ bestimmte Gerade heißt deshalb die invariable Gerade. Weiterhin ist die kinetische Energie konstant, also $2\,T = \vec{\omega} \cdot \vec{L} = \text{const}$; aus der Definition des Skalarproduktes folgt sofort

$$\cos\,(\vec{\omega},\vec{L}) = \text{const.} \qquad (4)$$

Mit anderen Worten: Die Projektion von $\vec{\omega}$ auf $\vec{L}$ ist konstant. Sieht man jetzt $\vec{\omega}$ als den Ortsvektor für Punkte im Raum an, so wird durch die Parameterdarstellung $\vec{\omega}(t)$ eine Ebene gegeben, die man als invariable Ebene bezeichnet. Die invariable Gerade steht dann senkrecht auf der invariablen Ebene.

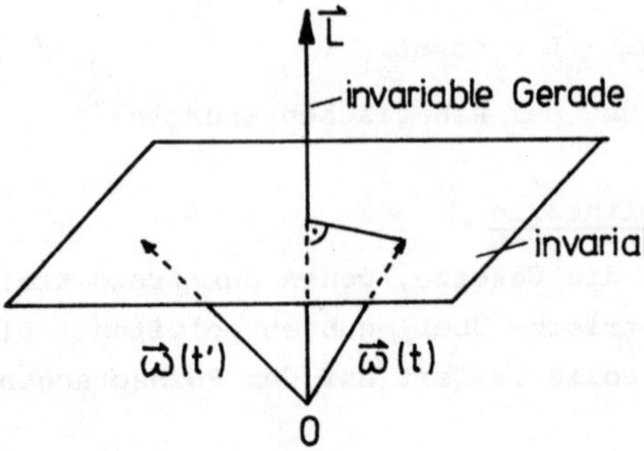

Man hat jetzt die Möglichkeit, die Bewegung des Kreisels durch das Abrollen des Poinsot-Ellipsoids auf der invariablen Ebene zu beschreiben. Dies ist zulässig, da der Endpunkt von $\vec{\omega}$, wie aus Gleichung (3) ersichtlich, auf der Oberfläche des Ellipsoids liegt und sich in der invariablen Ebene bewegt. Die invariable Ebene ist gleichzeitig Tangentialebene des Poinsot-Ellipsoids, da es nur ein $\vec{\omega}$ gibt, so daß Ellipsoid und Ebene einen Punkt gemeinsam haben. Um dies zu beweisen, zeigen wir, daß im Punkt $\vec{\omega}$ der Gradient der Ellipse parallel zu $\vec{L}$ ist. Aus der Vektoranalysis ist bekannt, daß der Gradient einer Fläche senkrecht auf dieser Fläche steht. Die Ellipsoid-Oberfläche F wird durch (3) beschrieben.

Wegen $\nabla F = \left(\frac{\partial F}{\partial \omega_x}, \frac{\partial F}{\partial \omega_y}, \frac{\partial F}{\partial \omega_z}\right)$

erhalten wir

$$\frac{1}{2}\nabla F = \begin{pmatrix} \theta_{xx}\omega_x + \theta_{xy}\omega_y + \theta_{xz}\omega_z \\ \theta_{xy}\omega_x + \theta_{yy}\omega_y + \theta_{yz}\omega_z \\ \theta_{xz}\omega_x + \theta_{yz}\omega_y + \theta_{zz}\omega_z \end{pmatrix} = \hat{\theta}\vec{\omega} = \vec{L},$$

d.h. grad F ist parallel zu $\vec{L}$ oder $F \perp \vec{L}$, somit ist F parallel zur invariablen Ebene.

Da der Mittelpunkt des Ellipsoids einen konstanten Abstand von der invariablen Ebene hat (siehe Gleichung (3)), kann man die Bewegung des Kreisels wie folgt beschreiben:

Das körperfeste Poinsot-Ellipsoid rollt ohne zu gleiten auf der invariablen Ebene, wobei der Mittelpunkt des Ellipsoids fest ist. Die momentane Größe der Winkelgeschwindigkeit ist dabei durch den Abstand Mittelpunkt - Berührungspunkt des Ellipsoids gegeben.

Daß das Ellipsoid rollt und nicht gleitet, folgt aus der Tatsache, daß alle Punkte längs der $\vec{\omega}$-Achse momentan in Ruhe sind, also auch der Berührungspunkt.

Die Bahn, die $\vec{\omega}$ auf der invariablen Ebene beschreibt, wird als die Herpolhodie oder als Spurbahn bezeichnet; die entsprechende Kurve auf dem Ellipsoid als Polhodie oder Polbahn. Dazu die folgende Skizze:

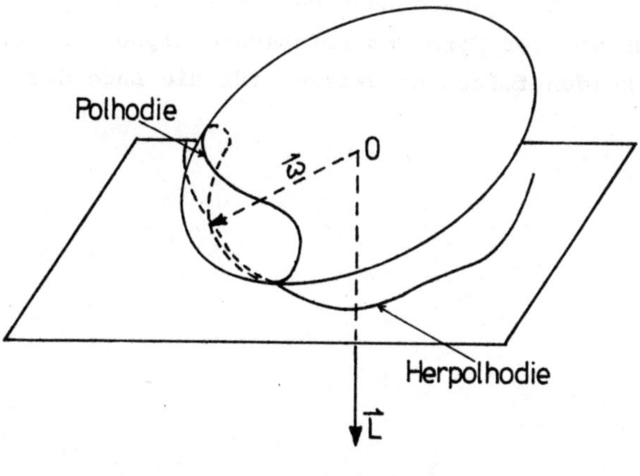

Im allgemeinen sind die Polhodie und die Herpolhodie verwickelte, nicht geschlossene Kurven. Für den Spezialfall eines symmetrischen Kreisels wird jedoch das Poinsot-Ellipsoid ein Rotationsellipsoid und beim Abrollen des Rotationsellipsoids entstehen Kreise. Dabei nimmt $\vec{\omega}$ einen konstanten Betrag an, ändert aber ständig die Richtung, d.h. $\vec{\omega}$ rotiert auf einem Kegel um die Drehimpulsachse. Dieser Kegel wird als Herpolhodie- oder Spurkegel bezeichnet. Bei einem symmetrischen Kreisel ist es sinnvoll, die Symmetrieachse (Figurenachse) als dritte Achse zur Beschreibung der Bewegung zu benutzen. Die Figurenachse, die mit dem Ellipsoid fest verbunden ist, rotiert wie $\vec{\omega}$ um $\vec{L}$. Der dabei entstehende Kegel wird als Nutationskegel bezeichnet. Die Bewegung der Figurenachse des Kreisels im Raum wird Nutation genannt (Die Bezeichnung "Präzession", die z.B. in der amerikanischen Literatur üblich ist, ist wenig sinnvoll, da als Präzession auch eine völlig anders entstehende Bewegung des schweren Kreisels bezeichnet wird).

Ein Beobachter, der sich im Kreiselsystem befindet und die Figurenachse als fest ansieht, wird feststellen, daß $\vec{\omega}$ und $\vec{L}$ um die Achse rotieren; für den Kegel, der durch die Rotation von $\vec{\omega}$ entsteht, führt man die Bezeichnung Polhodie- oder Polkegel ein. Die genaue Lage der Achsen und Kegel hängt wesentlich von der Form des Rotationsellipsoides ab. Das zeigen die beiden folgenden Skizzen für die Lage der Achsen.

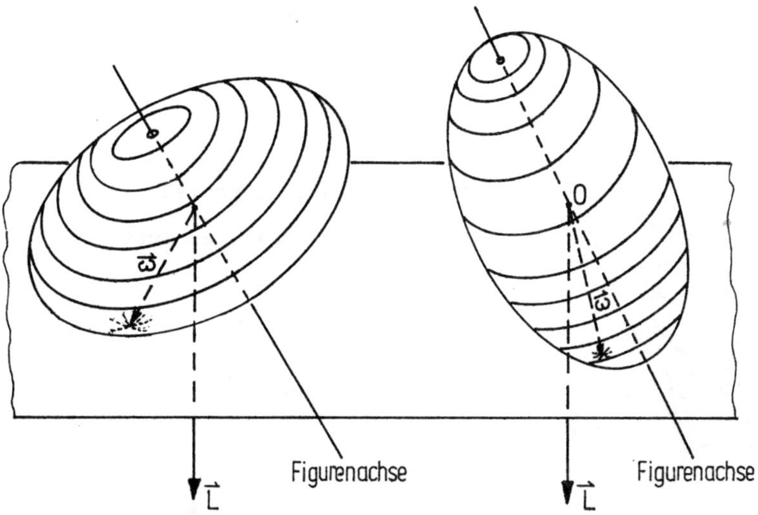

Fig. a) Fig. b)

Fig. a) zeigt das Ellipsoid eines abgeplatteten (oblaten) Kreisels, in Fig. b) ist ein länglicher (prolater) Kreisel dargestellt. Im ersten Fall liegen die Achsen in der Reihenfolge $\vec{\omega}$ - $\vec{L}$ - Figurenachse, im zweiten Fall $\vec{L}$ - $\vec{\omega}$ -Figurenachse.

Entsprechend liegen auch die Kegel, die wir oben eingeführt haben. Fig. c) zeigt den Fall eines oblaten Kreisels und Fig. d) den eines prolaten Kreisels.

Beim Betrachten der Kegel fällt auf, daß die drei Achsen in einer Ebene liegen.

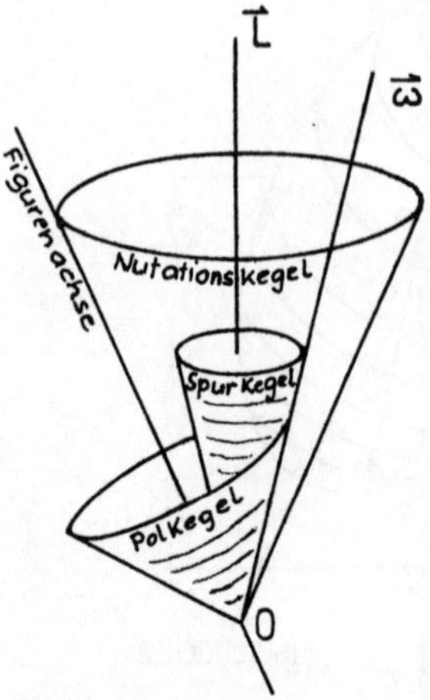

Fig. c) Oblater Kreisel

Der Polkegel rollt am Spurkegel innen ab.

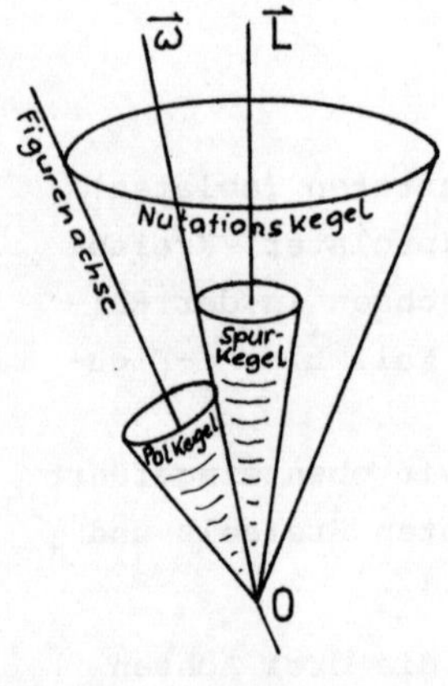

Fig. d) Prolater Kreisel

Der Polkegel rollt am Spurkegel außen ab.

Analytische Kreiseltheorie

Wir betrachten die Bewegung der Vektoren von Drehimpuls und Winkelgeschwindigkeit von einem Koordinatensystem aus, das im Kreisel fest verankert ist und sich mitbewegt. Für die Winkelgeschwindigkeit gilt dann:

$$\vec{\omega} = \omega_1 \vec{e}_1 + \omega_2 \vec{e}_2 + \omega_3 \vec{e}_3 \quad ,$$

wobei $\vec{e}_1$, $\vec{e}_2$ und $\vec{e}_3$ körperfeste Hauptachsen des Kreisels sind. Nun untersuchen wir die Bewegung des Kreisels nicht mehr vom bewegten Koordinatensystem, sondern transformieren unter Verwendung unserer bereits erworbenen Kenntnisse über bewegte Koordinatensysteme ins Kreiselsystem, das ja mit $\vec{\omega}$ im Laborsystem rotiert und erhalten

$$\dot{\vec{L}}\Big|_{Lab.} = \dot{\vec{L}}\Big|_{Kreisel} + \vec{\omega} \times \vec{L} \quad .$$

Wegen $\dot{\vec{L}} = \Theta\dot{\vec{\omega}}$ ergeben sich für die Komponenten des Laborsystems

$$\dot{\vec{L}}\Big|_{Lab.} = \Theta_1\dot{\omega}_1\vec{e}_1 + \Theta_2\dot{\omega}_2\vec{e}_2 + \Theta_3\dot{\omega}_3\vec{e}_3 + \begin{vmatrix} \vec{e}_1 & \vec{e}_2 & \vec{e}_3 \\ \omega_1 & \omega_2 & \omega_3 \\ \Theta_1\omega_1 & \Theta_2\omega_2 & \Theta_3\omega_3 \end{vmatrix} .$$

Nach den Komponenten $\vec{e}_1$, $\vec{e}_2$ und $\vec{e}_3$ aufgelöst und zusammengefaßt, ergibt

$$\begin{aligned} \dot{\vec{L}}\Big|_{Lab.} = \; & (\Theta_1\dot{\omega}_1 + \Theta_3\omega_2\omega_3 - \Theta_2\omega_2\omega_3)\;\vec{e}_1 \;+ \\ & (\Theta_2\dot{\omega}_2 + \Theta_1\omega_1\omega_3 - \Theta_3\omega_1\omega_3)\;\vec{e}_2 \;+ \\ & (\Theta_3\dot{\omega}_3 + \Theta_2\omega_1\omega_2 - \Theta_1\omega_1\omega_2)\;\vec{e}_3 \;. \end{aligned}$$

Da das Laborsystem ein Inertialsystem ist, gilt dort die Beziehung

$$\dot{\vec{L}} = \vec{D} \; .$$

Das Drehmoment wird wieder durch die körperfesten Koordinaten ausgedrückt und wir erhalten

$$\dot{\vec{L}}\Big|_{Lab} = D_1\vec{e}_1 + D_2\vec{e}_2 + D_3\vec{e}_3 \; .$$

Somit ergeben sich die Eulerschen Gleichungen

$$\boxed{\begin{aligned} D_1 &= \Theta_1\dot{\omega}_1 + (\Theta_3 - \Theta_2)\,\omega_2\omega_3 \,, \\ D_2 &= \Theta_2\dot{\omega}_2 + (\Theta_1 - \Theta_3)\,\omega_1\omega_3 \,, \\ D_3 &= \Theta_3\dot{\omega}_3 + (\Theta_2 - \Theta_1)\,\omega_1\omega_2 \,. \end{aligned}} \qquad (5)$$

Wir legen das körperfeste Koordinatensystem so, daß die $\vec{e}_3$-Achse der Figurenachse entspricht. Da wir uns bei der analytischen Betrachtung der Kreiseltheorie auf einen freien Kreisel beschränken wollen, der symmetrisch zur Figurenachse sein soll, gelten folgende Bedingungen:

$$\dot{\vec{L}}_{Lab} = \vec{D} = 0, \quad \text{d.h. } D_1 = D_2 = D_3 = 0, \quad \text{und } \Theta_1 = \Theta_2 \quad .$$

Wir zeigen, daß $\vec{e}_3$, $\vec{\omega}$ und $\vec{L}$ für einen symmetrischen Kreisel in einer Ebene liegen. Dazu ist das Spatprodukt der drei Vektoren zu bilden, das verschwinden muß:

$$\vec{e}_3 \cdot (\vec{\omega} \times \vec{L}) = \vec{e}_3 \cdot \begin{vmatrix} \vec{e}_1 & \vec{e}_2 & \vec{e}_3 \\ \omega_1 & \omega_2 & \omega_3 \\ \Theta_1\omega_1 & \Theta_2\omega_2 & \Theta_3\omega_3 \end{vmatrix} = (\Theta_2 - \Theta_1)\omega_1\omega_2 = 0 \,,$$

wegen $\Theta_1 = \Theta_2$.

Mit den Bedingungen für den freien symmetrischen Kreisel lauten die Eulerschen Gleichungen

$$\begin{aligned} \Theta_3\dot{\omega}_3 &= 0 \Rightarrow \omega_3 = \text{const.} \quad , \\ \Theta_1\dot{\omega}_1 + (\Theta_3 - \Theta_1)\omega_2\omega_3 &= 0 \quad , \\ \Theta_1\dot{\omega}_2 + (\Theta_1 - \Theta_3)\omega_1\omega_2 &= 0 \quad . \end{aligned}$$

Die Komponente von $\vec{\omega}$ in Richtung der Figurenachse ist also konstant; um dies bei der weiteren Rechnung zu verdeutlichen, setzen wir

$$\omega_3 = u.$$

Um nun die beiden Differentialgleichungen zu lösen, differenzieren wir die zweite Gleichung nach der Zeit:

$$\Theta_1\ddot{\omega}_1 + (\Theta_3 - \Theta_1)u\,\dot{\omega}_2 = 0\,,$$

$$\Theta_1\dot{\omega}_2 + (\Theta_1 - \Theta_3)u\,\omega_1 = 0\,.$$

Durch Auflösen der letzten Gleichung nach $\dot{\omega}_2$ und Einsetzen in die erste erhalten wir

$$\ddot{\omega}_1 + \frac{(\Theta_3 - \Theta_1)^2}{\Theta_1^2}\,u^2\omega_1 = 0\,.$$

Diese Form der Differentialgleichung ist uns jedoch schon bekannt, denn setzt man für

$$\frac{\Theta_3 - \Theta_1}{\Theta_1}\,u = k$$

so ist $\ddot{\omega}_1 + k^2\omega_1 = 0$ genau die Differentialgleichung des harmonischen Oszillators, die durch

$$\omega_1 = B\sin kt + C\cos kt$$

gelöst wird. Unter Berücksichtigung der Anfangsbedingungen $\omega_1(t = 0) = 0$ ist $\omega_1 = B\sin kt$, bzw. aus der zweiten Gleichung $\omega_2 = -B\cos kt$.

Das Ergebnis besagt, daß vom Kreiselsystem aus gesehen, ω einen Kreis um die Figurenachse beschreibt:

$$\vec{\omega} = B\left(\sin kt\, \vec{e}_1 - \cos kt\, \vec{e}_2\right) + u\, \vec{e}_3 \ .$$

Die Drehfrequenz ist dabei durch k gegeben; für $k>0$ erfolgt die Rotation im mathematisch positiven Drehsinn. Der bei der Rotation entstehende Kegel wird wieder Polkegel genannt. Der Drehimpuls, der durch $\vec{L} = \hat{\Theta}\vec{\omega}$ gegeben ist, erfährt ebenfalls eine zeitliche Änderung.

$$\vec{L} = \Theta_1 B \sin kt\, \vec{e}_1 - \Theta_1 B \cos kt\, \vec{e}_2 + \Theta_3 u\, \vec{e}_3 \ ,$$

d.h. die $\vec{L}$-Achse rotiert mit der gleichen Frequenz k, aber mit anderer Amplitude um die Figurenachse (Nutation). Dies ist kein Widerspruch zur Aussage $\vec{L}_{Lab}$=const, da wir den Drehimpuls vom Kreiselsystem aus messen.

Schließlich lassen sich die Winkel zwischen den drei Achsen bestimmen. Wir setzen

$$\sphericalangle(\vec{e}_3, \vec{L}) = \alpha \quad \sphericalangle(\vec{e}_3, \vec{\omega}) = \beta \ .$$

Wir multiplizieren $\vec{e}_3$ und $\vec{L}$ skalar, dies ergibt

$$\vec{e}_3 \vec{L} = L \cos\alpha = \sqrt{(\Theta_1 B)^2 + (\Theta_3 u)^2}\, \cos\alpha \ ,$$

bzw.

$$\vec{e}_3 \vec{L} = \vec{e}_3\, (\Theta_1\omega_1\vec{e}_1 + \Theta_2\omega_2\vec{e}_2 + \Theta_3\omega_3\vec{e}_3) = \Theta_3\omega_3 = \Theta_3 u \ .$$

Durch Gleichsetzen der beiden Gleichungen folgt

$$\cos\alpha = \frac{\Theta_3 u}{\sqrt{(\Theta_1 B)^2 + (\Theta_3 u)^2}} = \frac{1}{\sqrt{\left(\frac{\Theta_1 B}{\Theta_3 u}\right)^2 + 1}}$$

oder

$$\sqrt{\left(\frac{\Theta_1 B}{\Theta_3 u}\right)^2 + 1} \cdot \cos\alpha = 1.$$

Durch Koeffizientenvergleich mit der trigometrischen Formel

$$\cos x \sqrt{\tan^2 x + 1} = 1$$

finden wir, daß $\tan\alpha = \Theta_1 B/\Theta_3 u = \text{const.}$.

Führt man die gleiche Rechnung für $\vec{e}_3\vec{\omega}$ durch, so errechnet sich β zu

$$\tan\beta = B/u = \text{const.}\ ,$$

Der Vergleich der letzten beiden Ergebnisse zeigt die Abhängigkeit der Lage der Achsen von Θ_1 und Θ_3: Es ist $\tan\alpha/\tan\beta = \Theta_1/\Theta_3$, woraus folgt:

1) $\Theta_1 > \Theta_3$ (prolater Kreisel) $\Rightarrow$ $\alpha > \beta$ für $\alpha, \beta < \frac{\pi}{2}$
Reihefolge der Achsen: $\vec{e}_3 - \vec{\omega} - \vec{L}$,

2) $\Theta_1 < \Theta_3$ (oblater Kreisel) $\Rightarrow$ $\alpha < \beta$ für $\alpha, \beta < \frac{\pi}{2}$
Reihefolge der Achsen: $\vec{e}_3 - \vec{L} - \vec{\omega}$,

3) $\Theta_1 = \Theta_3$ (Kugelkreisel) $\Rightarrow$ $\alpha = \beta$ für $\alpha, \beta < \pi$
$\vec{\omega}$ liegt auf der $\vec{L}$-Achse.

Zu 3) ist anzumerken, daß für den Kugelkreisel $k = a(\Theta_3 - \Theta_1) / L_1 = 0$ gilt wegen $\Theta_1 = \Theta_3$. Das Ergebnis $\alpha = \beta$ hätten wir auch aus

$$\vec{\omega} \times \vec{L} = \vec{\omega} \times \Theta\vec{\omega} = 0 \quad \text{wegen} \quad \Theta = \begin{pmatrix} \Theta_1 & 0 & 0 \\ 0 & \Theta_1 & 0 \\ 0 & 0 & \Theta_1 \end{pmatrix}$$

ableiten können.

Aufgaben und Beispiele:

13.1 Nutation der Erde

Die Erde ist kein Kugelkreisel, sondern ein abgeplattetes Rotationsellipsoid. Die Halbachsen sind

$$a = b = 6378 \text{ km (Äquator) und } c = 6357 \text{ km.}$$

Wenn Drehimpulsachse und Figurenachse nicht zusammenfallen, führt die Figurenachse Nutationen um die Drehimpulsachse aus. Die Winkelgeschwindigkeit der Nutationen beträgt

$$k = \frac{\Theta_3 - \Theta_1}{\Theta_1}\,\omega_3 \quad .$$

Die Achse 3 ist die Hauptträgheitsachse (Polachse). Betrachten wir die Erde als homogenes Ellipsoid der Masse M, so erhalten wir die beiden Trägheitsmomente:

$$\Theta_1 = \Theta_2 = \frac{M}{5}\,(b^2 + c^2) \ , \quad \Theta_3 = \frac{M}{5}\,(a^2 + b^2) \quad .$$

Damit ergibt sich

$$k = \frac{a^2 - c^2}{b^2 + c^2}\,\omega_3 \quad .$$

Da sich die Halbachsen nur wenig unterscheiden, setzen wir $a = b \approx c$, also

$$k = \frac{(a-c)\ (a+c)}{b^2 + c^2}\,\omega_3 \approx \frac{a-c}{a}\,\omega_3 \quad .$$

Die Rotationsgeschwindigkeit der Erde ist $\omega_3 = 2\pi/\text{Tag}$. Damit erhalten wir für die Periode der Nutation

$$T = \frac{2\pi}{k} = 304 \text{ Tage} \quad .$$

Die gemessene Periode (sog. Chandlersche Periode) ist 433 Tage. Die Abweichung ist wesentlich darin begründet, daß die Erde kein starrer Körper ist. Die Amplitude dieser Nutation liegt bei $\pm$ 0."2 .

3.2 Ein homogenes dreiachsiges Ellipsoid mit den Trägheitsmomenten Θ_1, Θ_2, Θ_3 rotiert mit der Winkelgeschwindigkeit $\dot{\varphi}$ um die Hauptträgheitsachse 3. Die Achse 3 rotiert mit $\dot{\vartheta}$ um die Achse $\overline{AB}$. Die Achse $\overline{AB}$ geht durch den

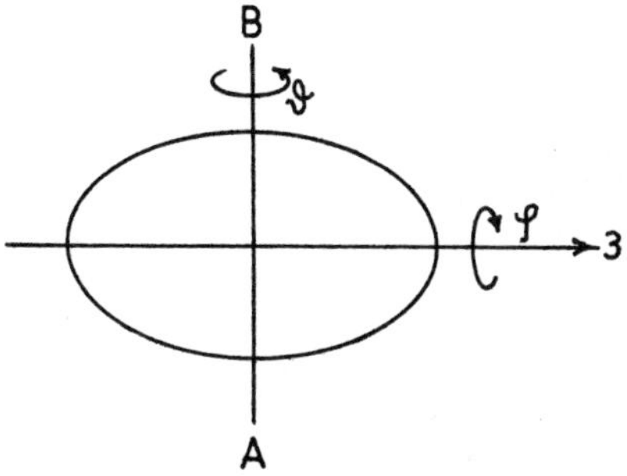

Schwerpunkt und steht senkrecht auf 1. Gesucht ist die kinetische Energie.

Wir zerlegen die Winkelgeschwindigkeit $\vec{\omega}$ in ihre Komponenten bezüglich der Hauptträgheitsachsen:

$$\vec{\omega} = (\omega_1, \omega_2, \omega_3) \text{ , wobei}$$

$$\omega_1 = \dot{\vartheta}\cos\varphi \,, \quad \omega_2 = \dot{\vartheta}\sin\varphi \,,$$

$$\omega_3 = \dot{\varphi} \,.$$

Die kinetische Energie ist dann

$$T = \frac{1}{2}\sum_i \Theta_i \omega_i^2 = \frac{1}{2}\,(\Theta_1 \cos^2\varphi + \Theta_2 \sin^2\varphi) \quad + \frac{1}{2}\,\Theta_3 \dot{\varphi}^2 \,.$$

Das Ellipsoid soll jetzt symmetrisch sein, $\Theta_1 = \Theta_2$, die Achse $\overline{AB}$ ist gegenüber der Achse 3 um den Winkel α geneigt.

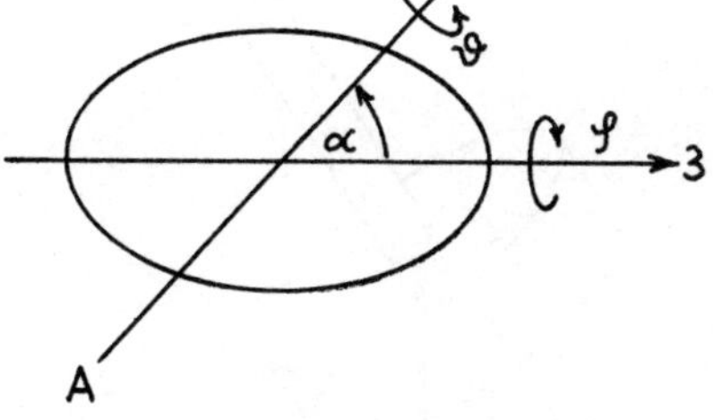

Für die gesamte Winkelgeschwindigkeit gilt

$$\vec{\omega} = \dot{\varphi}\,\vec{e}_3 + \dot{\vartheta}\,\vec{e}_{AB} \,.$$

Den Einheitsvektor $\vec{e}_{AB}$ in Richtung der Achse $\overline{AB}$ zerlegen wir nach den Hauptachsen

$$\vec{e}_{AB} = \vec{e}_3 \cdot \cos\alpha + \quad (\cos\varphi\,\vec{e}_1 + \sin\varphi\,\vec{e}_2)\,\sin\alpha \,.$$

Für die Komponenten von $\vec{\omega}$ nach den Hauptachsenrichtungen ergibt sich somit:

$$\omega_1 = \sin\alpha \cos\varphi \dot{\vartheta},$$
$$\omega_2 = \sin\alpha \sin\varphi \dot{\vartheta},$$
$$\omega_3 = \dot{\varphi} + \cos\alpha \dot{\vartheta} .$$

Die kinetische Energie lautet somit

$$T = \frac{1}{2} \Theta_1 \sin^2\alpha \dot{\vartheta} + \frac{1}{2} \Theta_3 (\dot{\varphi} + \dot{\vartheta} \cos\alpha)^2 .$$

Für $\alpha = 90^o$ erhalten wir den ersten Fall für ein Rotationsellipsoid.

Der schwere symmetrische Kreisel

Wir betrachten jetzt die Bewegung des Kreisels bei Einwirkung der Schwerkraft. Wenn der Unterstützungspunkt O des Kreisels nicht mit dem Schwerpunkt S zusammenfällt, übt die Schwerkraft ein Drehmoment aus. Zur Unterscheidung von dem sich frei bewegenden Kreisel nennt man den Kreisel dann "schweren Kreisel". Zunächst beschränken wir uns auf den symmetrischen Kreisel, der mit der Winkelgeschwindigkeit $\vec{\omega}$ um seine Figurenachse rotiert. Das raumfeste Koordinatensystem legen wir mit dem Ursprung in den Unterstützungspunkt O, die negative z-Achse zeigt in Richtung der

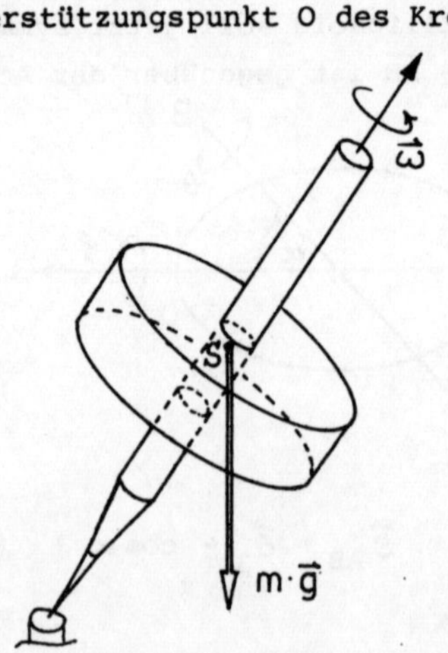

Schwerkraft.

Sei der Abstand $\overrightarrow{OS} = \vec{l}$, dann übt die Schwerkraft auf den Kreisel der Masse m ein Drehmoment

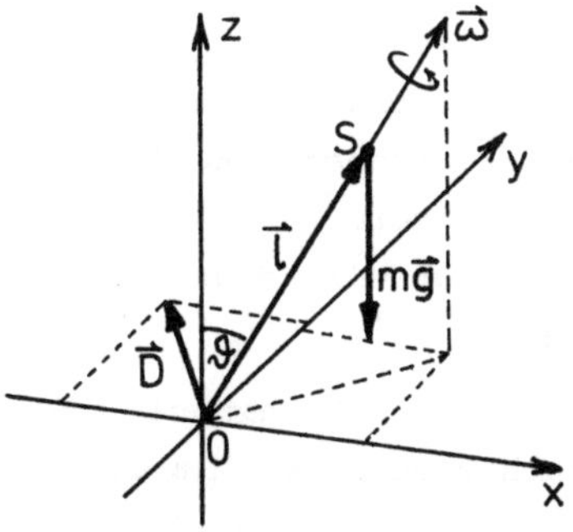

$\vec{D} = \vec{l} \times m\vec{g}$

aus. Der Drehimpulsvektor ist also zeitlich nicht konstant: $\dot{\vec{L}} = \vec{D}$.

Die z-Komponente des Drehimpulses bleibt allerdings erhalten.

Wegen $\vec{g} = -g\,\vec{e}_z$ folgt $\vec{D} = m\,g\,\vec{e}_z \times \vec{l}$, d.h. das Drehmoment hat keine Komponente in z-Richtung, also ist L_z konstant. Das Drehmoment $\vec{D}$ bewirkt daher eine Bewegung des Drehimpulsvektors $\vec{L}$ auf einem Kegel um die z-Achse; diese Bewegung des schweren Kreisels wird Präzession genannt. Die Präzessionsfrequenz des Kreisels ist dabei aus Symmetriegründen konstant, ebenfalls konstant ist die Lage der Drehmoment- und Drehimpulsvektoren zueinander.

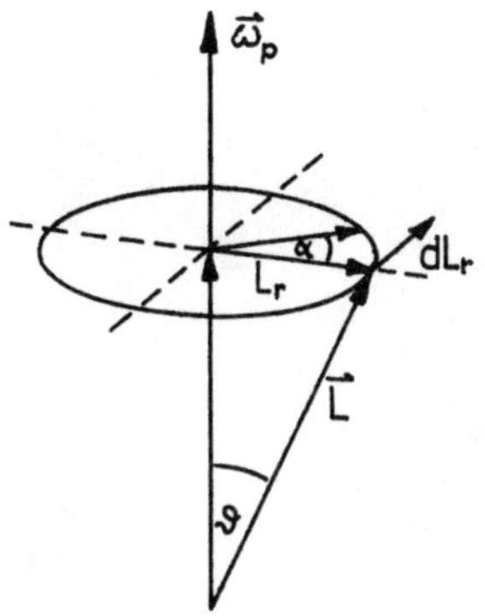

Wir berechnen nun die Präzessionsfrequenz, dazu gehen wir aus von

$$L_r = L \sin\vartheta \quad .$$

Der von L_r in der Zeit dt überstrichene Winkel ist:

$$d\alpha = \frac{dL}{L_r} = \frac{D\,dt}{L \sin\vartheta} \quad .$$

Für die Präzessionsfrequenz $\omega_p = d\alpha/dt$ folgt also:

$$\omega_p = \frac{D}{L \sin\vartheta}$$

bzw. in vektorieller Schreibweise: $\vec{\omega}_p \times \vec{L} = \vec{D}$.

Die Präzessionsfrequenz ist damit unabhängig von der Neigung ϑ des Kreisels, sofern $\vartheta \neq 0$ vorausgesetzt wird. Im allgemeinen Fall wird die Präzession von Nutationsbewegungen überlagert, so daß dann die Spitze der Figurenachse keinen Kreis mehr, sondern eine weitaus kompliziertere Bahnkurve um die z-Achse beschreibt. Der Winkel ϑ bewegt sich dann zwischen zwei Extremwerten $\vartheta_0 - \Delta\vartheta \leq \vartheta \leq \vartheta_0 + \Delta\vartheta$.

Da in diesem speziellen Falle die Vektoren von Drehimpuls und Winkelgeschwindigkeit mit der Figurenachse des Kreisels zusammenfallen, können wir für den Drehimpuls schreiben:

$$\vec{L} = \Theta_3 \vec{\omega} \quad ,$$

wobei Θ_3 das Trägheitsmoment um die Figurenachse ist. Für das Drehmoment gilt dann die Beziehung:

$$\vec{D} = \Theta_3 \vec{\omega}_p \times \vec{\omega}.$$

Auch die Erde beschreibt unter dem Einfluß der Gravitation von Sonne und Mond eine Präzessionsbewegung.

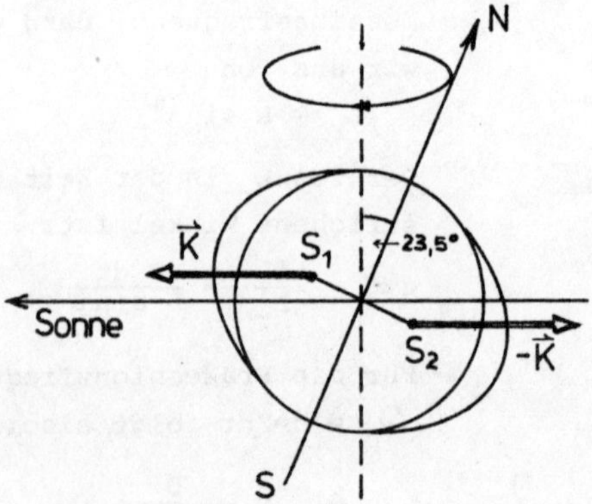

Die Erde ist ein Kreisel mit völlig freier Drehachse, aber sie ist nicht kräftefrei. Infolge ihrer Abplattung und der Schiefe der Ekliptik erzeugt die Anziehung durch Sonne und Mond ein Drehmoment. Wir denken uns die Erde als eine ideale Kugel mit einem darauf liegenden Wulst, der am Äquator am stärksten ist, und betrachten zunächst nur die Wirkung der Sonne. Im Erdmittelpunkt (Schwerpunkt) ist die Anziehung den vom Erdumlauf um die Sonne herrührenden Zentrifugalkräften genau entgegengesetzt gleich. Den Wulst teilen wir in seine der Sonne zu- und von ihr abgewandten Hälften. Auf der ersteren ist die Sonnenanziehung des kleineren Abstandes wegen grösser als im Erdmittelpunkt, die Zentrifugalkraft aber aus dem gleichen Grund kleiner, und im Schwerpunkt S_1 der Wulsthälfte resultiert eine auf die Sonne gerichtete Kraft $\vec{K}$. Auf der von der Sonne abgewandten Seite ist es umgekehrt, es resultiert hier im Wulstschwerpunkt S_2 eine von der Sonne weg gerichtete Kraft $-\vec{K}$, die wegen der Schiefe der Ekliptik mit der ersteren ein Kräftepaar bildet, das die Erdachse um die zum Erdbahnradius senkrechte, in der Bahnebene liegende Achse zu drehen sucht. Daraus folgt die Präzessionsbewegung um die zur Erdbahn senkrechte Achse. Im gleichen Sinne wirkt der Mond, und zwar noch stärker als die Sonne infolge seines sehr geringen Abstandes.
Die Erdachse läuft in 25 800 Jahren ("Platonisches Jahr") einmal auf einem Kegelmantel um, dessen Öffnungswinkel gleich der doppelten Schiefe der Ekliptik ist, also 47° beträgt, verändert daher im Laufe der Jahrtausende ihre Richtung.

Eine praktische Anwendung eines Kreisels finden wir im Kreiselkompaß. Der Kreiselkompaß besteht im Prinzip aus einem schnellrotierenden, semikardanisch aufgehängten Kreisel, dessen Drehachse durch die Aufhängung in der Horizontalebene gehalten wird.

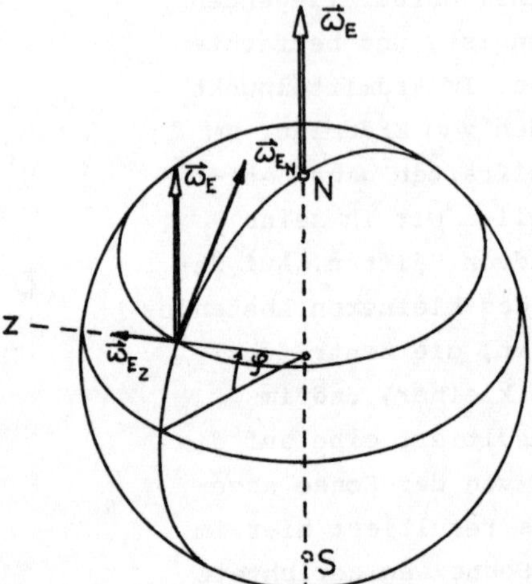

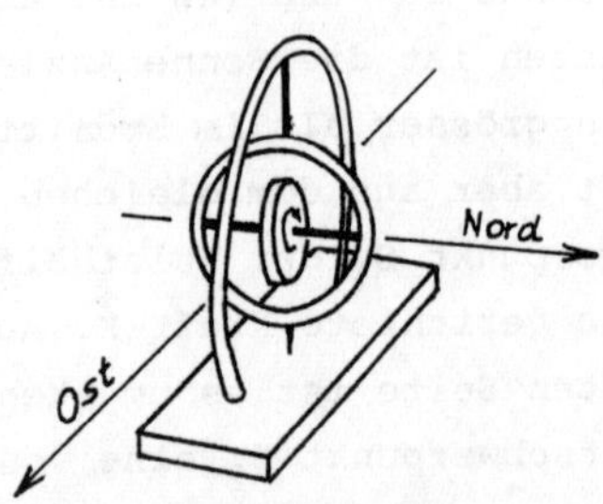

Die Erde ist kein Inertialsystem, sondern rotiert mit der Winkelgeschwindigkeit $\vec{\omega}_E$. Da der Kreisel seine Drehimpulsrichtung beibehalten will, wird er gezwungen, mit $\vec{\omega}_E$ zu präzessieren. Es resultiert daher ein Kreiselmoment $\vec{D}$

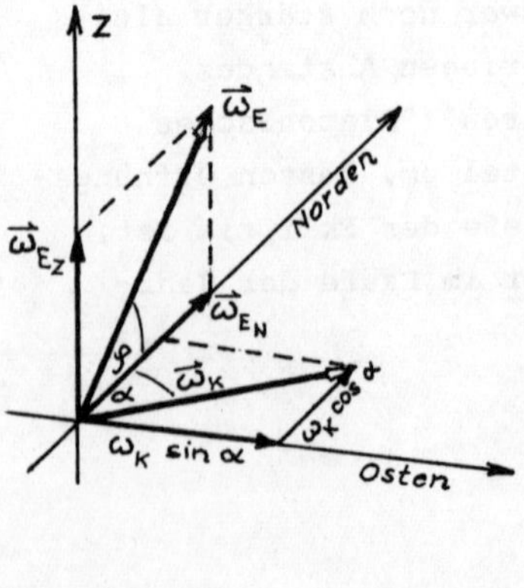

$$\vec{D} = \Theta_3\, \vec{\omega}_K \times \vec{\omega}_E$$

wobei wir

$$\vec{\omega}_E = \omega_E \sin\varphi\, \vec{e}_z + \omega_E \cos\varphi\, \vec{e}_N$$

mit φ als geographischer Breite setzen.

Damit erhält man also bei Aufspaltung von $\vec{\omega}_E$:

$$\vec{D} = \Theta_3 \; (\vec{\omega}_K \times \vec{\omega}_{E_z} + \vec{\omega}_K \times \vec{\omega}_{E_N})$$

Der erste Term wird vom Lager des Kreisels kompensiert, der zweite bewirkt eine Drehung des Kreisels um die z-Achse. Mit der Zerlegung von $\vec{\omega}_K$ ergibt sich das zur Wirkung kommende Drehmoment:

$$\vec{D} = \Theta_3 \omega_K \; \sin\alpha \, \omega_E \cos\varphi \; \vec{e}_z \quad .$$

Es tritt also ein Drehmoment auf, das den Kreisel immer in Richtung des Meridians ($\alpha = 0$) einzustellen versucht.

Ist die Aufhängung des Kreisels gedämpft, so stellt er sich in N - S -Richtung ein, sofern er sich nicht an einem der beiden Pole ($\varphi = 90^o$) befindet. Im anderen Fall führt er gedämpfte Pendelschwingungen um die N-S-Richtung aus.

Man kann daher den Kreisel als Richtungsanzeigegerät benutzen, solange man sich nicht in unmittelbarer Polnähe befindet.

Die Eulerschen Winkel

Die Bewegung des in einem Punkt gelagerten schweren Kreisels läßt sich dadurch beschreiben, daß man die Orientierung eines körperfesten Koordinatensystems (x',y'z') gegenüber einem raumfesten System (x,y,z) angibt. Die beiden Koordinatensysteme liegen mit ihrem gemeinsamen Ursprung im Fixpunkt des Kreisels. Um die Beziehung zwischen den beiden Koordinatensystemen herzustellen, werden üblicherweise die Eulerschen Winkel benutzt. Das Koordinatensystem (x',x',z') geht durch drei aufeinanderfolgende Drehungen um bestimmte Achsen aus dem System (x,y,z) hervor. Die jeweiligen Drehwinkel heißen Eulersche Winkel. Die Reihenfolge der Drehungen ist dabei wichtig, da Drehungen um endliche Winkel nicht kommutativ sind. An der folgenden Skizze sehen wir sofort, daß die Vertauschung der Reihenfolge zweier Drehungen um verschiedene Achsen zu einem unterschiedlichen Ergebnis führt.

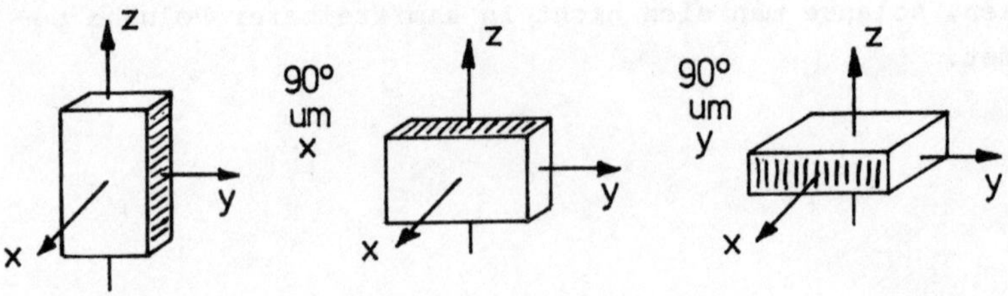

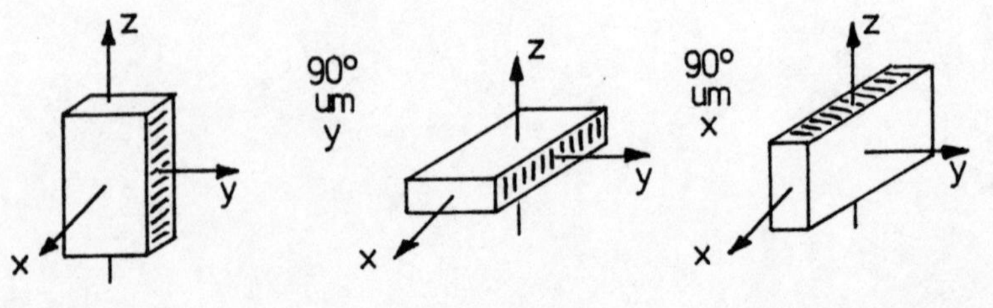

Die Eulerschen Winkel sind so definiert, daß die erste Drehung um die z-Achse um den Winkel α erfolgt. Die x- und die y-Achse gehen über in die X- und die Y-Achse. Für die Einheitsvektoren gilt dann:

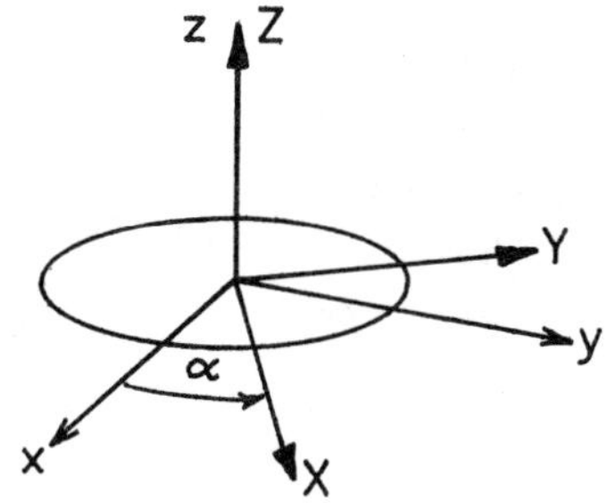

$$\vec{i} = (\vec{i}\cdot\vec{I})\vec{I} + (\vec{i}\cdot\vec{J})\vec{J} + (\vec{i}\cdot\vec{K})\vec{K} = \cos\alpha\,\vec{I} - \sin\alpha\,\vec{J}\ ,$$
$$\vec{j} = (\vec{j}\cdot\vec{I})\vec{I} + (\vec{j}\cdot\vec{J})\vec{J} + (\vec{j}\cdot\vec{K})\vec{K} = \sin\alpha\,\vec{I} + \cos\alpha\,\vec{J}\ ,$$
$$\vec{k} = (\vec{k}\cdot\vec{I})\vec{I} + (\vec{k}\cdot\vec{J})\vec{J} + (\vec{k}\cdot\vec{K})\vec{K} = \vec{K}.$$

Die zweite Drehung erfolgt um die X-Achse um den Winkel β; die Y- und die Z-Achse gehen über in die Y'- und in die Z'-Achse. Analoge Rechnung liefert für die Einheitsvektoren:

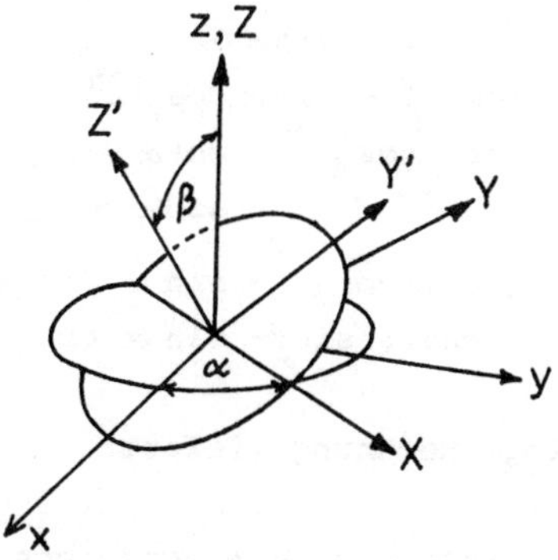

$$\vec{I} = \vec{I}',$$
$$\vec{J} = \cos\beta\,\vec{J}' - \sin\beta\,\vec{K}',$$
$$\vec{K} = \sin\beta\,\vec{J}' + \cos\beta\,\vec{K}'.$$

Die dritte Drehung erfolgt um die Z'-Achse um den Winkel γ, dann gehen die X'- und die Y'-Achse in die x'- und in die y'-Achse über. Für die Einheitsvektoren erhält man:

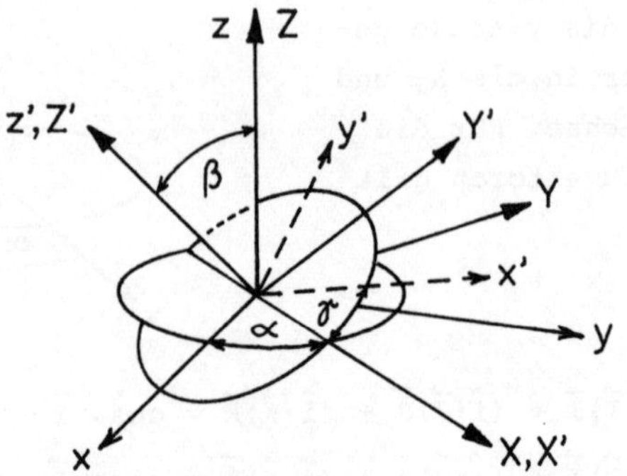

$\vec{I}' = \cos\gamma\, \vec{i}' - \sin\gamma\, \vec{j}'$,

$\vec{J}' = \sin\gamma\, \vec{i}' + \cos\gamma\, \vec{j}'$,

$\vec{K}' = \vec{k}'$.

Mit den Beziehungen zwischen den Einheitsvektoren bestimmen wir nun die Einheitsvektoren $\vec{i}, \vec{j}, \vec{k}$ als Funktionen von $\vec{i}', \vec{j}', \vec{k}'$. Dazu setzen wir ein:

$$\begin{aligned}
\vec{i} &= \cos\alpha\, \vec{I} - \sin\alpha\, \vec{J} \\
&= \cos\alpha\, \vec{I}' - \sin\alpha \cos\beta\, \vec{J}' + \sin\alpha \sin\beta\, \vec{K}' \\
&= \cos\alpha \cos\gamma\, \vec{i}' - \cos\alpha \sin\gamma\, \vec{j}' - \sin\alpha \cos\beta \sin\gamma\, \vec{i}' - \\
&\qquad - \sin\alpha \cos\beta \cos\gamma\, \vec{j}' + \sin\alpha \sin\beta\, k' \\
&= (\cos\alpha \cos\gamma - \sin\alpha \cos\beta \sin\gamma)\, \vec{i}' + \\
&\quad + (-\cos\alpha \sin\gamma - \sin\alpha \cos\beta \cos\gamma)\, \vec{j}' + \sin\alpha \sin\beta\, \vec{k}' .
\end{aligned}$$

Analoge Rechnung liefert:

$$\begin{aligned}
\vec{j} &= (\sin\alpha \cos\gamma + \cos\alpha \cos\beta \sin\gamma)\, \vec{i}' + \\
&\quad + (-\sin\alpha \sin\gamma + \cos\alpha \cos\beta \cos\gamma)\, \vec{j}' - \cos\alpha \sin\beta\, \vec{k}' ,
\end{aligned}$$

$$\vec{k} = \sin\beta \sin\gamma\, \vec{i}' + \sin\beta \cos\gamma\, \vec{j}' + \cos\beta\, \vec{k}' .$$

Die Drehungen können auch jeweils durch die entsprechenden Drehmatrizen ausgedrückt werden. Für die erste Drehung ergibt sich

$$\vec{r} = \hat{A}\,\vec{R}$$

wobei

$$\hat{A} = \begin{pmatrix} \cos\alpha & -\sin\alpha & 0 \\ \sin\alpha & \cos\alpha & 0 \\ 0 & 0 & 1 \end{pmatrix}.$$

Die Matrizen für die Drehungen um die Winkel β und γ lauten entsprechend

$$\hat{B} = \begin{pmatrix} 1 & 0 & 0 \\ 0 & \cos\beta & -\sin\beta \\ 0 & \sin\beta & \cos\beta \end{pmatrix},$$

$$\hat{C} = \begin{pmatrix} \cos\gamma & -\sin\gamma & 0 \\ \sin\gamma & \cos\gamma & 0 \\ 0 & 0 & 1 \end{pmatrix}.$$

Die Matrix der gesamten Drehung $\hat{D}$ ist das Produkt der drei Matrizen $\hat{D} = \hat{C}\,\hat{B}\,\hat{A}$. Damit folgt

$$\vec{r} = \hat{D}\,\vec{r}\,' \quad \text{oder} \quad \vec{r}\,' = \tilde{\hat{D}}\,\vec{r}$$

Da die Drehmatrizen orthogonal sind, ist die reziproke Matrix gleich der transponierten. Es läßt sich durch Berechnen des Matrizenprodukts leicht zeigen, daß die Matrix $\hat{D}$ mit der für die Einheitsvektoren hergeleiteten Beziehung übereinstimmt.

Zunächst berechnen wir die Winkelgeschwindigkeit $\vec{\omega}$ des Kreisels als Funktion der Eulerschen Winkel. Geben $(\vec{i},\vec{j},\vec{k})$ das Laborsystem $(\vec{i}', \vec{j}', \vec{k}')$ ein körperfestes Hauptachsensystem an, dann gilt für die Winkelgeschwindigkeit:

$$\begin{aligned}\vec{\omega} &= \omega_\alpha \vec{k} + \omega_\beta \vec{I} + \omega_\gamma \vec{K}' \\ &= \dot{\alpha}\, \vec{k} + \dot{\beta}\, \vec{I} + \dot{\gamma}\vec{K}' \quad ,\end{aligned}$$

wobei wir voraussetzen, daß $\vec{k}$, $\vec{I}$ und $\vec{K}'$ nicht in einer Ebene liegen. Wir verwenden die hergeleiteten Beziehungen zwischen den Einheitsvektoren und erhalten:

$$\begin{aligned}\vec{\omega} &= \dot{\alpha} \sin\beta \sin\gamma\, \vec{i}' + \dot{\alpha} \sin\beta \cos\gamma\, \vec{j}' + \dot{\alpha} \cos\beta\, \vec{k}' + \\ &\qquad + \dot{\beta} \cos\gamma\, \vec{i}' - \dot{\beta} \sin\gamma\, \vec{j}' + \dot{\gamma}\, \vec{k}' \quad , \\ &= (\dot{\alpha} \sin\beta \sin\gamma + \dot{\beta}\cos\gamma)\, \vec{i}' + \\ &\quad + (\dot{\alpha}\sin\beta\cos\gamma - \dot{\beta}\sin\gamma)\, \vec{j}' + (\dot{\alpha}\cos\beta + \dot{\gamma})\, \vec{k}' \ .\end{aligned}$$

Setzen wir $\vec{\omega} = \omega_{x'} \vec{i}' + \omega_{y'} \vec{j}' + \omega_{z'} \vec{k}'$, so folgt:

$$\begin{aligned}\omega_{x'} &= \omega_1 = \dot{\alpha}\sin\beta \sin\gamma + \dot{\beta}\cos\gamma \quad , \\ \omega_{y'} &= \omega_2 = \dot{\alpha}\sin\beta \cos\gamma - \dot{\beta}\sin\gamma \quad , \\ \omega_{z'} &= \omega_3 = \dot{\alpha}\cos\beta + \dot{\gamma} \quad .\end{aligned} \tag{6}$$

Für die kinetische Energie T des Kreisels gilt:

$$\begin{aligned}T &= \frac{1}{2} (\Theta_1 \omega_1^2 + \Theta_2 \omega_2^2 + \Theta_3 \omega_3^2) \quad , \\ &= \frac{1}{2}\Theta_1 (\dot{\alpha}\sin\beta\sin\gamma + \dot{\beta}\cos\gamma)^2 + \frac{1}{2}\Theta_2 (\dot{\alpha}\sin\beta\cos\gamma - \\ &\qquad - \dot{\beta}\sin\gamma)^2 + \frac{1}{2}\Theta_3 (\dot{\alpha}\cos\beta + \dot{\gamma})^2 \quad .\end{aligned}$$

Ist $\Theta_1 = \Theta_2$, handelt es sich also um einen symmetrischen Kreisel, so vereinfacht sich der obige Ausdruck:

$$T = \frac{1}{2}\Theta_1 (\dot{\alpha}^2 \sin^2\beta + \dot{\beta}^2) + \frac{1}{2}\Theta_3 (\dot{\alpha}\cos\beta + \dot{\gamma})^2 \quad .$$

Die Bewegung des schweren symmetrischen Kreisels

Für den Spezialfall des schweren symmetrischen Kreisels wollen wir, ausgehend von den Eulerschen Gleichungen, die expliziten Bewegungsgleichungen und die Konstanten der Bewegung bestimmen.

Zur Vereinfachung benutzen wir jetzt, daß für den symmetrischen Kreisel die beiden Hauptachsenrichtungen $\vec{e}_{x'}$, $\vec{e}_{y'}$ in einer Ebene senkrecht zu $\vec{e}_{z'}$ beliebig gewählt werden können. Wir wählen deshalb ein Koordinatensystem, in dem der Winkel γ immer verschwindet. Dieses System ist dann nicht mehr körperfest (es rotiert nicht mit dem Kreisel um die $\vec{e}_{z'}$-Achse). Die Achsen $\vec{e}_{z'}$, $\vec{e}_z$, $\vec{e}_{y'}$ liegen dann in einer Ebene, ebenso die $\vec{e}_x$, $\vec{e}_{x'}$, $\vec{e}_y$. Das Koordinatensystem folgt also der Präzession (mit $\dot{\alpha}$) und der Nutation (mit $\dot{\beta}$) des Kreisels, aber nicht seiner Eigenrotation.

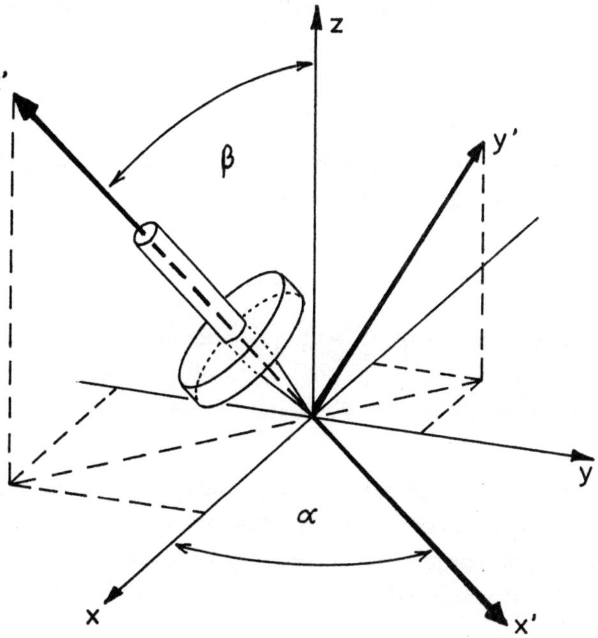

Fig. 13.1

Für die Winkelgeschwindigkeiten (6) ergibt sich in diesem System ($\gamma = 0$):

$$\omega_1 = \omega_{x'} = \dot{\beta} ,$$

$$\omega_2 = \omega_{y'} = \dot{\alpha} \sin\beta ,$$

$$\omega_3 = \omega_{z'} = \dot{\alpha} \cos\beta + \dot{\gamma} .$$

Das Drehmoment um den Ursprung des raumfesten Systems ist:

$\vec{D} = (l \cdot \vec{e}_{z'}) \times (-m g \vec{e}_z) = m g l \sin\beta \vec{e}_{x'}$.

Setzen wir in die Eulerschen Gleichungen (5) ein und beachten $\Theta_1 = \Theta_2$, so ergibt sich:

$$\begin{aligned} mg\,l \sin\beta &= \Theta_1 \ddot{\beta} + (\Theta_3 - \Theta_1)\dot{\alpha}^2 \sin\beta\cos\beta + \Theta_3 \dot{\gamma}\dot{\alpha} \sin\beta , \\ 0 &= \Theta_1 (\ddot{\alpha} \sin\beta + \dot{\alpha}\dot{\beta} \cos\beta) + (\Theta_1 - \Theta_3)\dot{\alpha}\dot{\beta}\cos\beta - \Theta_3 \dot{\gamma}\dot{\beta} , \\ 0 &= \Theta_3 (\ddot{\alpha} \cos\beta - \dot{\alpha}\dot{\beta} \sin\beta + \ddot{\gamma}) \end{aligned} \tag{7}$$

Aus dem obigen Gleichungssystem können $\alpha(t)$, $\beta(t)$ und $\dot{\gamma}(t)$ ermittelt werden. Aus der dritten Gleichung folgt wegen $\Theta_3 \neq 0$:

$$\ddot{\alpha} \cos\beta - \dot{\alpha}\dot{\beta} \sin\beta + \ddot{\gamma} = \frac{d}{dt} (\dot{\alpha} \cos\beta + \dot{\gamma}) = 0$$

oder

$$\dot{\alpha} \cos\beta + \dot{\gamma} = \omega_{z'} = \text{const.},$$

d.h. die Drehimpulskomponente $\Theta_3 \omega_{z'}$ um die Figurenachse ist konstant.

Wir setzen deshalb $\dot{\alpha} \cos\beta + \dot{\gamma} = \omega_{z'}$, berechnen daraus $\dot{\gamma}$ und setzen dies in die ersten beiden Gleichungen ein. Daraus erhalten wir zwei gekoppelte Differentialgleichungen für Präzession (α) und Nutation (β):

$$\begin{aligned} mg\,l \sin\beta &= \Theta_1 \ddot{\beta} - \Theta_1 \dot{\alpha}^2 \sin\beta\cos\beta + \Theta_3 \omega_{z'} \sin\beta \cdot \dot{\alpha} , \\ 0 &= \Theta_1 (\ddot{\alpha} \sin\beta + 2\dot{\alpha}\dot{\beta} \cos\beta) - \Theta_3 \omega_{z'} \dot{\beta} . \end{aligned}$$

Wir untersuchen dieses System für den Fall, daß der Kreisel keine Nuationen ausführt, dann ist $\ddot{\beta} = \dot{\beta} = 0$ und $0 < \beta$. Setzen wir dies ein, so folgt

$$m\,g\,l = -\,\Theta_1 \dot{\alpha}^2 \cos\beta + \Theta_3 \omega_{z'} \dot{\alpha},$$

$$\ddot{\alpha} = 0.$$

Die zweite Gleichung bedeutet, daß die Präzession stationär ist. Aus der ersten Gleichung bestimmen wir die Präzessionsgeschwindigkeit $\dot{\alpha}$:

$$\dot{\alpha} = \frac{\Theta_3\, \omega_{z'}}{2\,\Theta_1 \cos\beta} \left(1 \pm \sqrt{1 - \frac{4 m g l\, \Theta_1 \cos\beta}{\Theta_3^2\, \omega_{z'}^2}} \right).$$

Für einen schnell um die $\vec{e}_{z'}$-Achse rotierenden Kreisel wird $\omega_{z'}$ sehr groß und der unter der Wurzel stehende Bruch sehr klein. Wir brechen die Entwicklung der Wurzel nach dem zweiten Glied ab und haben als Lösungen:

$$\dot{\alpha}_{klein} = \frac{m g l}{\Theta_3\, \omega_z'} \quad , \qquad \dot{\alpha}_{groß} = \frac{\Theta_3}{\Theta_1 \cos\beta}\, \omega_{z'} .$$

Eine stationäre Präzession ohne Nutation (reguläre Präzession) stellt sich nur ein, wenn der schwere symmetrische Kreisel eine bestimmte Präzessionsgeschwindigkeit ($\dot{\alpha}_{klein}$ oder $\dot{\alpha}_{groß}$) durch einen Stoß erhält. Im allgemeinen Fall ist die Präzession immer mit einer Nutation verbunden, ebenso wird der schwere Kreisel seine Bewegung immer mit einer Auslenkung in Richtung der Schwerkraft, also mit einer Nutation beginnen.

Bevor wir die allgemeine Bewegung des Kreisels weiter diskutieren wollen, bestimmen wir noch weitere Konstanten der Bewegung. Wir haben schon gesehen, daß aus der letzten Gleichung des Systems (7) folgt:

$$\dot{\alpha} \cos\beta + \dot{\gamma} = \omega_{z'} = \text{const.},$$

somit ist auch der entsprechende Anteil der kinetischen Energie $T_3 = \frac{1}{2} \Theta_3 (\dot{\alpha} \cos\beta + \dot{\gamma})^2$ konstant. Multiplizieren wir die erste der Eulerschen Gleichungen (7) mit $\dot{\beta}$ und die zweite mit $\dot{\alpha} \sin\beta$, so ergibt sich nach Addition das vollständige Differential:

$$mg\,l \sin\beta\cdot\dot{\beta} = \Theta_1 \ddot{\beta}\dot{\beta} + \Theta_1 (\ddot{\alpha}\dot{\alpha} \sin^2\beta + \dot{\alpha}^2 \dot{\beta} \sin\beta \cos\beta),$$

das bedeutet, die Energie

$$E' = \frac{1}{2} \Theta_1 (\dot{\beta}^2 + \dot{\alpha}^2 \sin^2\beta) + m g l \cos\beta$$ ist eine

Konstante der Bewegung.

Die vollständige Energie des Kreisels ist dann

$$E = E' + T_3 = \frac{1}{2} \Theta_1 (\dot{\beta}^2 + \dot{\alpha}^2 \sin^2\beta) + \frac{1}{2} \Theta_3 (\dot{\alpha}\cos\beta + \dot{\gamma})^2 + mgl \cos\beta. \tag{8}$$

In der zweiten Eulerschen Gleichung setzen wir

$L_{z'} = \Theta_3 \omega_{z'}$ ein und multiplizieren mit $\sin\beta$:

$$\Theta_1 (\ddot{\alpha} \sin^2\beta + 2\dot{\alpha}\dot{\beta} \sin\beta \cos\beta) - L_{z'} \sin\beta\cdot\dot{\beta} = 0 .$$

Da $L_{z'}$ konstant ist, ist dies ein vollständiges Differential und es folgt

$$\Theta_1 \cdot \dot{\alpha} \sin^2\beta + L_{z'} \cos\beta = \text{const.}.$$

Diese Konstante ist die z-Komponente des Drehimpulses im raumfesten System. Wir sehen dies sofort, wenn wir den Drehimpuls

$$\vec{L} = \Theta_1 \ (\omega_{x'} \ \vec{e}_{x'} + \omega_{y'} \vec{e}_{y'} + L_{z'} \vec{e}_{z'})$$

mit $\vec{e}_z$ multiplizieren. Aus Fig. 13.1 ergibt sich, daß $\vec{e}_{x'} \cdot \vec{e}_z = 0$, $\vec{e}_{y'} \cdot \vec{e}_z = \sin\beta$, $\vec{e}_{z'} \cdot \vec{e}_z = \cos\beta$.

Beachten wir, daß $\omega_{y'} = \dot{\alpha}\sin\beta$, so folgt: $\vec{L} \cdot \vec{e}_z = L_z =$
$= \Theta_1 \dot{\alpha} \sin^2\beta + L_{z'} \cos\beta = \text{const.}$

Die beiden Drehimpulskomponenten L_z und $L_{z'}$ sind konstant, weil das Moment der Schwerkraft nur in $\vec{e}_{x'}$-Richtung wirkt, also senkrecht sowohl zur z- als auch zur z'-Achse.

Mit den Konstanten der Bewegung wollen wir jetzt die Kreiselbewegung weiter diskutieren.

Aus der Gleichung des Drehimpulses

$$\Theta_1 \dot{\alpha} \sin^2\beta + L_{z'} \cos\beta = L_z$$

bestimmen wir $\dot{\alpha}$:

$$\dot{\alpha} = \frac{L_z - L_{z'} \cos\beta}{\Theta_1 \sin^2\beta}$$

und setzen dies in den Energiesatz (8) ein:

$$\frac{1}{2}\Theta_1 \dot{\beta}^2 + \frac{(L_z - L_{z'}\cos\beta)^2}{2\Theta_1 \sin^2\beta} + T_3 + mgl\cos\beta = E.$$

Wir substituieren nun:

$$u = \cos\beta,$$

dann ist $\dot{u} = -\sin\beta\cdot\dot{\beta}$ und $\sin^2\beta = 1 - u^2$. Damit ergibt sich:

$$\frac{1}{2}\Theta_1 \frac{\dot{u}^2}{1-u^2} + \frac{(L_z - L_{z'} u)^2}{2\Theta_1(1-u^2)} + mglu = E - T_3$$

bzw.

$$\dot{u}^2 + \frac{(L_z - L_{z'} u)^2}{\Theta_1^2} + \frac{2mglu(1-u^2)}{\Theta_1} = \frac{2(1-u^2)}{\Theta_1}(E - T_3).$$

Diese Gleichung können wir mit den Abkürzungen:

$$\varepsilon = 2\,\frac{E - T_3}{\Theta_1} \quad , \quad \xi = \frac{2\,m\,g\,l}{\Theta_1} \quad ,$$

$$\zeta = \frac{L_z}{\Theta_1} \quad , \quad \varphi = \frac{L_{z'}}{\Theta_1}$$

auch so schreiben:

$$\dot{u}^2 = (\varepsilon - \xi u)\,(1 - u^2) - (\zeta - \varphi u)^2 \quad .$$

Diese Gleichung ist nicht elementar lösbar, wir geben deshalb eine graphische Darstellung des Kurvenverlaufs. Dabei setzen wir im folgenden als Abkürzung $\dot{u}^2 = f(u)$. Für große u ist u^3 der führende Term, d.h. die Kurve schmiegt sich an $f(u) = \xi u^3$ an. Für $f(1)$ bzw. $f(-1)$ ergibt sich:

$$f(1) = -\ (\zeta - \varphi)^2 < 0 \ ,$$

$$f(-1) = -\ (\zeta + \varphi)^2 < 0 \quad .$$

Daraus erhalten wir die folgende graphische Darstellung:

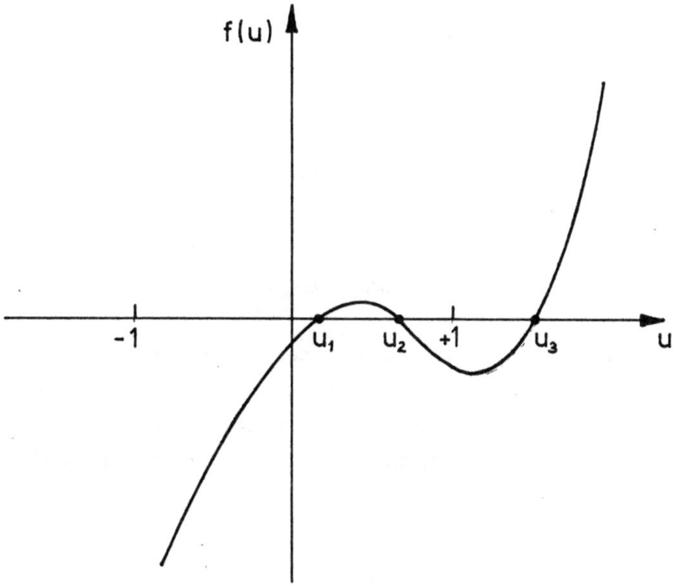

Im allgemeinen hat die Funktion f(u) drei Nullstellen. Wegen ihres asymptotischen Verhaltens für große, positive u und wegen $f(1)<0$ gilt für die eine Nullstelle $u_{o3} > 1$.

Nun muß für die Bewegung des Kreisels $\dot{u}^2 \geq 0$ sein. Für $0 \leq \beta \leq \frac{\pi}{2}$ ergibt sich $0 \leq u \leq 1$, d.h. es existieren zwei Nullstellen u_{o1}, u_{o2} zwischen Null und Eins. Im allgemeinen Fall liegen deshalb zwei korrespondierende Winkel β_1 und β_2 mit

$$\cos \beta_1 = u_{o1}$$

und

$$\cos \beta_2 = u_{o2}$$ vor.

In Spezialfällen kann dabei gelten:

$$u_{o1} = u_{o2}$$

$$u_{o2} = u_{o3} = 1 .$$

Wir betrachten zunächst die Spezialfälle:

1. $u_{o2} = u_{o3} = 1$: In diesem Fall steht die Figurenachse senkrecht nach oben, der Kreisel vollführt keine Nutations- und keine Präzessionsbewegung.

2. $u_{o1} = u_{o2}$: Die Spitze der Figurenachse läuft auf einem Kreis um (man spricht in diesem Fall von "stationärer Präzession"), dabei tritt keine Nutationsbewegung auf.

Im allgemeinen Fall ist der Präzessionsbewegung eine Nutation des Kreisels zwischen den Winkeln β_1 und β_2 überlagert. Für die Präzessionsgeschwindigkeit gilt nach dem Drehimpulssatz:

$$\dot{\alpha} = \frac{L_z - L_{z'} \cos\beta}{\Theta_1 \sin^2\beta} = \frac{\varsigma - \varphi u}{1 - u^2} .$$

Um die Kreiselbewegung zu veranschaulichen, geben wir die Kurve an, die der Durchstoßpunkt der Figurenachse auf einer Kugel um den Lagerpunkt beschreibt.

Wir erhalten daraus drei verschiedene Bewegungstypen:

$\xi - \varphi u > 0$

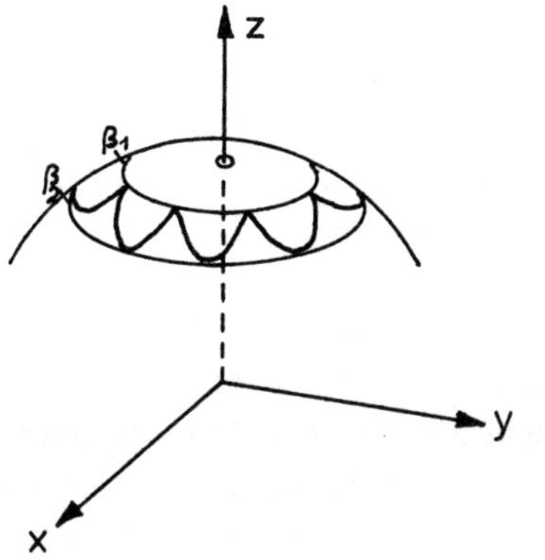

$\xi - \varphi u = 0$

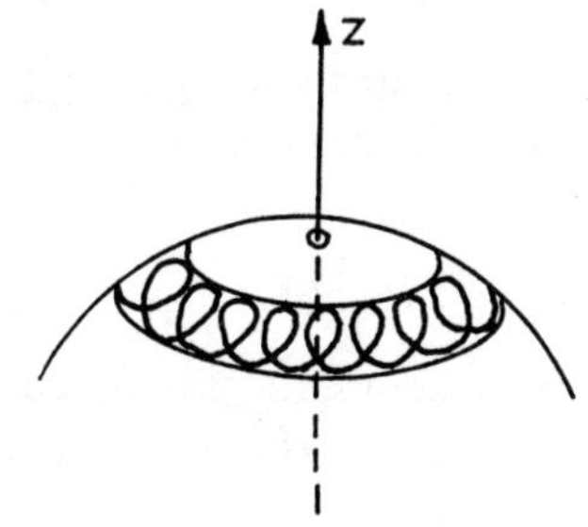

$u_{01} < \frac{\xi}{\varphi} < u_{02}$

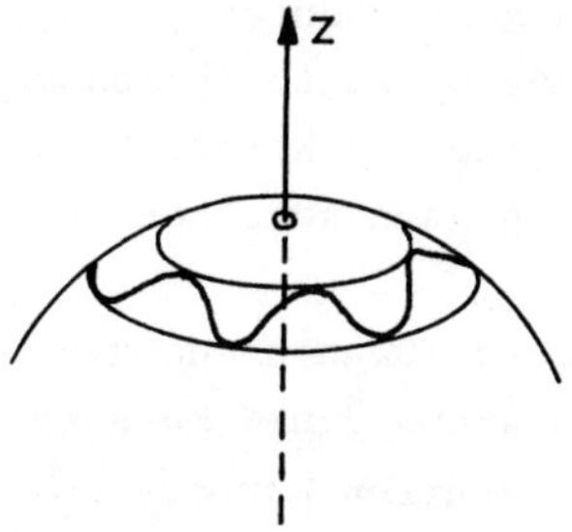

V. LAGRANGE GLEICHUNGEN

14. Generalisierte Koordinaten

Die Bewegung der in der Mechanik betrachteten Körper erfolgt in vielen Fällen nicht frei, sondern ist gewissen Zwangsbedingungen unterworfen. Die Zwangsbedingungen können verschiedene Formen annehmen. So kann ein Massenpunkt auf einer Raumkurve oder einer Fläche festgehalten werden. Beim starren Körper geben die Zwangsbedingungen an, daß die Abstände zwischen den einzelnen Punkten konstant sind. Betrachten wir Gasmoleküle in einem Gefäß, so geben die Zwangsbedingungen an, daß die Moleküle nicht die Gefäßwand durchdringen können. Da die Zwangsbedingungen für die Lösung eines mechanischen Problems wichtig sind, nimmt man eine Klassifizierung mechanischer Systeme nach der Art der Zwangsbedingungen vor.

Wir bezeichnen ein System als <u>holonom</u>, wenn die Zwangsbedingungen durch Gleichungen der Form

$$f\,(\vec{r}_1,\,\vec{r}_2,\,\ldots\,,\,t) = 0 \qquad (1)$$

dargestellt werden können. Diese Form der Zwangsbedingungen ist von Bedeutung, weil sie benutzt werden kann, um abhängige Koordinaten zu eliminieren. Für ein Pendel der Länge l lautet die Gleichung (1) $x^2+y^2-l^2=0$, wenn wir das Koordinatensystem in den Aufhängepunkt legen. Mit dieser Gleichung kann die Koordinate x durch y ausgedrückt werden. Ein weiteres einfaches Beispiel für holonome Zwangsbedingungen haben wir schon beim starren Körper kennengelernt, nämlich die Konstanz der Abstände zwischen zwei Punkten: $(\vec{r}_i-\vec{r}_j)^2-C_{ij}^2 = 0$.

Dort dienten diese Zwangsbedingungen dazu, die 3N Freiheitsgraden eines Systems von N Massenpunkten auf die sechs Freiheitsgrade des starren Körpers zu reduzieren.

Alle Zwangsbedingungen, die nicht in der Form (1) dargestellt werden können, heißen nichtholonom. Dies sind Bedingungen, die nicht in einer geschlossenen Form oder durch Ungleichungen beschrieben werden. Ein Beispiel hierfür sind in einer Kugel vom Radius R eingeschlossene Gasmoleküle. Ihre Koordinaten müssen den Bedingungen $r_i \leq R$ genügen.

Eine weitere Unterscheidung der Zwangsbedingungen wird nach ihrer Zeitabhängigkeit vorgenommen. Ist die Zwangsbedingung eine explizite Funktion der Zeit, so heißt sie rheonom, tritt die Zeit nicht explizit auf, nennen wir die Zwangsbedingung skleronom. Eine rheonome Zwangsbedingung liegt vor, wenn sich ein Massenpunkt auf einer bewegten Raumkurve bewegt oder Gasmoleküle in einer Kugel mit zeitlich veränderlichem Radius eingeschlossen sind.

In gewissen Fällen können die Zwangsbedingungen auch in differentieller Form gegeben sein, zum Beispiel wenn eine Bedingung für Geschwindigkeiten vorliegt wie beim Abrollen eines Rades. Die Zwangsbedingungen haben dann die Form

$$\sum_k a_k \, dx_k = 0 \quad , \qquad (2)$$

wenn die x_k für die verschiedenen Koordinaten stehen und die a_k Funktionen dieser Koordinaten sind. Wir müssen nun zwei Fälle unterscheiden.

Wenn die Gleichung (2) das vollständige Differential einer Funktion U darstellt, können wir sie sofort integrieren und erhalten eine Gleichung von der Form der Gleichung (1). In diesem Fall sind die Zwangsbedingungen holonom. Ist Gleichung (2) kein vollständiges Differential, so kann sie erst integriert werden, wenn das vollständige Problem schon gelöst ist. Die Gleichung (2) eignet sich dann nicht, um abhängige Koordinaten zu eliminieren, sie ist nichtholonom.

Aus der Forderung, daß Gleichung (2) ein vollständiges Differential sein soll, können wir ein Kriterium für die Holonomität differentieller Zwangsbedingungen angeben. Es muß dann gelten

$$\sum a_\kappa dx_\kappa = dU \quad \text{mit} \quad a_\kappa = \frac{\partial U}{\partial x_\kappa}.$$

Daraus folgt, daß

$$\frac{\partial a_\kappa}{\partial x_i} = \frac{\partial^2 U}{\partial x_i \partial x_\kappa} = \frac{\partial a_i}{\partial x_\kappa}.$$

Die Gleichung (2) stellt also eine holonome Zwangsbedingung dar, wenn zwischen den Koeffizienten die Integrabilitätsbedingung

$$\frac{\partial a_\kappa}{\partial x_i} = \frac{\partial a_i}{\partial x_\kappa}$$

gilt.

Zur Klassifizierung eines mechanischen Systems geben wir noch zusätzlich an, ob es sich um ein konservatives System handelt oder nicht.

Beispiele

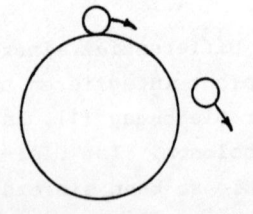

14.1

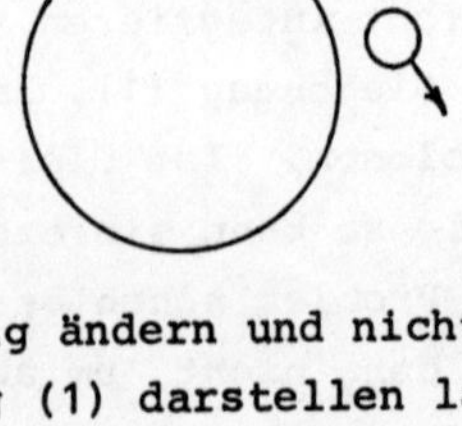

Eine Kugel rollt im Schwerfeld reibungslos von der Spitze einer größeren Kugel. Das System ist konservativ.

Da mit dem Ablösen der Kugel die Zwangsbedingen sich völlig ändern und nicht in der geschlossenen Form der Gleichung (1) darstellen lassen, ist das System nichtholonom. Da die Zeit nicht explizit auftritt, ist das System skleronom.

14.2 Ein Körper rutscht mit Reibung auf einer schiefen Ebene herunter. Der Neigungswinkel der Ebene ist zeitlich veränderlich. Zwischen den Koordinaten und dem Neigungswinkel besteht die Beziehung

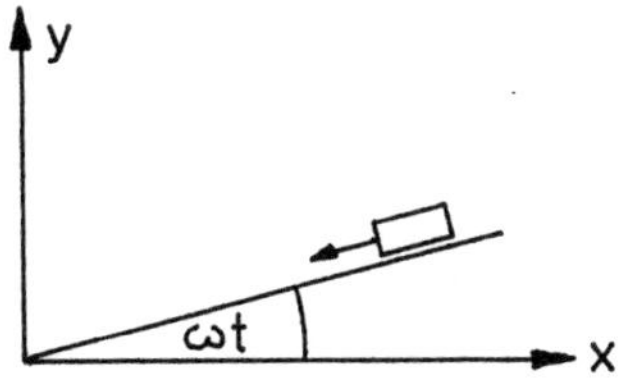

$$\frac{y}{x} - \mathrm{tg}\,\omega t = 0 \,.$$

Die Zeit tritt also explizit in der Zwangsbedingung auf. Das System ist holonom und rheonom. Da Reibung vorliegt, ist es außerdem nicht konservativ.

14.3 Als ein Beispiel für differentielle Zwangsbedingungen betrachten wir ein Rad, das (ohne zu rutschen) auf einer Ebene rollt. Das Rad kann nicht umfallen. Der Radius des Rades ist a.

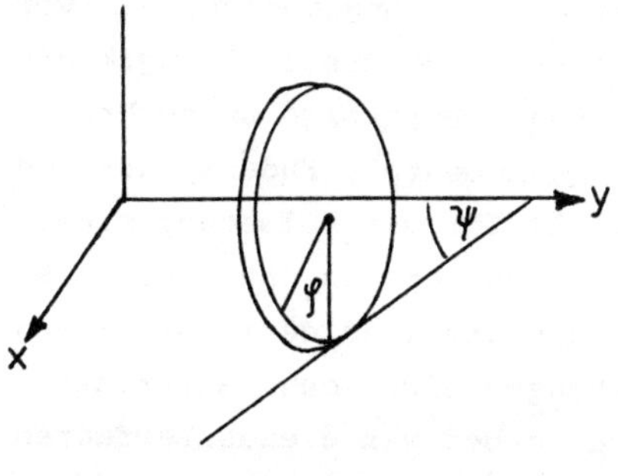

Zur Beschreibung benutzen wir die Koordinaten x_M, y_M des Mittelpunktes, den Winkel φ, der die Drehung angibt und den Winkel ψ, der die Orientierung der Radebene zur y-Achse angibt.

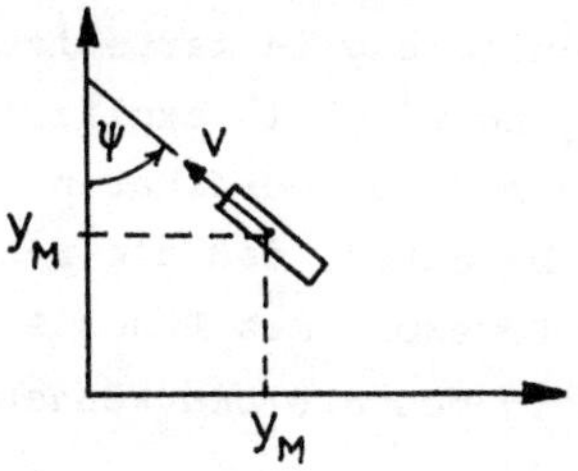

Zwischen der Geschwindigkeit v des Radmittelpunktes und der Drehgeschwindigkeit besteht die Beziehung (Rollbedingung):

$$v = a\dot{\varphi}.$$

Die Komponenten der Geschwindigkeit sind

$$\dot{x}_M = v \sin\psi,$$

$$\dot{y}_M = v \cos\psi.$$

Setzen wir v ein, so erhalten wir

$$dx_M - a \sin\psi \cdot d\varphi = 0 \quad ,$$

$$dy_M - a \cos\psi \; d\varphi = 0 \quad ,$$

also Zwangsbedingungen der Art von Gleichung (2).
Da der Winkel ψ erst nach Lösung des Problems bekannt ist, sind die Gleichungen nicht integrabel. Das Problem ist also nichtholonom, skleronom und konservativ.

Bewegt sich ein Körper auf einer durch Zwangsbedingungen vorgegebenen (oder eingeschränkten) Bahn, so treten Zwangskräfte auf, die ihn auf dieser Bahn halten. Derartige Zwangskräfte sind Auflagekräfte, Lagerkräfte (-momente), Fadenspannungen usw.. Falls man sich nicht speziell für die Belastung eines Fadens oder Lagers interessiert, versucht man das Problem so zu formulieren, daß die Zwangsbedingung (und damit die Zwangskraft) in den zu lösenden Gleichungen nicht mehr auftritt. Bei bisher vorkommenden Problemen haben wir dieses Verfahren schon unausgesprochen praktiziert. Ein einfaches Beispiel ist das ebene Pendel. Statt der Formulierung in kartesischen Koordinaten, bei der die Zwangsbedingung $x^2+y^2=l^2$ explizit berücksichtigt werden muß, benutzen wir Polarkoordinaten (r,φ). Die Konstanz der Pendellänge bedeutet, daß die r-Koordinate konstant bleibt und wir die Bewegung des Pendels mit der Winkelkoordinate allein vollständig beschreiben können.

Dieses Vorgehen, die Transformation auf dem Problem angepaßte Koordinaten, wollen wir jetzt etwas allgemeiner fassen.

Betrachten wir ein System von n Massenpunkten, so wird es durch 3n Koordinaten $\vec{r}_1, \vec{r}_2, \ldots \vec{r}_{3n}$ beschrieben. Die Zahl der Freiheitsgrade ist ebenfalls 3n. Liegen f Zwangsbedingungen vor, so wird die Zahl der Freiheitsgrade auf 3n-f eingeschränkt. In dem Satz von ursprünglich 3n unabhängigen Koordinaten sind jetzt f abhängige Koordinaten enthalten. Jetzt wird die Bedeutung der holonomen Zwangsbedingungen klar. Werden nämlich die Zwangsbedingungen durch Gleichungen der Form (1) ausgedrückt, so lassen sich die abhängigen Koordinaten eliminieren. Wir können auf 3n-f Koordinaten $q_1, q_2, \ldots, q_{3n-f}$ transformieren, die die Zwangsbedingungen implizit enthalten und voneinander unabhängig sind. Die alten Koordinaten werden durch die neuen Koordinaten durch Gleichungen der Form

$$\begin{aligned} \vec{r}_1 &= \vec{r}_1\,(q_1, q_2, \ldots, q_{3n-f}, t) \quad , \\ \vec{r}_2 &= \vec{r}_2\,(q_1, q_2, \ldots, q_{3n-f}, t) \quad , \\ &\vdots \\ \vec{r}_n &= \vec{r}_n\,(q_1, q_2, \ldots, q_{3n-f}, t) \end{aligned} \tag{3}$$

ausgedrückt. Diese Koordinaten, die jetzt als frei betrachtet werden können, heißen generalisierte (oder verallgemeinerte) Koordinaten . In den meisten praktischen Fällen, die wir betrachten, wird die Wahl der generalisierten Koordinaten schon durch die Problemstellung nahegelegt und die Transformationsgleichungen (3) müssen nicht explizit aufgestellt werden. Die Benutzung von generalisierten Koordinaten ist auch bei Problemen ohne Zwang nützlich. So läßt sich ein Zentralkraftproblem einfacher und vollständig durch die Koordinaten (r,φ) statt durch (x,y,z) beschreiben.

Als generalisierte Koordinaten dienen in der Regel Längen und Winkel. Wie wir später sehen werden, können aber auch Impulse und Energien usw. als generalisierte Koordinaten verwendet werden.

Beispiele für generalisierte Koordinaten

14.4 Eine Ellipse sei in der xy-Ebene gegeben. Ein Teilchen, das sich auf der Ellipse bewegt, hat die Koordinaten (x,y). Die kartesischen Koordinaten lassen sich durch den Parameter φ ausdrücken:

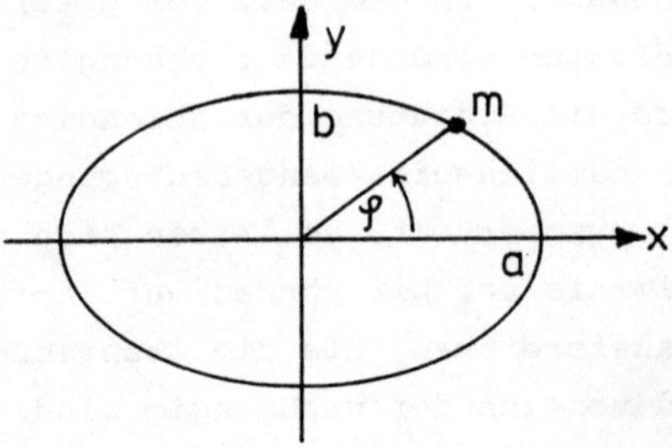

$$y = b \sin\varphi, \; x = a \cos\varphi.$$

Es ist also möglich, die Bewegung des Teilchens vollständig durch den Winkel φ (die generalisierte Koordinate φ) zu beschreiben.

14.5

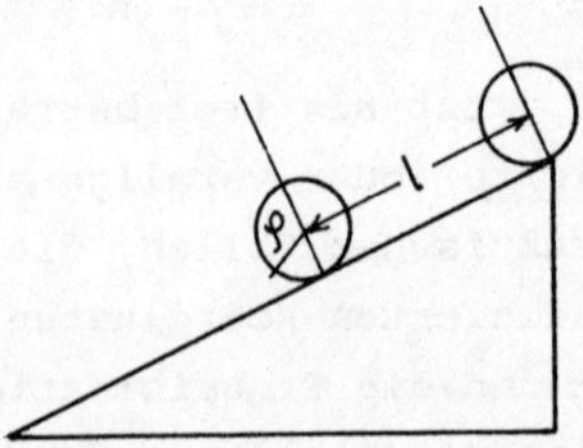

Die Position eines Zylinders auf einer schiefen Ebene ist durch den Abstand l vom Nullpunkt zum Massenpunkt und den Winkel φ der Rotation des Zylinders um seine Achse vollständig gegeben.

Rutscht der Zylinder auf der Ebene, so sind beide generalisierte Koordinaten von Bedeutung.
Wenn der Zylinder nicht rutscht, ist l über eine Rollbedingung von φ abhängig; dann ist nur eine von beiden generalisierten Koordinaten zur vollständigen Beschreibung der Bewegung des Zylinders notwendig.

Größen der Mechanik in generalisierten Koordinaten

Die Geschwindigkeit des i-ten Massenpunktes läßt sich nach der Transformationsgleichung

$$\vec{r}_i = \vec{r}_i\,(q_1, \ldots, q_\nu, t)$$

als

$$\dot{\vec{r}}_i = \frac{\partial \vec{r}_i}{\partial q_1}\frac{dq_1}{dt} + \ldots + \frac{\partial \vec{r}_i}{\partial q_\nu}\frac{dq_\nu}{dt} + \frac{\partial \vec{r}_i}{\partial t}$$

darstellen.

Im skleronomen Fall fällt der letzte Summand weg. In anderer Form können wir auch schreiben:

$$\dot{\vec{r}}_i = \sum_{\alpha}^{n} \frac{\partial \vec{r}_i}{\partial q_\alpha}\,\dot{q}_\alpha + \frac{\partial \vec{r}_i}{\partial t} \quad , \tag{4}$$

wobei $\frac{dq_\alpha}{dt} = \dot{q}_\alpha$ *ist und*

$\dot{q}_\alpha$ als generalisierte Geschwindigkeit bezeichnet wird. Wir beschränken uns im folgenden auf die x-Komponente. Im skleronomen Fall schreiben wir für die x-Komponente von Gleichung (4):

$$\dot{x}_i = \sum_{\alpha} \frac{\partial x_i}{\partial q_\alpha}\,\dot{q}_\alpha . \tag{5}$$

Differenzieren wir (5) noch einmal nach der Zeit, so erhalten wir für die kartesischen Komponenten der Beschleunigung:

$$\ddot{x}_i = \sum_{\alpha} \frac{d}{dt}\left(\frac{\partial x_i}{\partial q_\alpha}\right)\dot{q}_\alpha + \frac{\partial x_i}{\partial q_\alpha}\,\ddot{q}_\alpha .$$

Die totale Ableitung im ersten Term schreiben wir wie üblich:

$$\frac{d}{dt}\left(\frac{\partial x_i}{\partial q_\alpha}\right) = \sum_{\beta} \frac{\partial^2 x_i}{\partial q_\beta\,\partial q_\alpha}\,\dot{q}_\beta$$

Der griechische Index, über den jetzt zusätzlich zu summieren ist, wird hier mit dem Buchstaben β bezeichnet, um eine Verwechslung mit dem Summationsindex α zu vermeiden.

Somit gilt: $\ddot{x}_i = \sum_{\alpha,\beta} \frac{\partial^2 x_i}{\partial q_\beta \, \partial q_\alpha} \dot{q}_\beta \dot{q}_\alpha + \sum_\alpha \frac{\partial x_i}{\partial q_\alpha} \ddot{q}_\alpha .$

Der erste Term enthält eine doppelte Summation über α und β.

Ein System habe die generalisierten Koordinaten $q_1, \ldots, q_n$, die nun einen Zuwachs von $dq_1, \ldots, d_{qn}$ erfahren sollen.

Für eine infinitesimale Verschiebung des i-ten Teilchens gilt:

$$d\vec{r}_i = \sum_{\alpha=1}^{n} \frac{\partial \vec{r}_i}{\partial q_\alpha} dq_\alpha . \tag{6}$$

Daraus erhalten wir die geleistete Arbeit als

$$dW = \sum_{i=1}^{N} \vec{F}_i d\vec{r}_i = \sum_{i=1}^{N} \left(\sum_{\alpha=1}^{n} \vec{F}_i \frac{\partial \vec{r}_i}{\partial q_\alpha} \right) dq_\alpha = \sum_\alpha Q_\alpha dq_\alpha$$

wobei $Q_\alpha = \sum_i \vec{F}_i \frac{\partial \vec{r}_i}{\partial q_\alpha}$ ist. (7)

Wir nennen Q_α die <u>verallgemeinerte</u> (generalisierte) <u>Kraft</u>. Da die generalisierte Koordinate nicht die Dimension einer Länge zu haben braucht, muß Q_α nicht die Dimension einer Kraft haben. Das Produkt $Q_\alpha \, q_\alpha$ hat allerdings immer die Dimension einer Arbeit.

Da $dW = \sum_\alpha \frac{\partial W}{\partial q_\alpha} dq_\alpha$ und $dW = \sum_\alpha Q_\alpha dq_\alpha$ ist, muß gelten:

$$dW - dW = 0 = \sum_\alpha \left(Q_\alpha - \frac{\partial W}{\partial q_\alpha} \right) dq_\alpha = 0.$$

Da die q_α generalisierte Koordinaten sind, sind sie voneinander unabhängig und so folgt nun aber, daß der Ausdruck $(Q_\alpha - \frac{\partial W}{\partial q_\alpha}) = 0$ sein muß, um die Gleichung $\sum_\alpha (Q_\alpha - \frac{\partial W}{\partial q_\alpha}) = 0$ zu erfüllen.

Dies ist aber nur der Fall, wenn

$$Q_\alpha = \frac{\partial W}{\partial q_\alpha} \quad .$$

Die Komponenten der verallgemeinerten Kraft ergeben sich also als Ableitung der Arbeit nach der betreffenden verallgemeinerten Koordinate.

5. D'Alembertsches Prinzip und Herleitung der Lagrange Gleichungen

Virtuelle Verrückungen

Unter einer virtuellen Verrückung $\delta\vec{r}$ verstehen wir eine mit den Zwangsbedingungen vereinbare infinitesimale Auslenkung des Systems. Im Gegensatz zu einer reellen infinitesimalen Auslenkung $d\vec{r}$ sollen sich bei einer virtuellen Verrückung die Kräfte und Zwangskräfte, denen das System unterliegt, nicht ändern. Eine virtuelle Verrückung wird mit dem Symbol δ gekennzeichnet, eine reelle mit d. Mathematisch gehen wir mit dem Element δ wie mit einem Differential um, z.B. ist $\delta \sin x = \cos x$ usw..

Wir betrachten ein System von Massenpunkten im Gleichgewicht. Dann verschwindet die Gesamtkraft $\vec{F}_i$ auf jeden einzelnen Massenpunkt. Als virtuelle Arbeit bezeichnen wir das Produkt aus Kraft und virtueller Verrückung $\vec{F}_i \cdot \delta\vec{r}_i$. Da die Kraft für jeden einzelnen Massenpunkt verschwindet, ist auch die Summe über die an den einzelnen Massenpunkten geleistete virtuelle Arbeit gleich Null:

$$\sum \vec{F}_i \, \delta\vec{r}_i = 0 \tag{1}$$

Die Kraft $\vec{F}_i$ wird jetzt aufgeteilt in die Zwangskraft $\vec{F}_i^z$ und die angewendete Kraft $\vec{F}_i^a$.

$$\sum (\vec{F}_i^a - \vec{F}_i^z)\,\delta\vec{r}_i = 0. \tag{2}$$

Wir beschränken uns jetzt auf solche Systeme, in denen die von der Zwangskraft verrichtete Arbeit verschwindet. In vielen Fällen (ausgenommen z.B. solche mit Reibung) steht die Zwangskraft senkrecht auf der Bewegungsrichtung und das Produkt $\vec{F}^z\,\delta\vec{r}$ verschwindet. Ist ein Massenpunkt zum Beispiel gezwungen, sich auf einer vorgegeben Raumkurve zu bewegen, so ist seine Bewegungsrichtung immer tangential zur Kurve, die Zwangskraft normal. Dadurch fällt die Zwangskraft aus Gleichung (2) heraus und es gilt

$$\sum \vec{F}_i{}^a\,\delta\vec{r}_i = 0 . \tag{3}$$

Während in Gleichung (1) jeder Summand für sich Null ist, verschwindet jetzt nur die Summe als ganzes. Die Aussage von Gleichung (3) wird als Prinzip der virtuellen Arbeit bezeichnet und gibt an, daß ein System nur dann im Gleichgewicht ist, wenn die gesamte virtuelle Arbeit der angewandten (äußeren) Kräfte verschwindet.

Mit dem Prinzip der virtuellen Arbeit können nur Probleme der Statik behandelt werden. Indem D'Alembert die Trägheitskraft nach dem Newtonschen Axiom

$$\vec{F}_i = \dot{\vec{p}}_i \tag{4}$$

einführte, gelang es ihm, das Prinzip der virtuellen Arbeit auch auf Aufgabenstellungen der Dynamik anzuwenden. Wir verfahren analog zur Herleitung des Prinzips der virtuellen Arbeit. Wegen Gleichung (4) verschwindet in der Summe

$$\sum (\vec{F}_i - \dot{\vec{p}}_i)\,\delta\vec{r}_i = 0$$

jeder einzelne Summand. Wenn wir die Gesamtkraft wieder in angewandte Kraft und Zwangskraft aufteilen, so folgt mit der gleichen Beschränkung wie oben die Gleichung

$$\sum (\vec{F}_i^a - \dot{\vec{p}}_i)\, \delta\, \vec{r}_i = 0 \quad , \qquad (5)$$

bei der die einzelnen Summanden von Null verschieden sein können. Diese Gleichung gibt das D'Alembertsche Prinzip an.

ufgaben

15.1 An zwei konzentrisch befestigten Rollen mit den Radien R_1 und R_2 hängen zwei Massen m_1 und m_2. Die Masse der Rollen ist zu vernachlässigen. Mit dem Prinzip der virtuellen Arbeit soll die Gleichgewichtsbedingung bestimmt werden.

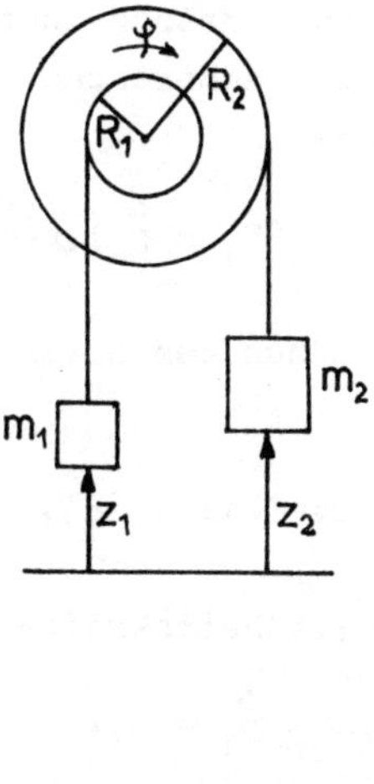

Aus $\sum \vec{F}_i^a\, \delta\, \vec{r}_i = 0$ folgt:

$$m_1\, g\, \delta z_1 + m_2\, g \delta z_2 = 0 \; .$$

Die Verrückungen sind über die Zwangsbedingung miteinander verknüpft, es gilt

$$\delta z_1 = R_1\, \delta\varphi \; , \qquad \delta z_2 = -R_2\, \delta\varphi .$$

Somit ergibt sich

$$(m_1\, R_1 - m_2\, R_2)\, \delta\varphi = 0$$

oder

$$m_1 R_1 = m_2 R_2$$

als Gleichgewichtsbedingung.

15.2 In der Anordnung, die die Skizze zeigt, bewegen sich die zwei durch ein Seil verbundenen Massen reibungslos. Mit dem D'Alembertschen Prinzip soll die Bewegungsgleichung gefunden werden. Für die zwei Massen lautet das D'Alembertsche Prinzip:

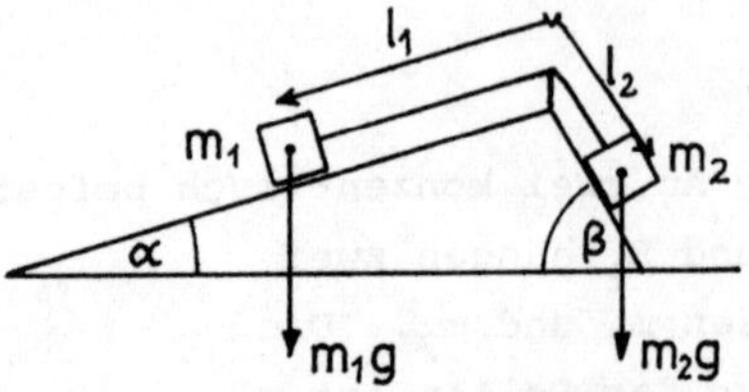

$$(\vec{F}_1 - \dot{\vec{p}}_1)\,\delta\vec{l}_1 + (\vec{F}_2 - \dot{\vec{p}}_2)\,\delta\vec{l}_2 = 0 . \qquad (1)$$

Die Länge des Seils ist konstant (Zwangsbedingung):

$$l_1 + l_2 = l$$

Daraus folgt $\delta l_1 = -\delta l_2$ und $\ddot{l}_1 = -\ddot{l}_2$.

Die Trägheitskräfte sind:

$$\dot{\vec{p}}_1 = m_1 \ddot{\vec{l}}_1 \qquad \text{und} \qquad \dot{\vec{p}}_2 = m_2 \ddot{\vec{l}}_2 .$$

Setzen wir alles in Gleichung (1) ein und berücksichtigen, daß die Beschleunigungen parallel zu den Verrückungen sind, so gilt:

$$(m_1 g \sin\alpha - m_1 \ddot{l}_1)\,\delta l_1 + (m_2 g \sin\beta - m_2 \ddot{l}_2)\,\delta l_2 = 0 ,$$

$$(m_1 g \sin\alpha - m_1 \ddot{l}_1 - m_2 g \sin\beta - m_2 \ddot{l}_1)\,\delta l_1 = 0$$

oder $$\ddot{l}_1 = \frac{m_1 \sin\alpha - m_2 \sin\beta}{m_1 + m_2}\, g .$$

Wie auch die beiden Aufgaben 15.1 und 15.2 zeigen, liegt der Nachteil des Prinzips der virtuellen Verrückungen darin, daß immer noch mit den Zwangsbedingungen abhängige Verrückungen eliminiert werden müssen, bevor eine Bewegungsgleichung gewonnen werden kann. Wir führen deshalb generalisierte Koordinaten q_i ein. Wenn wir in Gleichung (5) die $\delta\vec{r}_i$ auf δq_i transformieren, können die Koeffizienten der δq_i sofort Null gesetzt werden.

Ausgehend von Gleichung (5) führen wir in der ersten Summe entsprechend Gleichungen (14. 6/7) die verallgemeinerte Kraft ein:

$$\sum_i \vec{F}_i \delta\vec{r}_i = \sum_i \vec{F}_i \sum_\nu \frac{\partial \vec{r}_i}{\partial q_\nu} \delta q_\nu = \sum_\nu Q_\nu \delta q_\nu . \tag{6}$$

Wir wenden uns nun dem anderen Term in Gleichung (5) zu:

$$\sum_i \dot{\vec{p}}_i \cdot \delta\vec{r}_i = \sum_i m_i \ddot{\vec{r}}_i \cdot \delta\vec{r}_i \quad .$$

Drücken wir $\delta\vec{r}_i$ entsprechend 14.6 durch die δq_i aus, so erhalten wir:

$$\sum_i \dot{\vec{p}}_i \cdot \delta\vec{r}_i = \sum_{i,\nu} m_i \ddot{\vec{r}}_i \cdot \frac{\partial \vec{r}_i}{\partial q_\nu} \delta q_\nu . \tag{7}$$

Durch Addition und gleichzeitige Subtraktion desselben Termes formen wir die rechte Seite der Gleichung um:

$$\sum_i m_i \ddot{\vec{r}}_i \frac{\partial \vec{r}_i}{\partial q_\nu} = \sum_i \left(\frac{d}{dt}(m_i \dot{\vec{r}}_i)\frac{\partial \vec{r}_i}{\partial q_\nu}\right) + \sum_i \left(m_i \dot{\vec{r}}_i \frac{d}{dt}\left(\frac{\partial \vec{r}_i}{\partial q_\nu}\right)\right)$$

$$- \sum_i \left(m_i \dot{\vec{r}}_i \frac{d}{dt}\left(\frac{\partial \vec{r}_i}{\partial q_\nu}\right)\right) ,$$

$$= \sum \left(\frac{d}{dt}\left(m_i \dot{\vec{r}}_i \frac{\partial \vec{r}_i}{\partial q_\nu}\right) - m_i \dot{\vec{r}}_i \frac{d}{dt}\left(\frac{\partial \vec{r}_i}{\partial q_\nu}\right)\right) . \tag{8}$$

Um den Ausdruck für die kinetische Energie herzuleiten, vertauschen wir im letzten Term von Gleichung (8) die Reihenfolge der Differentiaten bezüglich t und q_ν :

$$\frac{d}{dt}\left(\frac{\partial \vec{r}_i}{\partial q_\nu}\right) = \frac{\partial}{\partial q_\nu}\left(\frac{d}{dt}\vec{r}_i\right) = \frac{\partial}{\partial q_\nu}\vec{v}_i. \tag{9}$$

Einsetzen in Gleichung (8) ergibt:

$$\sum_i \left(m_i \ddot{\vec{r}}_i \frac{\partial \vec{r}_i}{\partial q_\nu}\right) = \sum_i \left(\frac{d}{dt}\left(m_i \dot{\vec{r}}_i \frac{\partial \vec{r}_i}{\partial q_\nu}\right) - m_i \vec{v}_i \frac{\partial}{\partial q_\nu}\vec{v}_i\right). \tag{10}$$

Den Ausdruck $\frac{\partial \vec{r}_i}{\partial q_\nu}$ im ersten Term der rechten Seite von Gleichung (10) können wir umformen, indem wir Gleichung (14.4) partiell nach $\dot{q}_\nu$ ableiten:

$$\frac{\partial \vec{v}_i}{\partial \dot{q}_\nu} = \frac{\partial \vec{r}_i}{\partial q_\nu} \quad ,$$

da $\frac{\partial}{\partial \dot{q}_\nu}\left(\frac{\partial \vec{r}_i}{\partial t}\right) = 0$ ist und die Summe über ν zusammenbricht. Setzen wir diese Beziehung in (10) ein, so erhalten wir:

$$\sum_i \left(m_i \ddot{\vec{r}}_i \frac{\partial \vec{r}_i}{\partial q_\nu}\right) = \sum_i \left(\frac{d}{dt}\left(m_i \vec{v}_i \cdot \frac{\partial \vec{v}_i}{\partial \dot{q}_\nu}\right)\right) - \sum_i \left(m_i \vec{v}_i \frac{\partial \vec{v}_i}{\partial q_\nu}\right)$$

$$= \frac{d}{dt}\left(\frac{\partial}{\partial \dot{q}_\nu}\left(\sum_i \frac{1}{2} m_i \vec{v}_i^{\,2}\right)\right) - \frac{\partial}{\partial q_\nu}\left(\sum_i \frac{1}{2} m_i \vec{v}_i^{\,2}\right).$$

Hierbei ist $\sum_i \frac{1}{2} m_i \vec{v}_i^{\,2}$ die kinetische Energie T:

$$\sum_i \left(m_i \ddot{\vec{r}}_i \frac{\partial \vec{r}_i}{\partial q_\nu}\right) = \frac{d}{dt}\left(\frac{\partial T}{\partial \dot{q}_\nu}\right) - \frac{\partial T}{\partial q_\nu}.$$

Einsetzen in Gleichung (7) liefert:

$$\sum_i \dot{\vec{p}}_i \, \delta \vec{r}_i = \sum_\nu \left(\frac{d}{dt}\left(\frac{\partial T}{\partial \dot{q}_\nu}\right) - \frac{\partial T}{\partial q_\nu}\right) \delta q_\nu \qquad (11)$$

Mit den Gleichungen (6) und (11) können wir das D'Alembertsche Prinzip durch generalisierte Koordinaten ausdrücken. Einsetzen in

$$\sum_i \vec{F}_i \, \delta \vec{r}_i = \sum_\nu Q_\nu \, \delta q_\nu \quad (\text{vgl. } (4))$$

die Gleichung (5) liefert:

$$\sum_\nu \left(\frac{d}{dt}\left(\frac{\partial T}{\partial \dot{q}_\nu}\right) - \frac{\partial T}{\partial q_\nu} - Q_\nu\right) \delta q_\nu = 0. \qquad (12)$$

Die q_ν sind generalisierte Koordinaten; somit sind die q_ν und die dazugehörigen δq_ν voneinander unabhängig.

Deshalb ist Gleichung (12) nur dann erfüllt, wenn die einzelnen Koeffizienten verschwinden, d.h. für jede Koordinate q_ν gilt:

$$\frac{d}{dt}\left(\frac{\partial T}{\partial \dot{q}_\nu}\right) - \frac{\partial T}{\partial q_\nu} - Q_\nu = 0. \qquad (13)$$

Als weitere Vereinfachung nehmen wir an, daß die Kraft aus einem Potential herleitbar ist:

$$\vec{F}_i = - \operatorname{grad}_i(V) = - \nabla_i(V)$$

(konservatives Kraftfeld) .

In diesem Fall können die generalisierten Kräfte Q_ν als

$$Q_\nu = \sum_i \vec{F}_i \cdot \frac{\partial \vec{r}_i}{\partial q_\nu} = - \sum_i \nabla_i(V) \cdot \frac{\partial \vec{r}_i}{\partial q_\nu} = -\frac{\partial V}{\partial q_\nu}$$

geschrieben werden, da

$$\left(\frac{\partial V}{\partial x_i}\vec{e}_x + \frac{\partial V}{\partial y_i}\vec{e}_y + \frac{\partial V}{\partial z_i}\vec{e}_z\right)\cdot\left(\frac{\partial x_i}{\partial q_\nu}\vec{e}_x + \frac{\partial y_i}{\partial q_\nu}\vec{e}_y + \frac{\partial z_i}{\partial q_\nu}\vec{e}_z\right) =$$

$$= \frac{\partial V}{\partial x_i}\frac{\partial x_i}{\partial q_\nu} + \frac{\partial V}{\partial y_i}\frac{\partial y_i}{\partial q_\nu} + \frac{\partial V}{\partial z_i}\frac{\partial z_i}{\partial q_\nu} = \frac{\partial V}{\partial q_\nu}$$

ist.

Setzen wir $Q_\nu = -\frac{\partial V}{\partial q_\nu}$ in Gleichung (13) ein, so erhalten wir:

$$\frac{d}{dt}\left(\frac{\partial T}{\partial \dot{q}_\nu}\right) - \frac{\partial T}{\partial q_\nu} + \frac{\partial V}{\partial q_\nu} = 0 \qquad \text{bzw.}$$

$$\frac{d}{dt}\left(\frac{\partial T}{\partial \dot{q}_\nu}\right) - \frac{\partial (T-V)}{\partial q_\nu} = 0 \ .$$

V ist unabhängig von der generalisierten Geschwindigkeit, d.h. V ist nur eine Funktion des Ortes:

$$\frac{\partial V}{\partial \dot{q}_\nu} = 0$$

Wir können schreiben:

$$\frac{d}{dt}\frac{\partial}{\partial \dot{q}_\nu}(T-V) - \frac{\partial}{\partial q_\nu}(T-V) = 0$$

oder, indem wir eine neue Funktion, die <u>Lagrangefunktion</u>

$$\boxed{L = T - V}$$

definieren:

$$\boxed{\frac{d}{dt}\frac{\partial L}{\partial \dot{q}_\nu} - \frac{\partial L}{\partial q_\nu} = 0} \qquad (14)$$

Diese Gleichung wird als <u>Lagrangegleichung</u> und $\frac{\partial L}{\partial \dot{q}_\nu}$ als generalisierter Impuls bezeichnet.

Aufgaben und Beispiele zum Lagrange-Formalismus

15.3

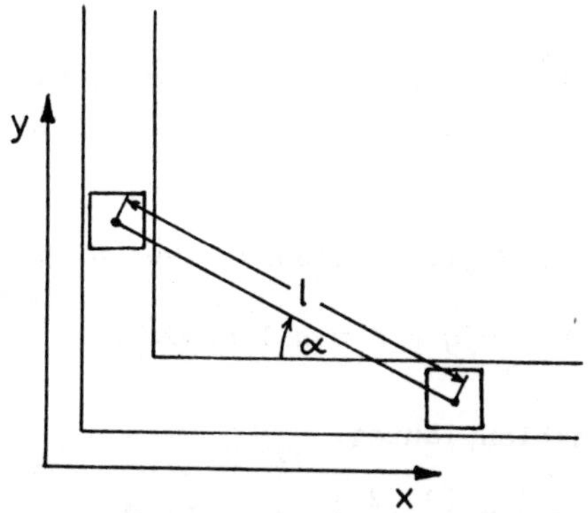

Zwei Klötze, die durch eine starre Stange der Länge l verbunden sind, bewegen sich reibungsfrei entlang eines vorgegebenen Weges (vgl. Zeichnung). Die generalisierte Koordinate ist der Winkel α (entsprechend dem einen Freiheitsgrad des Systems):

$$x = l \cos\alpha \quad ,$$
$$y = l \sin\alpha \quad .$$

Es handelt sich um eine holonome, skleronome Zwangsbedingung. Wir wollen die Lagrangefunktion

$$L = T - V$$

bestimmen. Die kinetische Energie des Systems ist:

$$T = \frac{1}{2} m \left(\dot{x}^2 + \dot{y}^2 \right) \quad .$$

Dazu bilden wir $\dot{x}$ und $\dot{y}$:

$$\dot{x} = -\, l\, (\sin\alpha)\, \dot{\alpha} \quad ,$$
$$\dot{y} = \quad l\, (\cos\alpha)\, \dot{\alpha} \quad .$$

Damit bekommen wir für T:

$$T = \frac{1}{2}\, m\, (\, l^2\, (\,\sin^2\alpha\,)\, \dot{\alpha}^2 + l^2\, (\cos^2\alpha)\, \dot{\alpha}^2\,)$$
$$= \frac{1}{2}\, m\, l^2 \dot{\alpha}^2 \quad .$$

Für das Potential V gilt (konservatives System):

$$V = m\, g\, y = m\, g\, l\, \sin\alpha \; .$$

Die Lagrangefunktion lautet:

$$L = T - V = \frac{1}{2}\, m\, l^2 \dot{\alpha}^2 - m\, g\, l\, \sin\alpha \quad .$$

Wir setzen L in die Lagrangegleichung (14) ein:

$$\frac{d}{dt} \frac{\partial L}{\partial \dot{\alpha}} - \frac{\partial L}{\partial \alpha} = \frac{d}{dt} \left(m\, l^2 \dot{\alpha} \right) + mg\, l\, \cos\alpha = 0 \quad ,$$

bzw.

$$m\, l^2 \ddot{\alpha} + m\, g\, l\, \cos\alpha = 0 \quad ,$$

$$\ddot{\alpha} + \frac{g}{l} \cos\alpha = 0 \quad .$$

Multiplizieren mit $\dot{\alpha}$ ergibt:

$$\ddot{\alpha}\, \dot{\alpha} + \frac{g}{l} \dot{\alpha} \cos\alpha = 0 \quad .$$

Diese Gleichung können wir direkt integrieren:

$$\frac{1}{2} \dot{\alpha}^2 + \frac{g}{l} \sin\alpha = \text{const.} = c \quad ,$$

bzw.

$$\dot{\alpha} = \sqrt{2 \left(c - \frac{g}{l} \sin\alpha \right)} \quad .$$

Trennen wir die Variablen α und t, so ergibt sich die Gleichung

$$dt = \frac{d\alpha}{\sqrt{2 \left(c - g/l \sin\alpha \right)}} \quad ,$$

$$t - t_o = \int_{\alpha_1}^{\alpha_2} \frac{d\alpha}{\sqrt{2 \left(c - g/l \sin\alpha \right)}} \quad .$$

Die Konstanten c und t_o werden aus vorgegebenen Anfangsbedingungen bestimmt.

.4 An dem folgenden Beispiel zum Lagrange-Formalismus soll der Begriff der "ignorablen" Koordinate erläutert werden. Es sei die nachstehend gezeichnete Anordung gegeben:

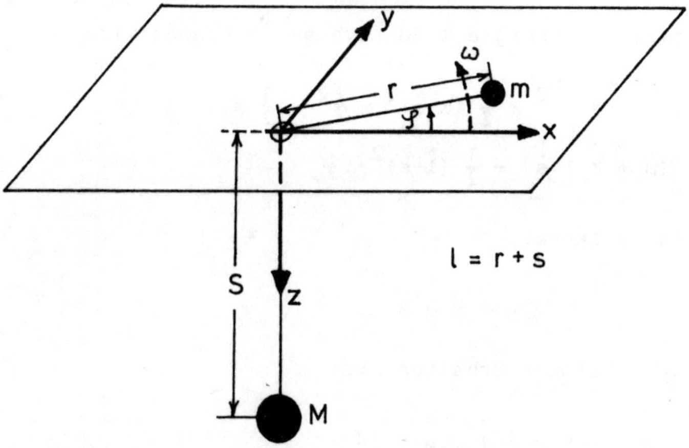

Zwei Massen m und M sind durch einen Faden mit der konstanten Gesamtlänge $l = r + s$ verbunden, wobei die Fadenmasse vernachlässigbar klein gegen $m + M$ ist. Die Masse m kann an dem Faden (mit der variierenden Teillänge r) auf der Ebene rotieren. Der Faden führt von m durch ein Loch in der Ebene zu M, wobei die Masse M an dem straff gespannten Faden (mit der ebenfalls veränderlichen Teillänge $s = l - r$) hängt. Diese Anordnung kann je nach den Werten, die ω bei der Rotation von m auf der Ebene annimmt, nach oben oder nach unten rutschen. Dabei soll sich die Masse M nur in Richtung der z-Achse bewegen können. Die Zwangsbedingungen, die das vorgegebene System charakterisieren, sind holonom und skleronom. Weiterhin liegen bei dieser Anordnung zwei Freiheitsgrade vor. Dem entsprechen zwei generalisierte Koordinaten φ und s, die den Bewegungszustand dieses konservativen Systems eindeutig beschreiben.

Es gilt:

$$x = r \cos\varphi = (l-s) \cos\varphi ,$$
$$y = r \sin\varphi = (l-s) \sin\varphi .$$

$z = s$

Für die kinetische Energie T des Systems bekommen wir:

$$T = \frac{1}{2} m (\dot{l-s})^2 + \frac{1}{2} (l-s)^2 m \dot{\varphi}^2 + \frac{1}{2} M \dot{s}^2 \quad \text{mit } (\dot{l-s}) = -\dot{s}$$
$$= \frac{1}{2} (m + M) \dot{s}^2 + \frac{1}{2} (l-s)^2 m \dot{\varphi}^2 .$$

Das Potential V lautet:

$$V = - M g s .$$

Als Lagrangefunktion L erhalten wir:

$$L = T - V = \frac{1}{2} (m+M) \dot{s}^2 + $$
$$+ \frac{1}{2} (l-s)^2 m \dot{\varphi}^2 + M g s .$$

Wir bilden nun:

$$\frac{d}{dt}\frac{\partial L}{\partial \dot{s}} = (m+M)\ddot{s} \quad ,$$

$$\frac{\partial L}{\partial s} = -(L-s)\,m\,\dot{\varphi}^2 + Mg \quad ,$$

$$\frac{d}{dt}\frac{\partial L}{\partial \dot{\varphi}} = \frac{d}{dt}\left(\left(L-s\right)^2 m\,\dot{\varphi}\right) \quad ,$$

$$\frac{\partial L}{\partial \varphi} = 0 .$$

Wegen $\partial L/\partial \varphi = 0$ bezeichnet man in der Literatur φ als ignorable oder zyklische Koordinate. Die Lagrangegleichung für φ reduziert sich damit auf:

$$\frac{d}{dt}\frac{\partial L}{\partial \dot{\varphi}} = \frac{d}{dt}\left(\left(1-s \right)^2 m\dot{\varphi}\right) = 0 \quad ,$$

bzw.

$$(1-s)^2 \dot{\varphi}\, m = L = \text{const.}$$

Dieses erste Integral der Bewegung ist der Drehimpulserhaltungssatz.

Allgemein gesagt, reduziert sich die Lagrangesche Bewegungsgleichung

$$\frac{d}{dt}\frac{\partial L}{\partial \dot{q}_j} - \frac{\partial L}{\partial q_j} = 0$$

für eine ignorable (zyklische) Koordinate auf:

$$\frac{d}{dt}\frac{\partial L}{\partial \dot{q}_j} = 0 \qquad \text{oder} \qquad dp_j/\,dt = 0 \quad .$$

Das bedeutet, daß p_j zeitlich konstant ist.

Demnach gilt der allgemeine Erhaltungssatz:

Der zu einer zyklischen Koordinate konjugierte generalisierte Impuls bleibt erhalten.

Die Lagrangegleichung für s lautet:

$$(m + M) \ddot{s} + (1-s)^2 m \dot{\varphi}^2 - M g = 0 \quad ,$$

bzw. nach Multiplikation mit $\dot{s}$:

$$(m + M) \ddot{s} \dot{s} + \frac{L^2 \dot{s}}{(1-s)^3 m} - M g \dot{s} = 0 \quad ,$$

mit $L = (1-s)^2 m \dot{\varphi}$.

Die letzte Gleichung können wir sofort integrieren, und wir erhalten als zweites Integral der Bewegung:

$$\frac{1}{2} (m+M) \dot{s}^2 + \frac{L^2}{2 (1-s)^2 m} - M g s = \text{const.}$$

$$= T + V = E \quad ;$$

d.h. es handelt sich um die Erhaltung der Gesamtenergie des Systems. Das vorliegende System befindet sich im Gleichgewichtszustand (Gravitationskraft = Zentripetalkraft) für $ds / dt = 0$:

$$\frac{ds}{dt} = \sqrt{\frac{1}{m + M} \left(2 (E + M g s) - \frac{L^2}{(1-s)^2 m} \right)} = 0 .$$

Dies ist genau für einen bestimmten Drehimpuls $L = L_o$ der Fall, der einer bestimmten Winkelgeschwindigkeit $\omega = \dot{\varphi}$ entspricht:

$$L_o = (1-s) \sqrt{2m\,(E + Mgs)} \quad .$$

Für $L > L_o$ rutscht die ganze Anordnung nach oben, für $L < L_o$ rutscht der Faden mit den beiden Massen m und M nach unten, für $L = L_o$ ist das System im Gleichgewicht. Für den Spezialfall $L = 0$ (d.h. $\dot{\varphi} = 0$, keine Rotation auf der Ebene), handelt es sich einfach um den verzögerten freien Fall der Masse M.

Als letztes der Beispiele zum Lagrange-Formalismus soll ein Problem mit einer holonomen, rheonomen Zwangsbedingung diskutiert werden. Eine Kugel befindet sich in einem Rohr, das in der (x,y)-Ebene mit der konstanten Winkelgeschwindigkeit ω um die z-Achse rotiert.

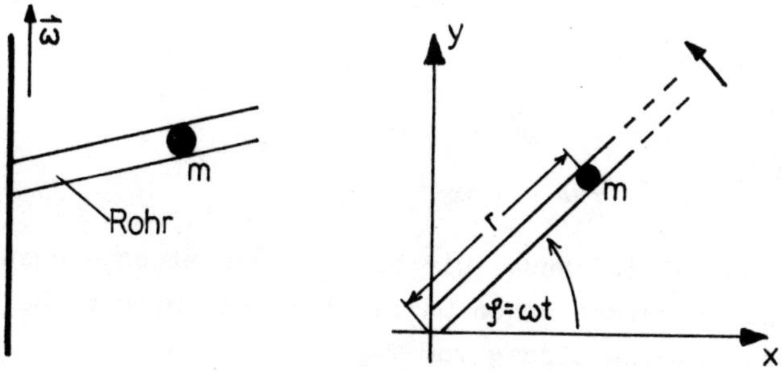

Seitenansicht Obenaufsicht

Diese Anordnung besitzt einen Freiheitsgrad, dementsprechend ist auch nur eine generalisierte Koordinate zur vollständigen Beschreibung des Bewegungszustandes des Systems erforderlich, nämlich der radiale Abstand r der Kugel vom Rotationszentrum.

Es gilt:

$$x = r \cos \omega t \quad ,$$
$$y = r \sin \omega t \quad .$$

Dann lautet die Lagrangefunktion L = T - V :

$$L = \frac{1}{2} m \quad (\dot{x}^2 + \dot{y}^2) =$$

$$= \frac{1}{2} m \quad (\dot{r}^2 + \omega^2 r^2) ,$$

wenn wir beachten, daß bei dieser Anordung das Potential V = O ist.

Wir bilden nun:

$$\frac{d}{dt} \frac{\partial L}{\partial \dot{r}} = m \ddot{r} \quad , \quad \frac{\partial L}{\partial r} = m \omega^2 r .$$

Damit ergibt sich als Lagrangegleichung:

$$m \ddot{r} - m \omega^2 r = 0 \quad ,$$

bzw.
$$\ddot{r} - \omega^2 r = 0 \quad .$$

Diese Differentialgleichung, die bis auf das Minuszeichen der des ungedämpften harmonischen Oszillators entspricht, besitzt eine allgemeine Lösung vom Typ:

$$r(t) = A e^{\omega t} + B e^{-\omega t} \quad .$$

Für wachsende Zeit t wird auch dieser Ausdruck für r(t) immer größer, d.h.

$$\lim_{t \to \infty} r(t) = \infty$$

Physikalische gesehen bedeutet das, daß die Kugel infolge der Zentripetalkraft, die durch die Rotation der Anordung entsteht, immer weiter nach außen geschleudert wird.

Die Energie der Kugel nimmt zu. Dies liegt daran, daß die Zwangskraft an der Kugel eine Arbeit verrichtet. Die Zwangskraft steht zwar senkrecht auf der Rohrwand, aber nicht senkrecht auf der Bahnkurve der Kugel, folglich verschwindet das Produkt $\vec{F}^z \cdot \delta\vec{s}$ nicht.

16. Die Lagrange-Gleichung für nichtholonome Zwangsbedingungen

Bei Systemen mit holonomen Zwangsbedingungen können die abhängigen Koordinaten durch Einführung von generalisierten Koordinaten eliminiert werden. Wenn die Zwangsbedingungen nichtholonom sind, so gelingt dies nicht. Es gibt nun kein allgemeines Verfahren, nichtholonome Probleme zu behandeln. Bei Zwangsbedingungen, die in differentieller Form angegeben werden können, ist es möglich, die abhängigen Gleichungen nach der Methode der Lagrange-Multiplikatoren zu eliminieren. Wir betrachten also ein System, bei dem die Zwangsbedingungen in der Form

$$\sum_{\nu=1}^{n} a_{l\nu}\, dq_\nu + a_{lt}\, dt = 0 \qquad (1)$$

($\nu = 1,2,\dots,n$ = Zahl der Koordinaten; $n > m$; $l = 1,2,\dots,m$ = Zahl der Zwangsbedingungen).
Die weiteren Betrachtungen sind nun unabhängig davon, ob die Gleichung (1) integrabel ist oder nicht, d.h. sie gelten sowohl für holonome als auch für nichtholonome Zwangsbedingungen.

Demnach kann die im folgenden hergeleitete Methode der Lagrange-Multiplikatoren auch für holonome Zwangsbedingungen verwendet werden, wenn es unbequem ist, alle q auf unabhängige Koordinaten zu reduzieren oder wenn man die Zwangskräfte zu erhalten wünscht. Gleichung (1) ist nicht der allgemeinste Typ einer nichtholonomen Zwangsbedingung, z.B. werden Zwangsbedingungen in der Form von Ungleichungen nicht erfaßt.

Bei unseren Betrachtungen gehen wir wieder - wie schon bei der Herleitung der Lagrange-Gleichung - von dem D'Alembertschen Prinzip aus. Es lautet in generalisierten Koordinaten:

$$\sum_{\nu=1}^{n} \left(\frac{d}{dt} \frac{\partial T}{\partial \dot{q}_\nu} - \frac{\partial T}{\partial q_\nu} - Q_\nu \right) \delta q_\nu = 0. \qquad (2)$$

Diese Gleichung gilt für Zwangsbedingungen jeder Art. Die q_ν sollen jetzt voneinander abhängig sein. Um die Zahl der virtuellen Verrückungen auf die der unabhängigen Verrückungen zu reduzieren, führen wir den Lagrange-Multiplikator λ ein. Die Lagrange-Multiplikatoren λ_l mit l=1,2,...,m sind im allgemeinen Fall Funktionen der Zeit, es ergibt sich

$$\sum_{l=1}^{m} \lambda_l \sum_{\nu=1}^{n} a_{l\nu}\, \delta q_\nu = 0$$

bzw.

$$\sum_{\nu=1}^{n} \left(\sum_{l=1}^{m} \lambda_l a_{l\nu} \right) \delta q_\nu = 0. \tag{3}$$

Gleichung (3) wird von (2) subtrahiert:

$$\sum_{\nu=1}^{n} \left(\frac{d}{dt} \frac{\partial T}{\partial \dot{q}_\nu} - \frac{\partial T}{\partial q_\nu} - Q_\nu - \sum_{l=1}^{m} \lambda_l a_{l\nu} \right) \delta q_\nu = 0, \tag{4}$$

für $\nu = 1,\ldots,m,\ldots,n$.

In dieser Gleichung kommen insgesamt n der Variablen q_ν vor; davon sind m abhängige q_ν , die über die Zwangsbedingungen mit den unabhängigen verbunden sind, und n-m unabhängige q_ν . Wir setzen fest: Für die abhängigen q_ν soll der Index ν von $\nu = 1$ bis $\nu = m$ laufen, für die unabhängigen q_ν von $\nu = m+1$ bis $\nu = n$. Die Koeffizienten der q_ν in Gleichung (4) sind über die m-Lagrange-Multiplikatoren λ_l (l = 1,...,m) soweit zu unserer Verfügung, wie es die m-Gleichungen für die Zwangsbedingungen zulassen. Da die λ_l frei wählbar waren, können wir sie so bestimmen, daß

$$(\nu = 1,\ldots,m): \ \sum_{l} \lambda_l a_{l\nu} = \frac{d}{dt} \frac{\partial T}{\partial \dot{q}_\nu} - \frac{\partial T}{\partial q_\nu} - Q_\nu$$

wird; d.h. die ersten m-Koeffizienten in (4), die den abhängigen q_ν entsprechen, werden Null gesetzt:

$$\frac{d}{dt}\frac{\partial T}{\partial \dot{q}_\nu} - \frac{\partial T}{\partial q_\nu} - Q_\nu - \sum_{l} \lambda_l a_{l\nu} = 0 ,$$

für $\nu = 1,\ldots,m$.

Von den Gleichungen (4) verbleibt dann:

$$\sum_{\nu=m+1}^{n} \left(\frac{d}{dt}\frac{\partial T}{\partial \dot{q}_\nu} - \frac{\partial T}{\partial q_\nu} - Q_\nu - \sum_{l} \lambda_l a_{l\nu}\right) \delta q_\nu = 0 .$$

Diese q_ν (für $\nu = m+1,\ldots,n$) sind keinen Zwangsbedingungen mehr unterworfen; das bedeutet, daß diese q_ν voneinander unabhängig sind. Dann kann man wie schon bei der Herleitung der Lagrangegleichung für holonome Systeme die Koeffizienten der δq_ν ($\nu = m+1,\ldots,n$) gleich Null setzen.

Zusammen mit den m-Gleichungen für die abhängigen q_ν führt dies zu insgesamt n-Gleichungen:

$$\frac{d}{dt}\frac{\partial T}{\partial \dot{q}_\nu} - \frac{\partial T}{\partial q_\nu} - Q_\nu - \sum_{l=1}^{m} \lambda_l a_{l\nu} = 0 \quad , \tag{5}$$

für $\nu = 1,\ldots,m,m+1,\ldots,n$.

Für konservative Systeme sind die Q_ν aus einem Potential V herleitbar:

$$Q_\nu = -\frac{\partial V}{\partial q_\nu} .$$

Analog zu der Herleitung der Lagrangegleichung bei holonomen Systemen können wir mit der Lagrangefunktion L = T - V die Gleichung (5) wie folgt umformulieren:

$$\frac{d}{dt}\frac{\partial L}{\partial \dot{q}_\nu} - \frac{\partial L}{\partial q_\nu} - \sum_{l=1}^{m} \lambda_l a_{l\nu} = 0 \quad , \quad \nu = 1,\ldots,n. \tag{6}$$

Diese n-Gleichungen enthalten n+m-Unbekannte, nämlich die n-Koordinaten q_ν und die m-Lagrange-Multiplikatoren λ_1. Die zusätzlich benötigten Gleichungen sind gerade die m-Zwangsbedingungen (Gleichung (1)), die die q_ν verknüpfen; allerdings sind sie jetzt als Differentialgleichungen aufzufassen:

$$\sum_{l=1}^{m} \left(\sum_{\nu} a_{l\nu} \quad \dot{q}_\nu + a_{lt} \right) = 0 .$$

Damit haben wir zusammen n+m-Gleichungen für n+m-Unbekannte. Dabei erhalten wir nicht nur die q_ν , die wir finden wollten, sondern auch die m-Größen λ_1.

Um die physikalische Bedeutung der λ_1 zu erkennen, nehmen wir an, daß die Zwangsbedingungen des Systems beseitigt werden, daß aber an ihrer Stelle äußere Kräfte Q_ν^* so angewendet werden, daß die Bewegung des Systems nicht verändert wird. Die Bewegungsgleichungen würden dann ebenfalls die gleichen bleiben. Diese zusätzlich angewendeten Kräfte müssen gleich den Zwangskräften sein, denn sie sind Kräfte, die so auf das System wirken, daß die Zwangsbedingungen erfüllt werden. Mit Rücksicht auf diese Kräfte Q_ν^* lauten die Bewegungsgleichungen:

$$\frac{d}{dt} \frac{\partial L}{\partial \dot{q}_\nu} - \frac{\partial L}{\partial q_\nu} = Q_\nu^* \quad , \qquad (7)$$

wobei die Q_ν^* zusätzlich zu den Q_ν auftreten. Gleichung (6) und (7) müssen identisch sein. Daraus folgt:

$$Q_\nu^* = \sum_{l} \lambda_1 \, a_{1\nu} \quad ;$$

d.h. die Lagrange-Multiplikatoren λ_1 bestimmen die generalisierten Zwangskräfte Q_ν^* ; sie werden nicht eliminiert, sondern sie sind Teil der Lösung des Problems.

Beispiel:

16.1 Als ein Beispiel für die Methode der Lagrange-Multiplikatoren betrachten wir einen Vollzylinder, der ohne Schlupf eine schiefe Ebene mit der Höhe h und dem Neigungswinkel α hinabrollt. Zwar ist diese Rollbedingung eine holonome Zwangsbedingung, doch ist dies für die Demonstration der Methode unwesentlich.

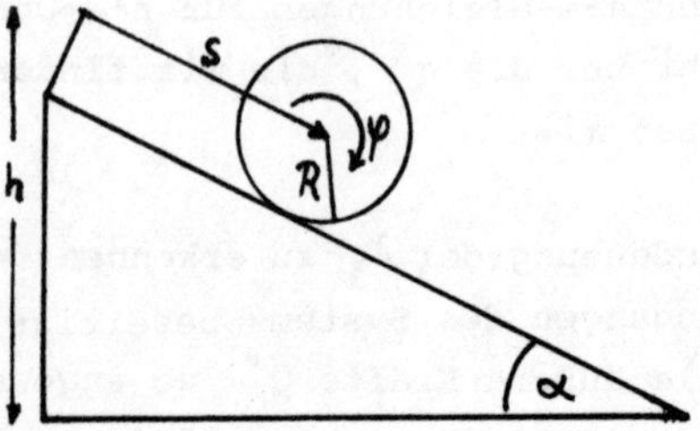

Die beiden generalisierten Koordinaten sind s, φ und die Zwangsbedingung lautet:

$$R\dot{\varphi} = \dot{s} \quad ,$$

oder $$R\,d\varphi - ds = 0 \quad .$$

Integral dieser Zwangsbedingung ist $f = R\varphi - s$, folglich ist sie holonom.
Die Koeffizienten, die in der Zwangsbedingung auftreten, lauten:

$$a_s = -1 \quad , \quad a_\varphi = R \quad ,$$

wie wir durch Koeffizientenvergleich mit Gleichung (1) sehen:

$$\sum_{\nu} a_{l\nu}\,\delta q_{\nu} = 0 \quad ,$$

mit l = 1 als Zahl der Zwangsbedingungen und $\delta t = 0$.

Die kinetische Energie T kann dargestellt werden als Summe der kinetischen Energie der Bewegung des Massenzentrums und der kinetischen Energie der Bewegung um das Massenzentrum:

$$T = \frac{1}{2} m \dot{s}^2 + \frac{1}{2} \Theta \dot{\varphi}^2 =$$

$$= \frac{m}{2} (\dot{s}^2 + \frac{R^2}{2} \dot{\varphi}^2) \quad ,$$

mit dem Massenträgheitsmoment des Vollzylinders

$$\Theta_{\text{Vollzyl.}} = \frac{1}{2} mR^2 \quad .$$

Die potentielle Energie V ist:

$$V = m g h - m g s \sin\alpha \; .$$

Die Lagrangefunktion lautet:

$$L = T - V =$$

$$= \frac{m}{2} (\dot{s}^2 + \frac{R^2}{2} \dot{\varphi}^2) - m g(h - s \sin\alpha).$$

Zu beachten ist, daß diese Lagrange-Gleichung jetzt nicht direkt entsprechend Gleichung (15.14) zur Herleitung der Bewegungsgleichung benutzt werden kann. Dies liegt daran, daß die beiden Koordinaten s und φ nicht unabhängig voneinander sind. So ist auch φ <u>keine</u> ignorable Koordinate, obwohl es nicht explizit in der Lagrange-Gleichung auftritt.

Da nur eine Zwangsbedingung vorliegt, wird nur ein Lagrange-Multiplikator λ benötigt. Mit den Koeffizienten

$$a_s = -1 \quad , \quad a_\varphi = R$$

bekommen wir für die Lagrangegleichungen:

$$m\ddot{s} - m g s \sin\alpha + \lambda = 0, \qquad \text{(a)}$$

$$\frac{m}{2} R^2 \ddot{\varphi} - \lambda R = 0 \;, \qquad \text{(b)}$$

die zusammen mit der Zwangsbedingung

$$R\dot{\varphi} = \dot{s} \qquad \text{(c)}$$

drei Gleichungen für drei Unbekannte φ, s, λ bilden.

Differenzieren wir (c) nach der Zeit, so haben wir:

$$R\ddot{\varphi} = \ddot{s} \quad .$$

Daraus folgt in Verbindung mit (b):

$$m\ddot{s} = 2\lambda .$$

Damit wird Gleichung (a) zu:

$$m g s \sin\alpha = 3\lambda \; .$$

Aus dieser Gleichung bekommen wir für den Lagrange-Multiplikator :

$$\lambda = \frac{1}{3} m g \sin\alpha \quad .$$

Die Zwangskräfte lauten:

$$a_s \lambda = -\frac{1}{3} m g \sin\alpha ,$$

$$a_\varphi \lambda = \frac{1}{3} R m g \sin\alpha .$$

Dabei ist $a_s \lambda$ die von der Reibung hervorgerufene Zwangskraft; $a_\varphi \lambda$ ist das von dieser Kraft bewirkte Drehmoment, das den Zylinder zum Rollen bringt. Weiterhin ist zu bemerken, daß die Schwerkraft genau um den Betrag der Zwangskraft $a_s \lambda$ verringert wird.

Setzen wir den Lagrange-Multiplikator λ in Gleichung (a) ein, so erhalten wir die Differentialgleichung für s :

$$\ddot{s} = \frac{2}{3} g \sin\alpha .$$

Die Differentialgleichung für φ ergibt sich daraus, indem wir

$$R \ddot{\varphi} = \ddot{s}$$

einsetzen:

$$\ddot{\varphi} = \frac{2}{3} \frac{g}{R} \sin\alpha .$$

An diesem Beispiel haben wir gesehen, daß sich bei Verwendung der Lagrange-Multiplikator-Methode nicht nur die gesuchten Bewegungsgleichungen ergeben, sondern auch die ansonsten im Lagrangeformalismus nicht auftretenden Zwangskräfte.

VI. DIE HAMILTONSCHE THEORIE

17. Die Hamiltonschen Gleichungen

Die Variablen der Lagrange-Funktion sind die generalisierten Koordinaten q_α und die zugehörigen Geschwindigkeiten $\dot{q}_\alpha$. In der Hamiltonschen Theorie werden als unabhängige Variable die generalisierten Koordinaten und die zugehörigen Impulse verwendet. Die Ortskoordinaten und die "Impulskoordinaten" spielen in dieser Theorie eine völlig gleichberechtigte Rolle. Die Hamiltonsche Theorie bringt wesentliche Einsichten in die formale Struktur der Mechanik und ist von grundlegender Bedeutung für den Übergang von der klassischen Mechanik zur Quantenmechanik.

Wir suchen jetzt einen Übergang von der Lagrange-Funktion $L(q_i, \dot{q}_i, t)$ zur Hamiltonfunktion $H(q_i, p_i, t)$. Dabei ist der generalisierte Impuls gegeben durch

$$p_i = \frac{\partial L}{\partial \dot{q}_i} \quad ,$$

d.h. wir suchen eine Transformation

$$L\,(q_i, \dot{q}_i, t) \Rightarrow H\,\left(q_i, \frac{\partial L}{\partial \dot{q}_i}, t\right) = H\,(q_i, p_i, t). \qquad (1)$$

Der mathematische Hintergrund einer solchen Transformation (Legendre Transformation) läßt sich leicht an einem zweidimensionalen Beispiel zeigen:

Bei der Transformation

$$f\,(x,y) \Rightarrow g(x,u) \quad \text{mit} \quad u = \frac{\partial f}{\partial y}$$

können wir einfach schreiben

$$g\,(x,u) = uy - f.$$

Wenn wir das totale Differential bilden, sehen wir, daß die so gebildete Funktion g nicht mehr y als unabhängige Variable enthält:

$$\begin{aligned} dg &= y\,du + u\,dy - df\,, \\ &= y\,du + u\,dy - \frac{\partial f}{\partial x}dx - \frac{\partial f}{\partial y}dy\,, \\ &= y\,du - \frac{\partial f}{\partial x}dx \end{aligned}$$

wobei jetzt $y = \frac{\partial g}{\partial u}$ und $\frac{\partial g}{\partial x} = - \frac{\partial f}{\partial x}$.

Entsprechend diesem kurzen Einschub erfolgt jetzt die Transformation der Lagrange-Funktion. Wir schreiben für die Hamiltonfunktion

$$H\,(q_i,\, p_i\; t) = \sum_i p_i\,\dot{q}_i - L\,(q_i,\, \dot{q}_i,\, t\,) \tag{2}$$

und bilden das totale Differential:

$$dH = \sum p_i\, d\,\dot{q}_i + \sum \dot{q}_i\, d\,p_i - dL\;. \tag{3}$$

Das totale Differential der Lagrangefunktion lautet

$$dL = \sum \frac{\partial L}{\partial q_i}\, d\,q_i + \sum \frac{\partial L}{\partial \dot{q}_i}\, d\,\dot{q}_i + \frac{\partial L}{\partial t}\, dt\;. \tag{4}$$

Jetzt benutzen wir die Definition des generalisierten Impulses: $p_i = \frac{\partial L}{\partial \dot{q}_i}$ und die Lagrange-Gleichung in der Form

$$\frac{d}{dt}\, p_i - \frac{\partial L}{\partial q_i} = 0.$$

Beides in Gleichung (4) eingesetzt, ergibt

$$dL = \sum \dot{p}_i \, dq_i + \sum p_i \, d\dot{q}_i + \frac{\partial L}{\partial t} \, dt.$$

Setzen wir dL in Gleichung (3) ein, so folgt:

$$dH = \sum p_i \, d\dot{q}_i + \sum \dot{q}_i \, dp_i - \sum \dot{p}_i \, dq_i - \sum p_i \, d\dot{q}_i - \frac{\partial L}{\partial t} \, dt \, .$$

Da sich der erste und der dritte Term gegenseitig wegheben, gilt:

$$dH = \sum \frac{\partial H}{\partial q_i} dq_i + \sum \frac{\partial H}{\partial p_i} dp_i + \frac{\partial H}{\partial t} dt = \sum \dot{q}_i \, dp_i - \sum \dot{p}_i \, dq_i - \frac{\partial L}{\partial t} dt.$$

Daraus folgen sofort die Hamiltonschen Gleichungen

$$\boxed{\dot{q}_i = \frac{\partial H}{\partial p_i} \, , \quad \dot{p}_i = - \frac{\partial H}{\partial q_i} \quad , \frac{\partial H}{\partial t} = - \frac{\partial L}{\partial t}} \qquad (5)$$

Die Lagrange-Gleichungen liefern für die Ortskoordinaten einen Satz von n Differentialgleichungen zweiter Ordnung in der Zeit, aus dem Hamiltonschen Formalismus folgen für Impuls- und Ortskoordinaten 2n gekoppelte Differentialgleichungen erster Ordnung. In jedem Fall ergeben sich beim Lösen 2n Integrationskonstanten.

Aus den Gleichungen (5) sehen wir, daß bei einer Koordinate , von der die Hamilton-Funktion nicht abhängt, der zugehörige Impuls verschwindet:

$$\text{aus} \quad \frac{\partial H}{\partial q_i} = 0 \qquad \text{folgt} \quad p_i = \text{const.}$$

Falls die Hamilton-Funktion (die Lagrange-Funktion) nicht explizit zeitabhängig ist, ist H eine Konstante der Bewegung:

$$\frac{dH}{dt} = \sum \frac{\partial H}{\partial q_i} \dot{q}_i + \sum \frac{\partial H}{\partial p_i} \dot{p}_i + \frac{\partial H}{\partial t} \quad .$$

Mit den Gleichungen (5) folgt daraus:

$$\frac{dH}{dt} = \frac{\partial H}{\partial t} \quad .$$

Für ein System mit holonomen, <u>skleronomen</u> Zwangsbedingungen und konservativen inneren Kräften stellt die Hamiltonfunktion H die Energie des Systems dar. Betrachten wir die kinetische Energie:

$$T = \frac{1}{2} \sum_{\nu} m_{\nu} \dot{\vec{r}}_{\nu}^{\,2} \quad , \quad \nu = 1, 2, \ldots, N \text{ (N: Zahl der Teilchen).}$$

Wenn die Zwangsbedingungen holonom und nicht zeitabhängig sind existieren Transformationsgleichungen $\vec{r}_{\nu} = \vec{r}_{\nu}(q_i)$ und damit:

$$\dot{\vec{r}}_{\nu} = \sum_i \frac{\partial \vec{r}_{\nu}}{\partial q_i} \dot{q}_i .$$

Eingesetzt in die kinetische Energie folgt:

$$T = \frac{1}{2} \sum_{\nu} m_{\nu} \sum_{i,k} \left(\frac{\partial \vec{r}_{\nu}}{\partial q_i} \dot{q}_i \right) \left(\frac{\partial \vec{r}_{\nu}}{\partial q_k} q_k \right)$$

$$= \sum_{i,k} \left(\frac{1}{2} \sum_{\nu} m_{\nu} \frac{\partial \vec{r}_{\nu}}{\partial q_i} \frac{\partial \vec{r}_{\nu}}{\partial q_k} \right) \dot{q}_i \dot{q}_k = \sum_{i,k} a_{ik} \dot{q}_i \dot{q}_k .$$

Die kinetische Energie T ist also eine <u>homogene quadratische Funktion</u> der generalisierten Geschwindigkeiten.
Nun läßt sich der Satz von EULER über homogene Funktionen anwenden. Ist f eine homogene Funktion von Grade n, d.h. es gilt:

$$f(\lambda x_1, \lambda x_2, \ldots, \lambda x_k) = \lambda^n f(x_1, \ldots, x_k) \quad ,$$

dann gilt ebenso

$$\sum_{i=1}^{k} x_i \frac{\partial f}{\partial x_i} = n f .$$

Dies läßt sich zeigen, indem wir die Ableitung der oberen Gleichung nach λ bilden, also

$$\frac{\partial f}{\partial (\lambda x_1)} x_1 + \cdot \cdot \cdot + \frac{\partial f}{\partial (\lambda x_k)} x_k = n \lambda^{n-1} f .$$

Setzen wir $\lambda = 1$, so folgt die Behauptung.

Angewandt auf die kinetische Energie (n=2) besagt der Satz von Euler:

$$\sum \frac{\partial T}{\partial \dot{q}_i} \cdot \dot{q}_i = 2T . \qquad (6)$$

Da konservative Kräfte vorausgesetzt werden, existiert ein geschwindigkeitsunabhängiges Potential V (q_i), so daß gilt:

$$\frac{\partial L}{\partial \dot{q}_i} = \frac{\partial T}{\partial \dot{q}_i} = p_i \quad \text{und damit}$$

$$H = \sum p_i \dot{q}_i - L = \sum \frac{\partial T}{\partial \dot{q}_i} \dot{q}_i - L .$$

Verwenden wir die Beziehung (6) und die Definition der Lagrange-Funktion, so folgt: $H = 2T - (T-V) = T + V = E$.

Die Hamilton-Funktion stellt also unter den gegebenen Bedingungen die Gesamtenergie dar; die durch die Lagrange-Funktion repräsentierte Energie T-V wird als die "freie Energie" bezeichnet.

Es ist zu beachten, daß H die etwaige Arbeit der Zwangskräfte nicht berücksichtigt.

Die Hamiltonsche Formulierung der Mechanik geht über die Lagrangesche aus den Newtonschen Gleichungen hervor. Umgekehrt lassen sich aus den Hamilton-Gleichungen leicht die von Newton ableiten und so die Äquivalenz beider Formulierungen zeigen. Es genügt, ein einzelnes Teilchen in einem konservativen Kraftfeld zu betrachten und die kartesischen als generalisierten Koordinaten zu verwenden. Dann gilt

$$p_i = m\dot{x}_i, \quad H = \frac{1}{2} m \sum_i \dot{x}_i^2 + V(x_i) \quad (i= 1,2,3)$$

oder
$$H = \frac{1}{2} \sum_i \frac{p_i^2}{m} + V(q_i) \quad .$$

Dann lauten die Hamilton-Gleichungen

$$\dot{q}_i = \frac{\partial H}{\partial p_i} = \frac{p_i}{m} \qquad \text{und}$$

$$\dot{p}_i = - \frac{\partial H}{\partial q_i} = - \frac{\partial V}{\partial x_i} \qquad \text{oder vektoriell:}$$

$$\dot{\vec{p}} = - \operatorname{grad} V.$$

spiel:

.1 Zentralbewegung

Ein Teilchen vollführe eine ebene Bewegung unter dem Einfluß eines Potentials, welches nur vom Abstand vom Koordinatenursprung abhängig ist. Es ist naheliegend, ebene Polarkoordinaten (r,φ) als generalisierte Koordinaten zu verwenden.

$$L = T - V = \frac{1}{2} m v^2 \qquad - V = \frac{1}{2} m (\dot{r}^2 + r^2\dot{\varphi}^2) - V(r) \quad .$$

Mit $p_\alpha = \frac{\partial L}{\partial \dot{q}_\alpha}$ erhält man die Impulse

$$p_r = \frac{\partial L}{\partial \dot{r}} = m\dot{r} \quad \text{oder} \quad \dot{r} = \frac{p_r}{m},$$

$$p_\varphi = \frac{\partial L}{\partial \dot{\varphi}} = mr^2\dot{\varphi} \quad \text{oder} \quad \dot{\varphi} = \frac{p_\varphi}{mr^2}.$$

Damit heißt die Hamiltonfunktion:

$$H = p_r\dot{r} + p_\varphi\dot{\varphi} - L$$

$$= \frac{p_r^2}{2m} + \frac{p_\varphi^2}{2mr^2} + V(r).$$

Die Hamiltongleichungen liefern dann:

$$\dot{r} = \frac{\partial H}{\partial p_r} = \frac{p_r}{m},$$

$$\dot{\varphi} = \frac{\partial H}{\partial p_\varphi} = \frac{p_\varphi}{mr^2} \quad \text{und}$$

$$\dot{p}_r = -\frac{\partial H}{\partial r} = \frac{p_\varphi}{mr^3} - \frac{\partial V}{\partial r},$$

$$\dot{p}_\varphi = -\frac{\partial H}{\partial \varphi} = 0 .$$

φ ist eine zyklische Koordinate, daraus folgt die Erhaltung des Drehimpulses im Zentralpotential.

Das Hamiltonsche Prinzip

Die Gesetze der Mechanik lassen sich auf zwei Arten durch Variationsprinzipien, die vom Koordinatensystem unabhängig sind, ausdrücken. Dies sind einmal die Differentialprinzipe. Hier wird ein beliebig gewählter momentaner Zustand des Systems mit (virtuellen) infinitesimalen Nachbarzuständen verglichen. Ein Beispiel dafür ist das D'Alembertsche Prinzip. Eine andere Möglichkeit besteht in der Variation eines endlichen Bahnelementes des Systems. Derartige Prinzipien nennen wir Integralprinzipien. Unter "Bahn" wird hierbei nicht die Bahn eines Systempunktes im dreidimensionalen Ortsraum verstanden, sondern die Bahn in einem vieldimensionalen Raum, in dem die Bewegung des gesamten Systems vollständig festgelegt ist. Bei f Freiheitsgraden des Systems ist dieser Raum f-dimensional. Bei allen Integralprinzipien hat die zu variierende Größe die Dimension einer Wirkung, deshalb werden sie auch mit Prinzip der kleinsten Wirkung bezeichnet. Als ein Beispiel wollen wir hier das Hamiltonsche Prinzip betrachten. Das Hamiltonsche Prinzip fordert, daß sich ein System so bewegt, daß das zeitliche Integral über die Lagrange Funktion einen Extremalwert annimmt:

$$I = \int_{t_1}^{t_2} L \, dt = \text{Extremum oder}$$

$$\boxed{\delta \int_{t_1}^{t_2} L \, dt = 0.} \qquad (7)$$

Aus der Anwendung dieses Prinzips läßt sich die Bahngleichung des Systems ermitteln.

Bevor wir die Gleichung (7) weiter betrachten, wollen wir kurz allgemein auf das Variationsproblem eingehen.

Gegeben sei die integrierbare Funktion $F = F\ (y(x),\ y',x)$; wir suchen eine Funktion $y = y(x)$, so daß das Integral

$$I = \int_{x_1}^{x_2} F\,dx$$ einen Extremwert annimmt.

Dieses Problem wird in eine elementare Extremwertaufgabe übergeführt, indem wir die Gesamtheit aller physikalisch sinnvollen Wege durch eine Parameterdarstellung erfassen:

$$y(x,\varepsilon) = y(x) + \varepsilon\eta(x),$$

wobei ε einen für jede Bahn konstanten Parameter bedeuten soll, $\eta(x)$ ist eine beliebige differenzierbare Funktion, die an den Endpunkten verschwindet: $\eta(x_1) = \eta(x_2) = 0$.

Die gesuchte Kurve wird durch $y(x) = y(x,0)$ gegeben.

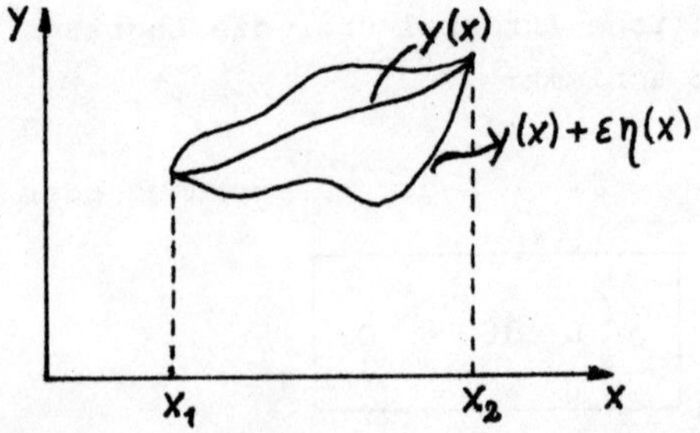

Dann ist die Bedingung für einen Extremwert des Integrals I:

$$\left.\frac{dI}{d\varepsilon}\right|_{\varepsilon=0} = 0\ .$$

Die Differentiation unter dem Integralzeichen (zulässig, wenn F stetig differenzierbar in ε) ergibt:

$$\frac{dI}{d\varepsilon} = \int_{x_1}^{x_2} \left(\frac{\partial F}{\partial y}\frac{\partial y}{\partial \varepsilon} + \frac{\partial F}{\partial y'}\frac{\partial y'}{\partial \varepsilon}\right) dx = \int_{x_1}^{x_2} \left(\frac{\partial F}{\partial y}\eta + \frac{\partial F}{\partial y'}\eta'\right) dx.$$

Der zweite Integrand läßt sich partiell integrieren:

$$\int_{x_1}^{x_2} \frac{\partial F}{\partial y'}\frac{\partial \eta}{\partial x}\, dx = \left[\frac{\partial F}{\partial y'}\eta\right]_{x_1}^{x_2} - \int_{x_1}^{x_2} \frac{d}{dx}\frac{\partial F}{\partial y'}\eta\, dx.$$

Da die Endpunkte fest sind, verschwindet der ausintegrierte Term und die Extremalbedingung lautet:

$$\int_{x_1}^{x_2} \left(\frac{\partial F}{\partial y} - \frac{d}{dx}\frac{\partial F}{\partial y'}\right)\eta\, dx = 0 \quad .$$

Da die $\eta(x)$ beliebige Funktionen sein können, ist diese Gleichung allgemein nur dann erfüllt, wenn

$$\frac{\partial F}{\partial Y} - \frac{d}{dx}\frac{\partial F}{\partial Y'} = 0 \qquad (8)$$

gilt.

Diese Beziehung (8) heißt Euler-Lagrange-Gleichung, welche also eine notwendige Bedingung für einen Extremwert des Integrals I darstellt.

Die Lösung der Euler-Lagrange-Gleichung, einer Differentialgleichung 2.ter Ordnung, ergibt zusammen mit den Randbedingungen den gesuchten Weg.

Um die Schreibweise zu vereinfachen, definieren wir die Variation einer Funktion $\varphi(\varepsilon)$ als Differenz zwischen $\varphi(\varepsilon)$ und $\varphi(0)$

$$\delta\varphi = \varphi(\varepsilon) - \varphi(0) = \left.\frac{\partial \varphi}{\partial \varepsilon}\right|_0$$

für sehr kleine ε .

Damit läßt sich eine Variationsaufgabe formulieren als

$$\delta\int_{x_1}^{x_2} F\,dx = 0.$$

Aufgabe:

17.2

Kettenlinie:

Eine Kette von konstanter Dichte σ und der Länge l hängt im Schwerefeld zwischen zwei Punkten $P_1(x_1,y_1)$ und $P_2(x_2,y_2)$. Gesucht ist die Form der Kurve unter der Annahme, daß die potentielle Energie der Kette minimal wird.

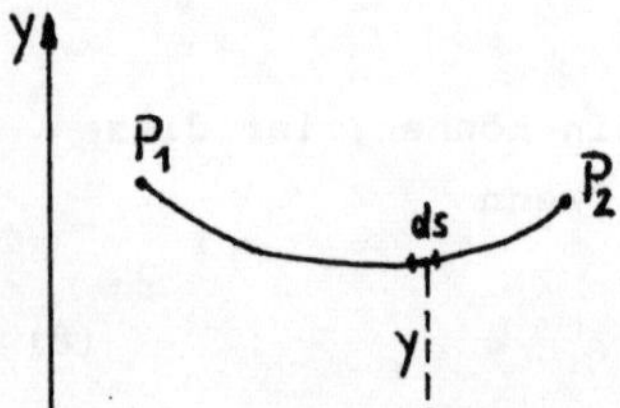

Die potentielle Energie eines Kettenelementes ist

$dV = g\,\sigma\,ds\cdot y$.

Die gesamte potentielle Energie ist

$$V = g\sigma\int_{x_1}^{x_2} y\,ds \quad , \text{wobei}$$

das Linienelement gegeben ist durch $ds = \sqrt{1+y'^2}\,dx, y' = \frac{dy}{dx}$.

Minimale Energie bedeutet: $\delta V = g\sigma\delta\int_{x_1}^{x_2} y\sqrt{1+y'^2}\,dx = 0$.

Mit der Funktion $F(y,y') = y\sqrt{1+y'^2}$ gehen wir in die Eulersche Gleichung (8). Aus

$$\frac{\partial F}{\partial y} - \frac{d}{dx}\frac{\partial F}{\partial y'} = 0 \quad \text{folgt} \quad y\,y'' - y'^2 - 1 = 0 .$$

Die letzte Gleichung schreiben wir um. Mit

$$y'' = \frac{dy'}{dx} = \frac{dy'}{dy}\frac{dy}{dx} = y'\frac{dy'}{dy}$$ erhalten wir:

$$y\,y'\,\frac{dy'}{dy} = y'^2 + 1 \quad ,$$

$$\frac{dy}{y} = \frac{y'\,dy'}{1 + y'^2} \quad .$$

Die Integration liefert $\ln y + \ln C_1 = \frac{1}{2}\ln\,(1+y'^2)$,

oder $C_1 y = \sqrt{1 + y'^2}$.

Daraus folgt

$$\int\frac{dy}{\sqrt{C_1^2 y^2 - 1}} = \int dx \quad .$$

Zur Integration der linken Seite substituieren wir $\cos h\vartheta = C_1 y$, da $\cos h^2\vartheta - 1 = \sin h^2\vartheta$ ist. Es gilt dann

$dy = \frac{1}{C_1}\sin h\,\vartheta\,d\vartheta$ und somit folgt

$$\frac{1}{C_1}\int d\vartheta = \int dx \quad .$$

Die Integration ergibt $\vartheta = C_1(x+C_2)$ oder $y = \frac{1}{C_1}\cos h\,(C_1(x+C_2))$.

Die Lösung ist also die Kettenlinie. Die Konstanten geben die Koordinaten des tiefsten Punktes $(xo,yo) = (-C_2, \frac{1}{C_1})$ an.

Wie wir schon an Gleichung (1) sehen, wird beim Hamilton-Prinzip die Zeit nicht variiert. Das System durchläuft einen Bahnpunkt und den dazugehörigen variierten Bahnpunkt zur gleichen Zeit. Es gilt also

$$\delta t = 0 \quad .$$

Ausgehend vom dem Integral

$$\delta I = \quad \delta \int_{t_1}^{t_2} L(q_\alpha(t),\, \dot{q}_\alpha(t),\, t)\, dt = 0,$$

$\alpha = 1,2,\ldots f,$ wobei f die Anzahl der Freiheitsgrade ist, führen wir die Variation entsprechend dem oben gezeigten Verfahren durch und zeigen, daß aus dem Hamiltonschen Prinzip die Lagrange Gleichungen hergeleitet werden können. Die Variation einer Bahnkurve $q_\alpha(t)$ beschreiben wir durch

$$q_\alpha(t) \longrightarrow q_\alpha(t) + \delta q_\alpha(t) \quad ,$$

wobei die δq_α an den Endpunkten verschwinden,

$$\delta q_\alpha(t_1) = \delta q_\alpha(t_2) = 0 \quad .$$

Da die Zeit nicht variiert wird, folgt

$$\delta \int_{t_1}^{t_2} L\, dt = \int_{t_1}^{t_2} \delta L\, dt = \int_{t_1}^{t_2} \Big(\sum_\alpha \frac{\partial L}{\partial q_\alpha} \delta q_\alpha + \sum_\alpha \frac{\partial L}{\partial \dot{q}_\alpha} \delta \dot{q}_\alpha \Big)\, dt .$$

Wegen

$$\frac{d}{dt} \delta q = \frac{d}{dt} (q(t,\varepsilon) - q(t,0)) = \frac{d}{dt} (q(t,\varepsilon)) - \frac{d}{dt} (q(t,0)) = \delta \frac{d}{dt} q$$

liefert die partielle Integration des zweiten Summanden

$$\int_{t_1}^{t_2} \frac{\partial L}{\partial \dot{q}_\alpha} \delta \dot{q}_\alpha \, dt = \int_{t_1}^{t_2} \frac{\partial L}{\partial \dot{q}_\alpha} \frac{d}{dt} \delta q_\alpha \, dt = \left[\frac{\partial L}{\partial \dot{q}_\alpha} \delta q_\alpha \right]_{t_1}^{t_2} - \int_{t_1}^{t_2} \frac{d}{dt} \frac{\partial L}{\partial \dot{q}_\alpha} \delta q_\alpha \, dt .$$

Da δq an den Endpunkten (Integralgrenzen) verschwindet, erhalten wir für die Variation des Integrals

$$\delta I = \int_{t_1}^{t_2} (\sum_\alpha (\frac{\partial L}{\partial q_\alpha} - \frac{d}{dt} \frac{\partial L}{\partial \dot{q}_\alpha}) \delta q_\alpha) dt = 0 \quad .$$

Bei holonomen Zwangsbedingungen sind die δq_α voneinander unabhängig, und das Integral verschwindet nur dann, wenn der Koeffizient eines jeden δq_α verschwindet. Das bedeutet, daß die Lagrange Gleichungen gelten.

$$\frac{d}{dt} \frac{\partial L}{\partial \dot{q}_\alpha} - \frac{\partial L}{\partial q} = 0.$$

Ganz entsprechend lassen sich die Hamilton Gleichungen gewinnen, indem L durch $\sum_\alpha p_\alpha \dot{q}_\alpha - H$ ersetzt wird und die Variationen δp_α und δq_α als unabhängig betrachtet werden.

Um die Äquivalenz des Hamilton-Prinzips mit den bisher untersuchten Darstellungen der Mechanik zu zeigen, soll noch seine Ableitungen aus den Newtonschen Gleichungen durchgeführt werden.

Betrachtet wird ein Teilchen in kartesischen Koordinaten. Zwischen Lagen $\vec{r}(t_1)$ und $\vec{r}(t_2)$ beschreibt es eine gewisse Bahn $\vec{r} = \vec{r}(t)$.

Nun wird die Bahn durch eine mit der Zwangsbedingung verträgliche virtuelle Verrückung $\delta \vec{r}$ variiert:

$$\vec{r}(t) \longrightarrow \vec{r}(t) + \delta\vec{r}(t), \quad \delta\vec{r}(t_1) = \delta\vec{r}(t_2) = 0 \quad .$$

Eine Variation der Zeit erfolgt nicht.

Die für die virtuelle Verrückung erforderliche Arbeit beträgt

$\delta A = \vec{F} \cdot \delta\vec{r} = \vec{F}^a \cdot \delta\vec{r}$, wenn $\vec{F}^a$ die äußere Kraft ist und die Zwangskraft keine Arbeit leistet.

Ist $\vec{F}^a$ konservativ, dann gilt

$\vec{F}^a \cdot \delta\vec{r} = -\delta V$ und nach Newton

$$-\delta V = m\ddot{\vec{r}} \cdot \delta\vec{r} \quad .$$

Die rechte Seite läßt sich umformen (der Operator wird entsprechend (8) behandelt:

$$\frac{d}{dt}(\dot{\vec{r}} \cdot \delta\vec{r}) = \dot{\vec{r}} \cdot \frac{d}{dt}\delta\vec{r} + \ddot{\vec{r}} \cdot \delta\vec{r} = \dot{\vec{r}} \cdot \delta\dot{\vec{r}} + \ddot{\vec{r}} \cdot \delta\vec{r},$$

$$= \delta\left(\frac{1}{2}\dot{\vec{r}}^2\right) + \ddot{\vec{r}} \cdot \delta\vec{r}.$$

Multiplikation mit der Masse m ergibt

$$m\ddot{\vec{r}} \cdot \delta\vec{r} = \frac{d}{dt}(\dot{\vec{r}} \cdot \delta\vec{r}) - \delta\left(\frac{1}{2}m\dot{\vec{r}}^2\right)$$

und damit $\delta(T - V) = \delta L = \frac{d}{dt}(\dot{\vec{r}} \cdot \delta\vec{r})$. Integrieren wir

nach der Zeit, so folgt: $\delta\int_{t_1}^{t_2} L\,dt = \left[\dot{\vec{r}} \cdot \delta\vec{r}\right]_{t_1}^{t_2} = 0$.

Damit ist das Hamilton-Prinzip für ein einzelnes Teilchen hergeleitet. Das Ergebnis läßt sich auf Teilchensysteme erweitern.

Phasenraum und Liouvillescher Satz

Im Hamiltonschen Formalismus wird der Bewegungszustand eines mechanischen Systems mit f Freiheitsgraden zu einem bestimmten Zeitpunkt t durch Angabe der 2f generalisierten Koordinaten und Impulse $q_1, \ldots, q_f$; $p_1, \ldots, p_f$ vollständig charakterisiert.

Diese q_i und p_i lassen sich als Koordinaten eines 2f-dimensionalen kartesischen Raumes auffassen, des Phasenraumes. Der f-dimensionale Unterraum der Koordinaten q_i ist der Konfigurationsraum. Mit dem Ablauf der Bewegung des Systems beschreibt der repräsentative Punkt eine Linie, die Phasenbahn. Wenn die Hamilton-Funktion bekannt ist, dann läßt sich aus den Koordinaten eines Punktes die gesamte Phasenbahn eindeutig vorausberechnen. Darum gehört zu jedem Punkt nur eine Bahn und zwei verschiedene Bahnen können sich nicht schneiden. Bei konservativen Systemen ist der Punkt durch die Bedingung $H(q,p) = E = \text{const.}$ an eine 2f-1 dimensionale Hyperfläche gebunden.

spiel:

3 Phasendiagramm eines ebenen Pendels

Für das ebene Pendel (Masse m, Länge l) gilt, wenn der Winkel φ als generalisierte Koordinate gewählt wird:

$p_\varphi = m\, l^2 \dot{\varphi}$, die Hamilton Funktion, die die Gesamtenergie darstellt, lautet

$$H = \frac{1}{2} m\, (l\, \dot{\varphi})^2 - mgl \cos\varphi = \frac{p_\varphi^2}{2m\, l^2} - m\, gl \cos\varphi = E \, .$$

Daraus folgt die Gleichung für die Phasenbahn $p_\varphi = p_\varphi(\varphi)$

$$p_\varphi = \sqrt{2\, m\, l^2 \;(E + m\, gl \cos\varphi)} \quad .$$

Es ergibt sich eine Kurvenschar, deren Parameter die Energie E ist.
Bei Energien $E > m\,g\,l$ ergeben sich geschlossene (ellipsenähnliche) Kurven als Phasenbahnen, das Pendel schwingt hin und her (Libration). Sobald die Gesamtenergie E den Wert $m\,g l$ übersteigt, besitzt das Pendel im obersten Punkt $\varphi = \frac{\pi}{2}$ noch kinetische Energie und schwingt ohne Richtungsumkehr weiter (Rotation) .

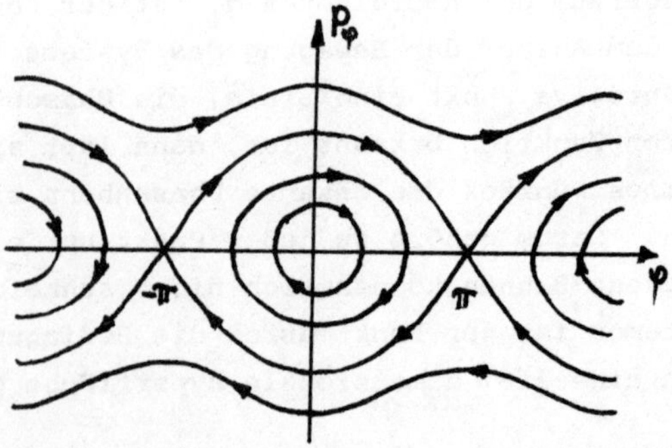

Nun betrachten wir eine große Anzahl N von unabhängigen Punkten, die abgesehen von den Anfangsbedingungen mechanisch identisch sind, die also die gleiche Hamilton-Funktion besitzen. Wenn alle Punkte zur Zeit t_1 in einem 2f-dimensionalen Gebiet G_1 des Phasenraumes mit dem Volumen $\Delta V = \Delta q_1 \cdots \Delta q_f \cdot \Delta p_1 \cdot \ldots \cdot \Delta p_f$ verteilt sind, kann man die Dichte

$$\varrho = \frac{\Delta N}{\Delta V} \qquad \text{definieren.}$$

Mit dem Ablauf der Bewegung transformiert sich G_1 entsprechend den Hamilton-Gleichungen in das Gebiet G_2.

Da sich die Phasenbahnen nicht überschneiden und da für jede von ihnen die Geschwindigkeit, mit der sie durchlaufen wird, eindeutig bestimmt ist, sind in G_2 genau so viele Punkte wie in G_1 enthalten.

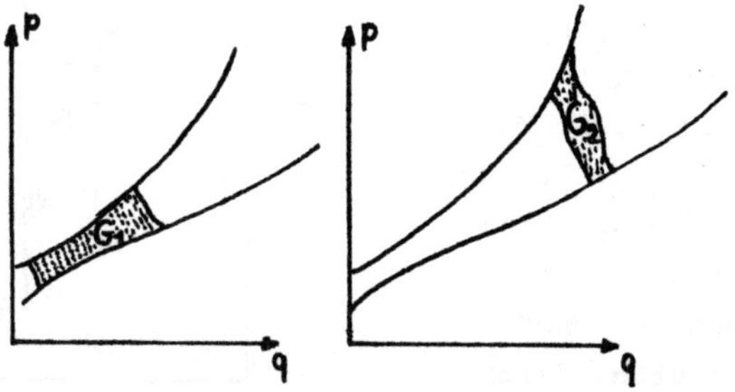

Die Aussage des Satzes von Liouville ist nun:

> Das Volumen irgend eines beliebigen Gebietes des Phasenraumes bleibt erhalten, wenn sich die Punkte seiner Begrenzung entsprechend den kanonischen Gleichungen bewegen.

Oder anders ausgedrückt, wenn ein Grenzübergang durchgeführt wird:

> Die Dichte der Punkte im Phasenraum in der Umgebung eines mitbewegten Punktes ist konstant.

Zum Beweis betrachten wir die Bewegung von Systempunkten durch ein Volumenelement des Phasenraumes. Es werden zunächst die Komponenten des Teilchenflusses in q_k- und p_k-Richtung betrachtet.

Die Projektion des 2f-dimensionalen Volumenelementes auf die q_k-p_k-Ebene ist die Fläche ABCD. Die Anzahl der Punkte, die pro Zeiteinheit durch die "Seitenfläche" eintreten, deren Projektion auf die q_k-p_k-Ebene AD ist, beträgt

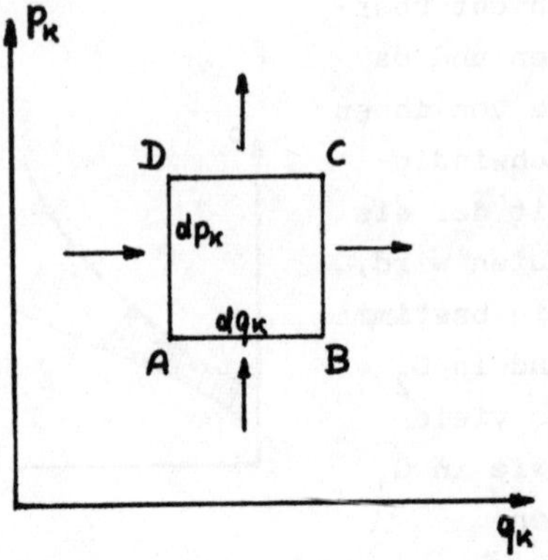

$$\varrho \, \dot{q}_k \, dp_k \cdot dF_k \quad , \quad \text{wobei} \quad dF_k = \prod_{\substack{\alpha=1 \\ \alpha \neq k}}^{f} q_\alpha \, p_\alpha \quad \text{ist.}$$

Hierin ist $d\,p_k \cdot dF_k$ die Größe dieser Seitenfläche.

Für die bei BC austretenden Punkte ergibt die Taylorentwicklung in der ersten Richtung

$$\left(\varrho \dot{q}_k + \frac{\partial}{\partial q_k} (\varrho \, \dot{q}_k) \, dq_k \right) dp_k \cdot d\,F_k \quad .$$

Ganz analog gilt für den Fluß in p_k-Richtung:

Eintritt durch AB $\quad \varrho \, \dot{p}_k \, dq_k \cdot dF_k$,

Austritt durch CD $\quad \left(\varrho \, \dot{p}_k + \frac{\partial}{\partial p_k} (\varrho \, \dot{p}_k) dp_k \right) dq_k \, d\,F_k$.

Von den Fluß-Komponenten in p_k- und q_k-Richtung bleibt damit pro Zeiteinheit in dem Volumenelement stecken:

$$- \left(\frac{\partial}{\partial q_k} (\varrho \dot{q}_k) + \frac{\partial}{\partial q_k} (\varrho \dot{p}_k) \right) \quad dV \quad .$$

Durch Summation über alle k = 1, ..., f erhält man die Anzahl aller Punkte, die steckenbleiben. Diese Größe entspricht gerade der zeitlichen Ableitung der Dichte multipliziert mit dV, also:

$$\frac{\partial \varrho}{\partial t} = - \sum_{k=1}^{f} \left(\frac{\partial}{\partial q_k} (\varrho \dot{q}_k) + \frac{\partial}{\partial p_k} (\varrho \dot{p}_k) \right).$$

(Anmerkung: Es handelt sich hier um die Kontinuitätsgleichung $\operatorname{div} (\varrho \dot{\vec{r}}) + \frac{\partial \varrho}{\partial t} = 0$.)

Anwendung der Produktregel ergibt

$$\sum_{k=1}^{f} \left(\frac{\partial \varrho}{\partial q_k} \dot{q}_k + \varrho \frac{\partial \dot{q}_k}{\partial q_k} + \frac{\partial \varrho}{\partial p_k} \dot{p}_k + \varrho \frac{\partial \dot{p}_k}{\partial p_k} \right) + \frac{\partial \varrho}{\partial t} = 0.$$

Aus den Hamilton-Gleichungen folgt:

$$\frac{\partial \dot{q}_k}{\partial q_k} = \frac{\partial^2 H}{\partial q_k \, \partial p_k} \qquad \text{und} \qquad \frac{\partial \dot{p}_k}{\partial p_k} = - \frac{\partial^2 H}{\partial q_k \, \partial p_k} .$$

Wenn die zweiten partiellen Ableitungen von H stetig sind, gilt deshalb

$$\frac{\partial \dot{q}_k}{\partial q_k} + \frac{\partial \dot{p}_k}{\partial p_k} = 0$$

und damit

$$\sum_{k=1}^{f} \left(\frac{\partial \varrho}{\partial q_k} \dot{q}_k + \frac{\partial \varrho}{\partial p_k} \dot{p}_k \right) + \frac{\partial \varrho}{\partial t} = 0.$$

Das ist aber gleich der totalen Ableitung der Dichte nach der Zeit $\frac{d}{dt}\rho = 0$, also $\rho = \text{const.}$.

Beispiel:

17.4 Phasenraumdichte

Das System besteht aus Teilchen der Masse m im konstanten Gravitationsfeld.

Für die Energie gilt $H = E = \frac{p^2}{2\,m} - m\,g\,q$, die Gesamtenergie eines Teilchens bleibt konstant.

Die Phasenbahnen p(q) sind dann die nach Parabeln

$$p = \sqrt{2\,m\,(E + mg\,q)}$$

mit der Energie als Parameter. Wir betrachten eine Anzahl von Teilchen, deren Impulse zur Zeit t = 0 in den Grenzen $p_1 \leq p \leq p_2$ und deren Energien zwischen $E_1 \leq E \leq E_2$ liegen. Sie überdecken die Fläche F im Phasenraum. Zu einem späteren Zeitpunkt t nehmen die Punkte die Fläche F' ein. Sie besitzen dann den Impuls

$$p' = p + m\,g\,t \quad ,$$

so daß F' die durch $p_1 + mg\,t \leq p' \leq p_2 + mg\,t$ begrenzte Fläche zwischen den Parabeln ist.

Mit

$$q = \frac{\frac{p^2}{2m} - E}{m\,g}$$

errechnet sich die Größe der Flächen zu

$$F = \int_{p_1}^{p_2} dp \int_{\frac{1}{mg}\left(\frac{p^2}{2m}-E_2\right)}^{\frac{1}{mg}\left(\frac{p^2}{2m}-E_1\right)} dq = \frac{E_2-E_1}{mg}\int_{p_1}^{p_2} dp = \frac{E_2-E_1}{mg}\,(p_2-p_1)$$

und analog

$$F' = \frac{E_2-E_1}{mg}\,(p_2'-p_1') = \frac{E_2-E_1}{mg}\,(p_2-p_1) \quad .$$

Dies ist gerade die Aussage des Liouvillschen Satzes: F = F' bedeutet, daß die Dichte der Systempunkte im Phasenraum konstant bleibt.

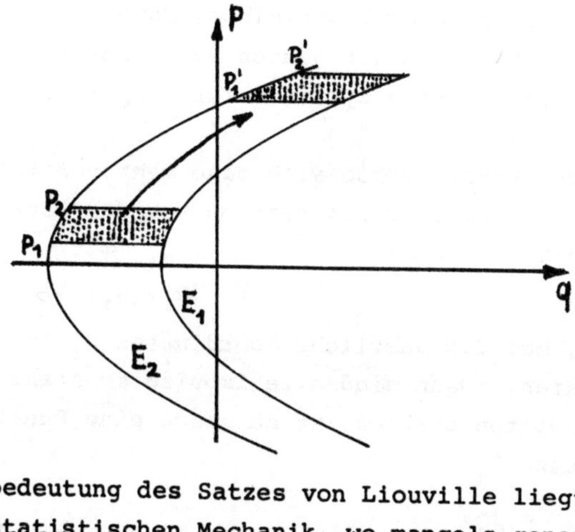

Die Hauptbedeutung des Satzes von Liouville liegt auf dem Gebiet der statistischen Mechanik, wo mangels genauer Kenntnis des mechanischen Systems Gesamtheiten betrachtet werden.

Eine spezielle Anwendung ist die Fokussierung von Teilchenströmen in Beschleunigern, wo eine große Anzahl von Teilchen den gleichen Bedingungen unterworfen wird. Hier muß eine Verringerung des Strahlquerschnitts zu einer unerwünschten Verbreiterung der Impulsverteilung führen.

18. Kanonische Transformationen

Ist eine Hamiltonfunktion $H = H(q_i, p_i, t)$ gegeben, so erhalten wir die Bewegung des Systems durch Integration der Hamilton Gleichungen:

$$\dot{p}_i = -\frac{\partial H}{\partial q_i} \qquad \text{und} \qquad \dot{q}_i = \frac{\partial H}{\partial p_i}.$$

Für den Fall einer zyklischen Koordinate gilt nun:

$$\frac{\partial H}{\partial q_i} = 0, \text{ d.h. } \dot{p}_i = 0, \text{ der entsprechende Impuls}$$

$$\text{ist also konstant } p_i = \beta_i = \text{const.}$$

Es hängt von den gewählten Koordinaten ab, in denen wir ein Problem beschreiben, ob zyklische Koordinaten in H enthalten sind. Dies sehen wir sofort, wenn wir z.B. die Kreisbewegung in kartesischen Koordinaten beschreiben, dann ist keine Koordinate zyklisch. Benutzen wir jedoch Polarkoordinaten (ϱ, φ), so ist die Winkelkoordinate zyklisch (Drehimpulserhaltung).

Ein mechanisches Problem würde sich also sehr vereinfachen, wenn wir eine Koordinatentransformation vom dem Satz p_i, q_i auf einen neuen Satz von Koordinaten P_i, Q_i mit

$$Q_i = Q_i(p_i, q_i, t) \qquad P_i = P_i(p_i, q_i, t)$$

finden könnten, bei dem sämtliche Koordinaten Q_i für das Problem zyklisch wären. Dann sind alle Impulse konstant $P_i = \beta_i$ und die neue Hamiltonfunktion ist nur noch eine Funktion der konstanten Impulse P_i:

$$\dot{Q}_i = \frac{\partial \mathcal{H}}{\partial P_i} = \omega_i = \text{const., woraus nach Integra-}$$

tion nach der Zeit folgt:

$$Q_i = \omega_i t + \omega_0 .$$

Wir haben hierbei vorausgesetzt, daß für die neuen Koordinaten (P_i, Q_i) wieder die Hamiltonschen (kanonischen) Gleichungen gelten mit einer neuen Hamiltonfunktion $\mathcal{H}(P_i, Q_i, t)$.

So wie p_i der kanonische Impuls zu q_i $(p_i = \frac{\partial L}{\partial q_i})$ ist, soll P_i der kanonische Impuls zu Q_i sein. Ein Paar (q_i, p_i) heißt kanonisch konjugiert, es gelten dann die Hamiltonschen Gleichungen. Die Transformation von einem Paar kanonisch konjugierter Koordinaten auf ein anderes heißt kanonische Transformation (Punkttransformation). Es gilt dann

$$\dot{Q}_i = \frac{\partial \mathcal{H}}{\partial P_i} \quad , \quad \dot{P}_i = \frac{-\partial \mathcal{H}}{\partial Q_i} \quad .$$

Es muß in den neuen Koordinaten natürlich auch das Hamiltonsche Prinzip erfüllt sein. Es gilt also sowohl

$$\delta \int L(q_i, \dot{q}_i, t) = 0 \text{ als auch } \delta \int \mathcal{L}(Q_i, \dot{Q}_i, t) = 0 \ .$$

Somit verschwindet auch die Differenz

$$\delta \int (L - \mathcal{L}) \, dt = 0 \quad .$$

Diese Gleichung wird dann erfüllt, wenn sich die alte und die neue Lagrangefunktion nur um ein totales Differential unterscheiden:

$$L - \mathcal{L} = \frac{dF}{dt} \text{ , wegen } \delta \int_1^2 \frac{dF}{dt} dt = \delta(F(2) - F(1)) = 0,$$

denn die Variation einer Konstanten ist Null.

Hierbei vermittelt die Funktion F die Transformation (p_i, q_i) nach (P_i, Q_i). F wird deshalb auch Erzeugende genannt.

Im allgemeinen Fall wird F eine Funktion der alten sowie der neuen Koordinaten sein, mit der Zeit enthält sie 4n + 1 Koordinaten:

$$F = F\,(p_i,\, q_i,\, P_i, Q_i, t).$$

Da aber gleichzeitig 2n Transformationsgleichungen

$$Q_i = Q_i\,(p_i,\, q_i,\, t) \quad ,$$

$$P_i = P_i\,(p_i,\, q_i,\, t)$$

bestehen, enthält F nur 2n + 1 unabhängige Variable. In F muß sowohl eine Koordinate aus dem alten Koordinatensatz p_i (oder q_i) und eine des neuen P_i (oder Q_i) enthalten sein, um eine Beziehung zwischen den Systemen herstellen zu können. Es gibt also vier Möglichkeiten einer Erzeugenden:

$$F_1 = F\,(q_i, Q_i, T) \quad , \quad F_2 = F(q_i, P_i, t)$$

$$F_3 = F\,(p_i, Q_i, t) \quad , \quad F_4 = F(p_i, P_i, t) \quad .$$

Man wird die Abhängigkeit je nach Problem zweckmäßig auszuwählen haben. Wir wollen hier als Beispiel F_1 betrachten:

Wegen $L = \mathcal{L} + \frac{dF}{dt}$ und $L = \sum p_i \dot{q}_i - H$ gilt:

$$\sum p_i \dot{q}_i - H = \sum p_i \dot{Q}_i - \mathcal{H} + \frac{dF}{dt} . \qquad (1)$$

Benutzen wir $F_1 = F(q_i, Q_i, t)$, folgt daraus das totale Differential:

$$\frac{dF_1}{dt} = \sum \frac{\partial F_1}{\partial q_i} \dot{q}_i + \sum \frac{\partial F_1}{\partial Q_i} \dot{Q}_i + \frac{\partial F_1}{\partial t} . \qquad (2)$$

Wir setzen das Ergebnis in Gleichung (1) ein und erhalten:

$$\sum p_i \dot{q}_i - \sum P_i \dot{Q}_i - H + \mathcal{H} = \sum \frac{\partial F_1}{\partial q_i} \dot{q}_i + \sum \frac{\partial F_1}{\partial Q_i} \dot{Q}_i + \frac{\partial F_1}{\partial t} \quad .$$

Durch Koeffizientenvergleich erhalten wir:

$$\boxed{\begin{aligned} p_i &= \frac{\partial F_1}{\partial q_i} \\ P_i &= \frac{-\partial F_1}{\partial Q_i} \end{aligned} \qquad \mathcal{H} = H + \frac{\partial F_1}{\partial t}} \qquad (3)$$

Da für das nächste Kapital wichtig, leiten wir gleich die Transformationsgleichungen für eine Erzeugende vom Typ F_2 ab, die wir mit S bezeichnen:

$$F_2 = S = S\ (q_i, P_i, t) \quad .$$

Zur Herleitung wollen wir einen Koeffizientenvergleich wie bei F_1 verwenden, deshalb fordern wir, S setze sich folgendermaßen zusammen:

$$S = \sum_i P_i Q_i + F_1$$

womit wir das Problem analog zu F_1 betrachten können. Es gilt nach Gleichung (1):

$$\begin{aligned} \sum_i p_i \dot{q}_i - H &= \sum_i P_i \dot{Q}_i - \mathcal{H} + \frac{d}{dt} F_1 \\ &= \sum_i P_i \dot{Q}_i - \mathcal{H} + \frac{d}{dt} \left(S(q_i, P_i, t) - \sum_i P_i Q_i\right). \end{aligned}$$

Daraus folgt:

$$\sum_i p_i \dot{q}_i - \sum_i P_i \dot{Q}_i - H + \mathcal{H} = \frac{d}{dt} (S (q_i, P_i, t) - \sum_i P_i Q_i)$$

$$= \sum_i \frac{\partial S}{\partial q_i} \dot{q}_i + \sum_i \frac{\partial S}{\partial P_i} \dot{P}_i + \frac{\partial S}{\partial t} - \sum_i \dot{P}_i Q_i - \sum_i P_i \dot{Q}_i ,$$

$$\sum_i p_i \dot{q}_i + \sum_i \dot{P}_i Q_i - H + \mathcal{H} = \sum_i \frac{\partial S}{\partial q_i} \dot{q}_i + \sum_i \frac{\partial S}{\partial P_i} \dot{P}_i + \frac{\partial S}{\partial t} .$$

Der Koeffizientenvergleich ergibt nun die Gleichungen:

$$p_i = \frac{\partial S}{\partial q_i} \qquad \mathcal{H} = H + \frac{\partial S}{\partial t} \qquad Q_i = \frac{\partial S}{\partial P_i} \tag{4}$$

Die Transformationsgleichungen für die anderen Typen der Erzeugenden ergeben sich analog durch Wahl einer geeigneten Summe, mit deren Hilfe man auf die beiden ersten Probleme zurückgreift.

Aus den Gleichungen (3), (4) erhalten wir nun die Abhängigkeit der neuen Koordinaten (P_i, Q_i) von den alten (p_i, q_i) und umgekehrt. Für den Fall F_1 folgen nämlich aus

$p_i = \frac{\partial F_1 (q_i, Q_i, t)}{\partial q_i}$ die Gleichungen $p_i = p_i(q_i, Q_i)$, die nach den Q_i aufgelöst werden können: $Q_i = Q_i \ (p_i, q_i)$.

Das Einsetzen in die Gleichungen $P_i = - \frac{\partial F_1}{\partial Q_i}$ gibt dann die Möglichkeit, die $P_i = P_i (p_i, q_i)$ zu berechnen.

<u>...ispiele:</u>

...8.1 Die Erzeugende sei gegeben durch:

$$F = F(q_i, Q_i) = \sum q_i Q_i \,.$$

Dann folgt nach den Gleichungen für F_1: $p_i = Q_i$; $P_i = -q_i$

Das Beispiel zeigt, daß beim Hamiltonformalismus Impuls- und Ortskoordinate völlig gleichwertige Rollen spielen.

...8.2 <u>Der harmonische Oszillator</u>

Es gilt in den Koordinaten q,p für die kinetische und die potentielle Energie:

$$T = \frac{1}{2m} p^2 \quad , \quad V = \frac{1}{2} k\, q^2 = \frac{1}{2} m \omega^2 q^2 \;, \quad \omega^2 = \frac{k}{m} \quad .$$

Daraus folgen Lagrange- und Hamiltonfunktionen

$$L = \frac{1}{2m} p^2 - \frac{1}{2} m \omega^2 q^2 \quad ,$$

$$H = \frac{1}{2m} p^2 + \frac{1}{2} m \omega^2 q^2 \quad .$$

Eine Erzeugende für die Transformation lautet:

$F = \frac{m}{2} \omega q^2 \cot Q$. F ist also vom Typ F_1 und daraus folgt mit den Gleichungen (3):

$$p = \frac{\partial F}{\partial q} = m \omega q \cot Q \;, \qquad P = -\frac{\partial F}{\partial Q} = \frac{m}{2} \; \frac{\omega^2 q^2}{\sin^2 Q} \qquad .$$

Die Auflösung nach den Koordinaten (p,q) ergibt:

$$q = \sqrt{\frac{2}{m\omega^2} P} \; \sin Q \qquad p = \sqrt{2m \;\; P} \; \cos Q \;.$$

In H eingesetzt erhalten wir:

$$H = P\omega(\cos^2 Q + \sin^2 Q) , \quad \text{also} \qquad \boxed{H = \omega P} \quad ,$$

das bedeutet, daß Q eine zyklische Koordinate ist.

Da die Zwangsbedingungen nicht explizit von der Zeit abhängen, stellt H die Gesamtenergie des Systems dar, es folgt also:

$$E = \omega P = \text{const.} \qquad \text{Wegen } \dot{Q} = \frac{\partial H}{\partial P} = \omega$$

folgt weiter:

$$Q = \omega t + \varphi \ .$$

Durch Einsetzen folgt dann die bekannte Ortsabhängigkeit:

$$q = \sqrt{\frac{2E}{m\omega^2}} \ \sin \ (\omega t + \varphi) \ .$$

Hamilton-Jacobi-Theorie

Im vorigen Kapital versuchten wir, eine Transformation auf Koordinatenpaare $(q_i, p_i = \beta_i)$ durchzuführen, bei denen die kanonischen Impulse konstant waren. Wir gehen jetzt einen Schritt weiter und suchen eine kanonische Transformation auf Koordinaten $P_i = p_{io}$ und $Q_i = q_{io}$, die alle konstant sind und durch die Anfangsbedingungen gegeben werden. Haben wir solche Koordinaten gefunden, so sind die Transformationsgleichungen die Lösungen des Systems in den normalen Ortskoordinaten:

$$q_i = q_i \, (q_{io}, p_{io}, t) \quad ,$$

$$p_i = p_i \, (q_{io}, p_{io}, t) \quad .$$

Für die Koordinaten (P_i, Q_i) gelten die Hamiltonschen Gleichungen mit der Hamiltonfunktion $\mathcal{H}(Q_i, P_i, t)$. Da die Zeitableitungen nach Definition verschwinden, gilt:

$$\dot{P}_i = 0 = - \frac{\partial \mathcal{H}}{\partial Q_i} \quad ; \quad \dot{Q}_i = 0 = \frac{\partial \mathcal{H}}{\partial P_i} \quad .$$

Diese Bedingungen würden sicherlich von der Funktion $\mathcal{H} \equiv 0$ erfüllt werden.

Um die Koordinatentransformation durchführen zu können, benötigen wir eine erzeugende Funktion. Aus historischen Gründen - Jacobi wählte denselben Weg - nehmen wir von den vier möglichen Typen den Typ $F_2 = S\,(q,P,t)$, der im vorangegangenen Kapitel bereits behandelt worden ist. Er ist allgemein unter dem Namen <u>Hamiltonsche Wirkungsfunktion</u> bekannt. Es gelten dann die Gleichungen (18.4).

Wir fordern nun, daß die neue Hamiltonfunktion identisch verschwinden soll, dann gilt:

$$\frac{\partial S}{\partial t} + H = 0 \; .$$

Schreiben wir diese Gleichung mit den Argumenten auf, so erhalten wir:

$$\frac{\partial S(q_i, P_i, t)}{\partial t} + H\left(q_1 \ldots q_n; \frac{\partial S}{\partial q_1}, \ldots, \frac{\partial S}{\partial q_n}; t\right) = 0$$

Dies ist die Hamilton-Jacobische-Differentialgleichung. In ihr bedeuten die P_i Konstanten, die wie oben bereits gesagt, durch die Anfangsbedingungen p_{io} festgelegt sind. Mit Hilfe dieser Differentialgleichung kann S bestimmt werden. Wir stellen fest, daß es sich bei der Differentialgleichung um eine nichtlineare partielle Differentialgleichung erster Ordnung mit n+1 Variablen q_i, t handelt. Sie ist nichtlinear, weil H von den Impulsen, die als Ableitungen der Wirkungsfunktion nach den Ortskoordinaten eingehen, quadratisch abhängt. Es treten nur erste Ableitungen nach den q_i und der Zeit auf.

Um die Wirkungsfunktion S zu erhalten, müssen wir die Differentialgleichung n+1 mal integrieren und erhalten somit n+1 Integrationskonstanten. Da aber S in der Differentialgleichung nur als Ableitung vorkommt, ist S nur bis auf eine Konstante a : S = S' + a bestimmt. Das heißt, daß eine der n+1 Integrationskonstanten eine zu S additive Konstante sein muß. Sie ist somit für die Transformation nicht wichtig. Wir erhalten also als Lösungsfunktion:

$S = S\,(q_1, \ldots, q_n\,;\ \beta_1, \ldots, \beta_n; t)$, wobei die β_i Integrationskonstanten sind.

Ein Vergleich führt zu den Forderungen:

$$P_i = \beta_i\ ; \quad Q_i = \frac{\partial S}{\partial P_i} = \frac{\partial S}{\partial \beta_i} = \alpha_i .$$

Die β_i, α_i sind dabei aus den Anfangsbedingungen zu finden.

Die ursprünglichen Koordinaten ergeben sich folgendermaßen aus den Transformationsgleichungen (18.4).

Aus $\alpha_i = \frac{\partial S(q_i, \beta_i, t)}{\partial \beta_i}$ folgen die Ortskoordinaten $q_i = q_i\ (\alpha_i, \beta_i, t)$. Einsetzen in $P_i = \frac{\partial S}{\partial q_i} = p_i\ (q_i, \beta_i, t)$ gibt uns auch $p_i = p_i\ (\alpha_i, \beta_i, t)$.

Wir können die Zeitabhängigkeit in S abspalten. Wenn H keine explizite Funktion der Zeit ist, stellt H die Gesamtenergie des Systems dar:

$-\frac{\partial S}{\partial t} = H = E.$ Daraus folgt, daß S darstellbar ist als:

$$S = S_o(q_i, P_i) - E\ t \quad .$$

Um die Rolle von S zu erklären, leiten wir S total nach der Zeit ab:

$$\frac{dS}{dt} = \sum \frac{\partial S}{\partial q_i}\ \dot{q}_i + \sum \frac{\partial S}{\partial P_i}\ \dot{P}_i + \frac{\partial S}{\partial t} \quad .$$

Da aber $\dot{P}_i = 0$ gilt, folgt

$$\frac{dS(q,P,t)}{dt} = \sum \frac{\partial S}{\partial q_i}\ \dot{q}_i + \frac{\partial S}{\partial t} \quad .$$

Wegen

$$\frac{\partial S}{\partial q_i} = p_i \qquad \text{und} \qquad \frac{\partial S}{\partial t} = -H$$

folgt dann:

$$\frac{dS\ (q,p,t)}{dt} = \sum p_i \dot{q}_i - H = L \quad .$$

Dies bedeutet, daß S durch das Zeitintegral über die Lagrangefunktion gegeben ist: $S = \int L \cdot dt + \text{const.}$ Da dieses Integral physikalisch eine Wirkung (Energie · Zeit) darstellt, ist die Bezeichnung Wirkungsfunktion für S naheliegend. Die Wirkungsfunktion unterscheidet sich von dem Zeitintegral über die Lagrangefunktion höchstens um eine additive Konstante. Diese letzte Beziehung kann allerdings für eine praktische Rechnung nicht verwendet werden, denn wenn man das Problem noch nicht gelöst hat, so kennt man L noch nicht.

<u>Beispiel</u> <u>zur Hamilton-Jacobi-Differentialgleichung:</u>

19.1 Wir gehen wieder vom harmonischen Oszillator aus, für den die Hamiltonfunktion gilt:

$$H = \frac{p^2}{2m} + \frac{k}{2} q^2 \quad .$$

Die Hamiltonsche Wirkungsfunktion hat dann die Form

$$S = S\ (q,P,t) \quad \text{und} \quad p = \frac{\partial S}{\partial q} \quad .$$

Daraus erhalten wir die Hamilton-Jacobi-Differentialgleichung:

$$\frac{\partial S}{\partial t} + \frac{1}{2m} \left(\frac{\partial S}{\partial q}\right)^2 + \frac{k}{2} q^2 = 0 \quad .$$

Zur Lösung machen wir einen Separationsansatz in eine Orts- und eine Zeitvariable. Ein Produktansatz würde hier nicht zum Ziel führen,da die Differentialgleichung nicht linear ist, daher setzen wir eine Summe an:

$$S = S_t + S_q \quad .$$

Für die partiellen Ableitungen gilt dann

$$\frac{\partial S}{\partial q} = \frac{dS_q}{dq} \quad ; \quad \frac{\partial S}{\partial t} = \frac{dS_t}{dt} \quad .$$

Daraus folgt:

$$-\dot{S}_t = \frac{1}{2m} \left(\frac{dS_q}{dq} \right)^2 + \frac{k}{2} q^2 = \beta \quad ,$$

wobei β die Separationskonstante ist. Dann gilt für die zeitabhängige Funktion:

$$S_t = -\beta \text{ , woraus folgt: } S_t = -\beta t.$$

Für den ortsabhängigen Teil bleibt die Gleichung übrig:

$$\frac{1}{2m} \left(\frac{dS_q}{dq} \right)^2 + \frac{k}{2} q^2 = \beta ,$$

$$\frac{dS_q}{dq} = \sqrt{2m\beta - mkq^2} \quad .$$

Als Summe der beiden Anteile erhalten wir dann für S:

$$S = \sqrt{mk} \int \sqrt{\frac{2\beta}{k} - q^2} \, dq - \beta t \quad .$$

Es gilt dann für die Konstante Q:

$$Q = \frac{\partial S}{\partial \beta} = \frac{\sqrt{mk}}{k} \int \left(\frac{2\beta}{k} - q^2 \right)^{-\frac{1}{2}} dq - t \; .$$

Wenn wir die Integration ausführen, folgt:

$$Q + t = \sqrt{\frac{m}{k}} \; \arcsin \sqrt{\frac{k}{2\beta}} \; q \; .$$

Mit der üblichen Abkürzung $\omega^2 = \frac{k}{m}$ ergibt sich die Gleichung:

$$q = \sqrt{\frac{2\beta}{k}} \; \sin \omega \; (t + Q) \; .$$

Ein Vergleich mit der bekannten Bewegungsgleichung des harmonischen Oszillators zeigt, daß β der Gesamtenergie E entspricht und Q einer Anfangszeit t_o . Energie und Zeit sind folglich kanonisch konjugierte Variable. Sowohl die Energie als auch die Zeit t_o (die einer Anfangsphase entspricht) werden durch die Anfangsbedingungen gegeben.

Die Separation der Hamilton-Jacobi-Differentialgleichung stellt einen allgemeinen (oft den einzig praktikablen) Weg zur Lösung dar. Ist die Hamiltonfunktion nicht explizit zeitabhängig, so gilt

$$\frac{\partial S}{\partial t} + H\left(q_1,\ldots,q_n\,,\ \frac{\partial S}{\partial q_1},\ldots,\frac{\partial S}{\partial q_n}\right) = 0$$

und wir können sofort die Zeit abseparieren. Wir setzen für S eine Lösung der Form $S = S_o(q_i, P_i) - \beta_1 t$ an. Die Konstante $-\beta_1$ ist dann gleich H und stellt normalerweise die Energie dar. Nach dieser Separation bleibt die Gleichung

$$H\left(q_1,\ldots,q_n,\ \frac{\partial S_o}{\partial q_1},\ldots,\frac{\partial S_o}{\partial q_n}\right) = \beta_1$$

zurück. Um eine Separation der Ortsvariablen zu erreichen, machen wir den Ansatz

$$S_o\,(q_1,\ldots,q_n,\ P_1,\ldots,P_n) = \sum_i S_i(q_i, P_i)\,.$$

Dies bedeutet, daß die Hamiltonsche Wirkungsfunktion in eine Summe von Teilfunktionen S_i zerfällt, die jeweils nur von <u>einem</u> Paar kanonisch konjugierter Variabler abhängen. Die Hamiltonfunktion wird dann zu

$$H\left(q_1,\ldots,q_n,\ \frac{dS_1}{dq_1},\ \ldots\ \frac{dS_n}{dq_n}\right) = \beta_1\,.$$

Mit der Einführung von weiteren n-1 Separationskonstanten β_i lassen sich die Variablen q_i trennen und wir erhalten n Differentialgleichungen für die Bestimmung jeweils einer Funktion S_i:

$$H_i\left(q_i,\ \frac{dS_i}{dq_i},\ \beta_1,\ldots,\beta_n\right) = 0.$$

Da in der Hamiltonfunktion im Anteil der kinetischen Energie der Impuls $p_i = \frac{dS_i}{dq_i}$ quadratisch vorkommt, sind diese Differentialgleichungen von zweiter Ordnung und ersten Grades. Als Lösungen erhalten wir dann die n Wirkungsfunktionen

$$S_i = S_i \ (q_i, \beta_1, \ldots, \beta_n) \quad , \tag{1}$$

die außer von den Separationskonstanten nur von der Koordinate q_i abhängen. Daraus folgt sofort der zu q_i kanonische Impuls $p_i = dS_i/dq_i$. Wesentlich ist hierbei, daß das Koordinatenpaar (q_i, p_i) nicht mit anderen Koordinaten $(q_k, p_k, i \neq k)$ gekoppelt ist, sondern daß die Bewegung in diesen Koordinaten völlig unabhängig von den anderen betrachtet werden kann.

Wir beschränken uns jetzt auf periodische Bewegungen und definieren das Phasenintegral

$$J_i = \oint p_i \, dq_i \quad , \tag{2}$$

das jeweils über einen vollen Umlauf einer Rotation oder Schwingung zu nehmen ist. Das Phasenintegral hat die Dimension einer Wirkung (oder eines Drehimpulses), es wird deshalb auch als Wirkungsvariable bezeichnet. Ersetzen wir den Impuls durch die Wirkungsfunktion

$$J_i = \oint \frac{dS_i}{dq_i} \ d\, q_i \quad ,$$

so sehen wir aus Gleichung (1), daß J_i nur von den Konstanten β_i abhängt, da das q_i ja nur Integrationsvariable ist. Wir können deshalb von den Konstanten β_i auf die ebenfalls konstanten J_i übergehen und diese als neue kanonische Impulse verwenden. Wir führen also die Transformation $J_i(\beta_1,\dots \beta_n) \rightarrow \beta_i(J_1,\dots,J_n)$ durch. Da β_1 ja die Gesamtenergie darstellt und der Hamiltonfunktion entspricht, gilt:

$$H = \beta_1(J_1,\dots,J_n) \; .$$

Die Hamiltonfunktion ist somit nur eine Funktion der Wirkungsvariablen, die die Rolle der Impulse spielen. Die dazugehörigen konjugierten Koordinaten sind alle zyklisch. Die zu den J_i gehörigen konjugierten Koordinaten werden Winkelvariable genannt und mit w_i bezeichnet. Durch die Transformation auf die Wirkungsvariablen haben wir also eine kanonische Transformation der Art

$$S_i(q_i,\beta_1,\dots\beta_n) \rightarrow S_i(w_i, J_1,\dots,J_n)$$

durchgeführt. Diese Transformation von einem Satz konstanter Impulse auf einen anderen bringt im Grunde keine neuen Einsichten. Die Bedeutung für periodische Vorgänge liegt in der Winkelvariablen w_i. Da wir nur kanonische Transformationen durchgeführt haben, gilt

$$\dot{w}_i = \frac{\partial H}{\partial J_i} = \nu_i(J_1,\dots,J_n) = \text{const.}$$

Es läßt sich zeigen, daß ν_i die Frequenz der periodischen Bewegung in der Koordinate i ist. Diese Beziehung bietet somit den Vorteil, daß die Frequenzen, die oft von hauptsächlichem Interesse sind, bestimmt werden können ohne daß das gesamte Problem gelöst werden muß. Wir zeigen dies kurz am folgenden Beispiel:

<u>Beispiel</u>

19.2 Winkelvariable

Wir betrachten wieder den harmonischen Oszillator. Der Ausdruck für die Gesamtenergie

$$E = \frac{p^2}{2m} + \frac{k\,q^2}{2m}$$

wird umgeformt, so daß wir die Darstellung einer Ellipse im Phasenraum erhalten:

$$\frac{p^2}{2m\;E} + \frac{q^2}{2E/k} = 1$$

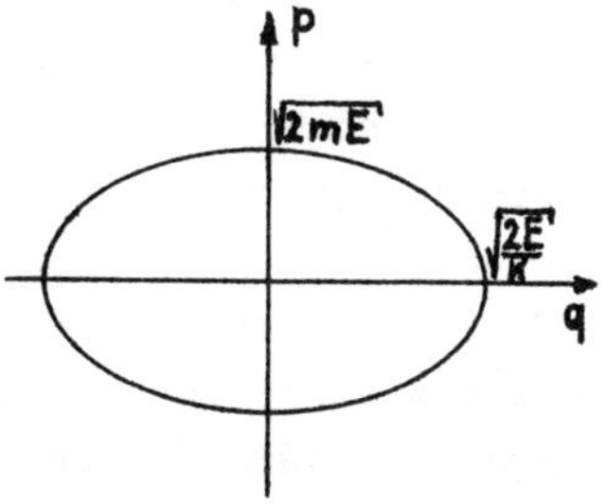

Das Phasenintegral ist nun die Fläche, die von der Ellipse im Phasenraum eingeschlossen wird:

$$J = \oint p\,dq = \pi\,a \cdot b$$

Die beiden Halbachsen der Ellipse sind

$$a = \sqrt{2m\;E} \quad \text{und} \quad b = \sqrt{\frac{2E}{k}} \quad .$$

Wir erhalten somit

$$J = 2\,\pi\,E\,\sqrt{\frac{m}{k}} \quad ,$$

oder

$$E = H = \frac{J}{2\pi}\,\sqrt{\frac{k}{m}} \quad .$$

Die Frequenz ergibt sich daraus:

$$\nu = \frac{dH}{dJ} = \frac{1}{2\pi}\sqrt{\frac{k}{m}} \quad .$$

<u>Übergang zur Quantenmechanik</u>

In den letzten Kapiteln haben wir die formalen Aspekte der Mechanik hervorgehoben. Obwohl zur Lösung praktischer Probleme manchmal keine Vorteile erreicht wurden, so haben doch die Einsichten in die Struktur der Mechanik, die der Hamiltonsche Formalismus liefert wesentlich zur Weiterentwicklung der klassischen Mechanik beigetragen. So ist der Begriff des Phasenintegrals von grundlegender Bedeutung für den Übergang zur Quantenmechanik gewesen. Die erste klare Formulierung der <u>Quantenhypothese</u> bestand in der Forderung, daß das Phasenraumintegral nur diskrete Werte annehmen kann, also

$$J = \oint p\,dq = nh \quad , \quad n = 1,2,3,\ldots$$

wobei h das Plancksche Wirkungsquantum ist, der Wert beträgt $h = 6.6 \cdot 10^{-27}$ erg·s.

Betrachten wir wiederum den Fall des harmonischen Oszillators. In Aufgabe 19.2 haben wir das Phasenintegral berechnet :

$$J = 2\pi E \sqrt{\frac{m}{k}} .$$

Dabei war $\nu = \frac{1}{2\pi}\sqrt{\frac{k}{m}}$ die Frequenz. Mit der Quantenhypothese erhalten wir dann

$$E_n = nh\nu .$$

Die Quantenhypothese führt somit zu dem Schluß, daß der schwingende Massenpunkt nur diskrete Energiewerte E_n annehmen kann. Für die Bewegung bedeutet das, daß im Phasenraum nur bestimmte Bahnen erlaubt sind. Wir erhalten also (vgl. Aufgabe 19.2) für die Phasenraumbahnen Ellipsen, deren Flächen (das Phasenintegral) sich jeweils um den Betrag h unterscheiden. Der Phasenraum erhält auf diese Art eine Gitterstruktur, die durch die erlaubten Bahnen gegeben wird.

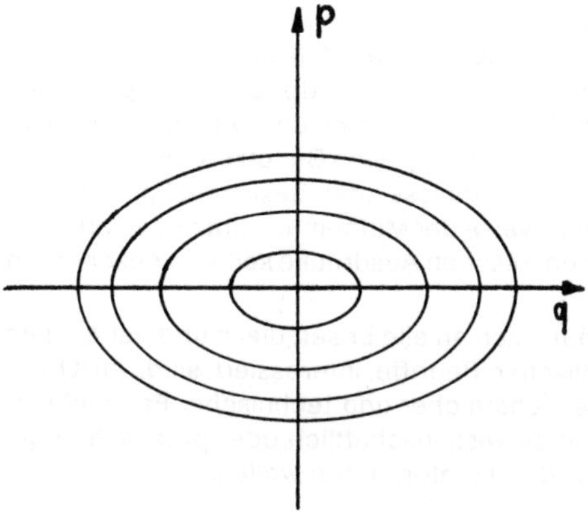

Jeder Bahn entspricht eine Energie E_n, beim Übergang des Massenpunktes zwischen zwei Bahnen nimmt er die Energie $E_n - E_m = (n-m)\,h\nu$ auf (oder gibt sie ab). Die kleinste übertragbare Energiemenge ist durch $h\nu$ gegeben.

Da das Wirkungsquantum h so klein ist, ist die diskrete Struktur des Phasenraumes nur für atomare Prozesse von Bedeutung. Für makroskopische Vorgänge liegen die Bahnen im Phasenraum so dicht, daß wir den Phasenraum als Kontinuum ansehen können. Die Energiequanten $h\nu$ sind so klein, daß sie bei makroskopischen Prozessen keine Rolle spielen, zum Beispiel beträgt die bei einem Übergang im Wasserstoffatom emittierte Energie $h\nu = 13{,}6$ eV (Elektronenvolt). Ausgedrückt in der (makroskopischen) Einheit von Wattsekunden ist $h\nu = 2 \cdot 10^{-18}$ Ws.

Ihre Bestätigung fand die Quantenhypothese in der Erklärung der Spektren strahlender Atome.